大学计算机教学改革项目立项教材

丛书主编 杜小勇

Internet应用教程

（第3版）

尤晓东 主编

张金玲 编著

清华大学出版社

北京

内容简介

本书根据教育部高等教育司组织制订的《高等学校文科类专业大学计算机教学要求》，Internet应用课程应该从Internet的基础知识入手，全面、系统地介绍Internet的典型应用。具体内容包括：Internet基础知识、WWW与网页浏览器、搜索引擎、RSS订阅、网络信息记录、文件传输与下载、网络信息处理、网络交流、电子商务、网络安全、网页设计基础和网络新应用概述。

图书在版编目（CIP）数据

Internet应用教程/尤晓东，张金玲编著. --3版. --北京：清华大学出版社，2015（2023.10重印）
大学计算机教学改革项目立项教材
ISBN 978-7-302-40033-2

Ⅰ. ①I…　Ⅱ. ①尤…　②张…　Ⅲ. ①互联网络－高等学校－教材　Ⅳ. ①TP393.4

中国版本图书馆CIP数据核字(2015)第077239号

责任编辑：谢　琛
封面设计：傅瑞学
责任校对：白　蕾
责任印制：刘海龙

出版发行：清华大学出版社
网　　址：http://www.tup.com.cn，http://www.wqbook.com
地　　址：北京清华大学学研大厦A座　　**邮　　编**：100084
社 总 机：010-83470000　　**邮　　购**：010-62786544
投稿与读者服务：010-62776969，c-service@tup.tsinghua.edu.cn
质量反馈：010-62772015，zhiliang@tup.tsinghua.edu.cn
课件下载：http://www.tup.com.cn，010-83470236
印 装 者：北京建宏印刷有限公司
经　　销：全国新华书店
开　　本：185mm×260mm　　**印　张**：19.25　　**字　　数**：445千字
版　　次：2003年8月第1版　2015年5月第3版　　**印　　次**：2023年10月第8次印刷
定　　价：59.00元

产品编号：063811-03

丛书序

本届教育部文科计算机基础教学指导分委员会自2013年5月成立以来,在调研和讨论的基础上逐步形成了"一体二翼"的工作思路,即以文科学生计算机基础课程"教学基本要求"的研究与修订为主体,以文科计算机基础课程改革开放社区建设和文科大学生计算机设计大赛为两翼支撑,组织教指委全体委员、专家和从事文科计算机基础课程教学的教师以及广大文科大学生共同参与,力求把我国的计算机基础课程教学工作提升一个新的台阶,达到一个新的高度。

为了弄清楚大学计算机基础课程的基本要求,我们需要认真回答几个问题。

首先需要回答大学非计算机专业的计算机基础课程的定位是什么,也就是这门课程的教学目标是什么。对于这个问题,存在不同的看法。一种是工具论,认为计算机就是工具,学会工具的使用是这门课的基本要求。特别是现在就业市场上,通常也有这方面的要求。另一种是算法论,认为计算机的核心是求解问题,学习计算机的目的就是学会利用计算机解决实际问题。因此,需要学习如何对问题进行抽象和建模,如何设计求解问题的算法,乃至如何通过编写计算机程序来实现自动的问题求解。还有一种是计算思维论,认为计算是人需要掌握的基本能力之一。在发展计算机科学的过程中形成的一系列的新颖思维方式,对于学生未来在信息社会的自我发展具有特别重要的意义。

每一种观点都有其可取之处,但是,如果极端化也有弊端。比如,我们强调工具论,学生可以学习和掌握一些常用的计算机工具,有立竿见影的效果。但是,如果学生不能举一反三,学会自主学习新的工具,那么就不能适应信息技术日新月异发展的现实,已经学会的知识也会很快变得毫无用处了。再比如,我们强调计算思维的培养,这对学生是更高的要求。但是,如果我们仅仅抽象地去讲"计算思维",解释一堆抽象的概念,那么效果一定不会好。一门课程如果不能引起学生的兴趣,最终也是没有效果的。数学家和教育家怀特海就曾说过,任何不能利用的知识都是有害的。

在明确了教学目标后,第二个问题是要确定教什么,即如何选择教学内容。计算机技术发展迅速,可以教授的内容很多。如果我们都从计算机学科的ABC开始教,或者将这门课看成是计算机专业若干门课程的压缩版,由于教学时间有限,通常效果不会好。因此,内容的选择就显得至关重要。从制定教学基本要求角度看,我们选择的原则还是内容的重要性,也就是这个教学内容是否为计算机基础的最核心、最基础的内容,而且根据重要程度,区分为必修和可选。从编写教材的角度看,除了重要性原则之外,还需要有其他的一些原则。例如,思想性原则、与专业关联性原则等,所谓思想性是指能体现教材编写思想的一些内容的选取,所谓关联性是指对于专业学生必需的一些内容。

其他重要的问题还包括内容如何组织,怎么教,以及如何评价等。

上述问题的答案都不是唯一的,需要教指委组织大家去研究和实践。对于这些问题的不同回答就构成了不同的教材编写的思路。教指委无意搞什么标准教材或者推荐教材,我们鼓励有志于计算机基础课程教学研究的老师,能结合自己的研究和实践成果,编写有自己思想的、高质量的教材。正是基于上述想法,2014 年教指委发布了关于开展文科大学计算机教学改革项目立项的通知(教高文计函[2014]02 号)面向全国征集选题。经过组织专家评选,最终有 216 个项目获得了立项支持,其中相当一部分是有出版教材的要求的。我们希望通过立项来促进教学改革活动的开展,涌现出一批有思想、有影响的优秀教材。

特别感谢人民邮电出版社、清华大学出版社、中国铁道出版社、高等教育出版社、电子工业出版社、科学出版社、百度公司及其他合作单位对立项项目的大力支持。

2015 年 2 月于北京

杜小勇
教育部计算机基础课程教学指导委员会副主任
教育部文科计算机基础课程教学指导分委员会主任
中国人民大学信息学院教授

FOREWORD >>> 前言

根据中国互联网络信息中心(CNNIC)于2014年1月公布的“第33次中国互联网络发展状况统计报告”的数据显示：截至2013年12月，中国网民规模达6.18亿，中国互联网的发展由“普及率提升”向“使用程度加深”方向发展。Internet应用作为信息社会的标志性应用，已经成为人们学习、工作、生活的重要组成部分。Internet应用作为高等院校文科专业学生计算机应用课程的必修课程之一，其主要目的就是要提高学生的Internet应用能力以及网络信息素养，助力他们的学习、工作和生活。

根据教育部高等教育司组织制订的《高等学校文科类专业大学计算机教学要求》，Internet应用课程应该从Internet的基础知识入手，全面、系统地介绍Internet的典型应用、电子商务、信息安全、网络推广等相关知识以及Internet应用的最新情况。Internet应用课程的教学目标主要包括：

(1) 了解Internet的基础知识，掌握Internet的典型应用。

(2) 掌握通过Internet进行交流的能力，掌握采集和使用网络资讯的方法。

(3) 掌握通过Internet发布信息的能力，了解电子商务有关知识。

(4) 初步掌握通过网络进行推广的有关知识。

(5) 了解信息安全的有关知识。

本书根据《高等学校文科类专业大学计算机教学要求》的要求，结合网络发展的最新情况重新编写。本教材以提高网络应用能力为基础，以提升网络信息素养为核心，全面而系统地介绍了与网络信息处理相关的网络技术以及其他典型的或最新的网络应用技术。具体内容包括12章。

第1章 Internet基础知识：介绍计算机网络与Internet的基础知识、关键概念和基本原理等。

第2章 WWW与网页浏览器：介绍WWW服务的基本概念以及如何利用和控制网页浏览器进行安全、高效的信息浏览。

第3章 搜索引擎：介绍如何高效利用各种类型搜索引擎进行所需网络信息的搜索。

第4章 RSS订阅：介绍如何利用RSS技术进行各种类型网络信息的一站式统一实时跟踪、高效阅读和便捷管理。

第5章 网络信息记录：介绍如何利用浏览器收藏夹、网络收藏、网络云笔记三种记录网络信息的方法和工具高效率地记录、管理和使用网络信息。

第6章　文件传输与下载：介绍与网络文件传输相关的文件压缩、文件下载和网络云存储等技术。

第7章　网络信息处理：以具体实例来说明如何在互联网上采集信息、整理信息和分析信息，从而得出对自己有价值的结论。

第8章　网络交流：介绍电子邮件、即时通信、博客(微博)、网络社区等多种网络交流方式。

第9章　电子商务：介绍电子商务的概念、要素、类型以及网络购物、团购、购物搜索、旅行预订、网络金融及移动电商等多种电子商务的典型应用。

第10章　网络安全：介绍网络信息安全的相关概念和目标、面临的威胁和防护措施等内容。

第11章　网页设计基础：介绍网页文件的构成和基本设计方法，演示了如何利用基本的 HTML 语言和 Dreamweaver 软件设计静态网页。

第12章　网络新应用概述：概括性地介绍目前网络的一些比较热门的新应用的基本状况，如网络金融、网络教育、物联网、云计算和大数据等。

本教材在编写过程中参考了大量书籍和网络资料，对这些作者以及书中所用软件的设计者表示衷心的感谢。由于作者水平有限，教材中的内容和文字难免会有错误或不妥之处，欢迎读者、同行和专家批评指正。

作　者

2015年2月

CONTENTS >>> 目录

Internet 基础知识

自1994年中国正式接入Internet,经过近20年的发展,截至2013年12月我国的网民数量已经达到6.18亿。Internet已经成为人们生活中的一部分,网民早已经不再是精英阶层的专利,而是每一个普通人都可能拥有的称呼。网络媒体、互联网信息检索、网络通信、网络社区、网络娱乐、电子商务、网络金融等Internet应用已经成为我们学习、工作、生活中的一个重要组成部分。不学习、了解Internet,就不能在这个信息社会中更好地发展,就不能更好地利用网络提供给我们的便利。

由于Internet应用众多,为了更好地利用Internet这个工具,有必要系统地了解Internet基础知识和相关应用,本章先向读者介绍计算机网络与Internet的一些基础知识。

1.1 计算机网络概述

信息时代的代表Internet其实是一个覆盖全球并且由全球用户使用的网络,因此,我们先了解与计算机网络有关的知识。

所谓计算机网络,就是指通过各种通信设备和线路,由网络管理软件把地理上分散的多个具有独立工作能力的计算机有机地连接在一起,实现相互通信和共享软件、硬件和数据等资源的系统。

1.1.1 计算机网络的发展

计算机网络的发展受到数据通信与网络技术发展的影响,大致经过了下列4个阶段。

1. 第一阶段:单机网络(面向终端的计算机网络)

计算机发展的早期,一方面计算机设计和制造成本非常高,大规模普及是根本不可能的。另一方面,由于CPU处理速度与计算机程序员操作速度之间存在巨大差距,CPU的利用率很低。在这种情况下,20世纪的50至60年代发展了批处理①和分时技术②。

---

① 批处理技术是指计算机操作员把用户提交的作业分类,把一批作业编成一个作业执行序列。每一批作业将有专门编制的监督程序(monitor)自动依次处理。

② 分时技术是指把处理机的运行时间分为很短的时间片,按时间片轮流把处理机分配给各联机作业使用。

这里,"分时"的含义是指多个用户利用分时技术分享使用同一台计算机,多个程序分时共享硬件和软件资源。分时系统一般采用时间片轮转的方式,使一台计算机为多个终端服务。对每个用户能保证足够快的响应时间,并提供交互会话能力。

分时系统具有如下特点。

- 人机交互性好:程序员可以自己调试和运行程序,不再需要事事委托计算机操作系统员。
- 多用户同时性:多个用户同时使用,具备了计算机网络的雏形。
- 用户独立性:对每个用户而言,都好像是独占主机。

通过使用上述批处理和分时技术,在 20 世纪 50 年代中后期,许多系统可以将地理上分散的多个终端通过通信线路连接到一台中心计算机上。终端(Terminal)无法完成数据的处理和存储,而只能进行数据的输入和输出,如键盘和显示器。主机依据终端发送来的操作指令和操作参数完成数据的处理和存储,之后将相应结果反馈给终端。随着远程终端的增多,在主机前又增加了前端处理机。这种由一台主机和若干终端组成的联机系统可以称为第一代计算机网络,是计算机网络发展的雏形阶段。这一阶段的网络结构如图 1.1 所示。

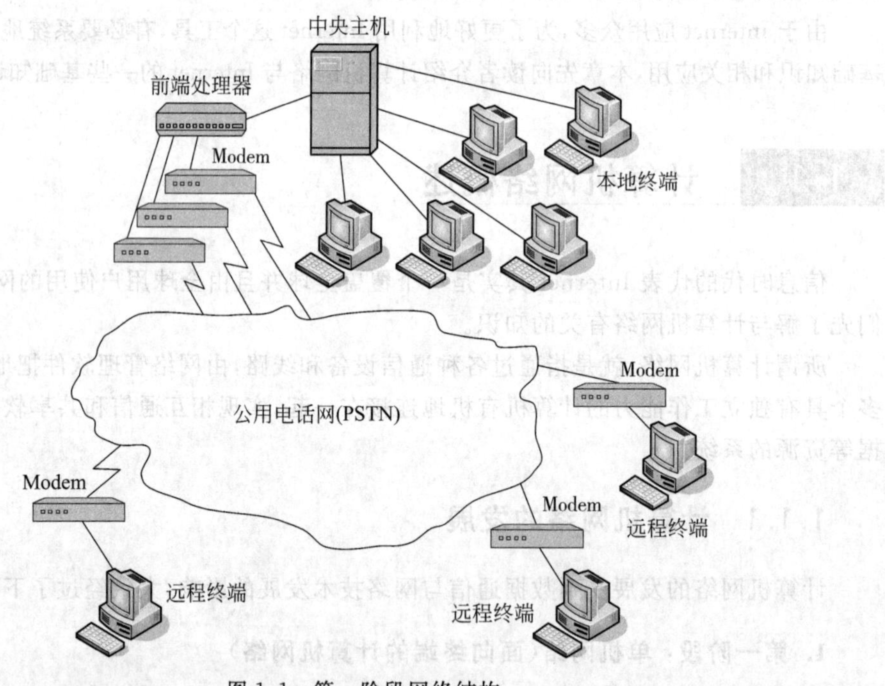

图 1.1 第一阶段网络结构

在这个网络结构中,由于每个终端没有独立的操作系统,因此这还不是真正的计算机网络。这个阶段计算机网络主要是以传输信息为目的而连接起来的实现远程信息处理并进一步达到资源共享的系统。典型的应用是由一台主计算机和全美国范围内 2000 多个终端组成的全美航班订票系统。

2. 第二阶段：以通信子网为中心的资源共享网络

20 世纪 60 年代，随着计算机技术的发展和普及，许多单位和机构都开始配置自己的计算机系统，不同部门的计算机系统之间通过通信线路相连以方便进行信息交换，这是计算机网络发展的第二阶段。这一阶段的计算机网络主要采用分组交换技术进行信息的传输和交换，即将信息报文(Message)划分成若干个较小的数据段(Segment)。并给每个数据段添加一定的控制信息封装成一个分组(Packet)，每个分组独立进行传输。每个分组由源主机开始经过网络路由中每个节点的接收、存储、转发后最终到达目的主机。在目的主机处将所有分组中包含的有效数据段进行整合，合并为一个完整的报文。

第二代计算机网络的典型代表是美国军方于 1969 年开始实施的 ARPANET(阿帕网)计划，其目的是建立分布式的、存活力极强的覆盖全美国的信息网络。ARPANET 是一个以多个主机通过通信线路互连起来的为用户提供服务的分布式系统，它开创了计算机网络发展的新纪元。

在第二阶段的计算机网络中，主机之间不是直接用线路相连，而是通过报文处理机(IMP)转接后互联的。报文处理机和它们之间互联的通信线路一起负责主机间的通信任务，构成通信子网。通信子网所连接的主机负责运行程序，提供共享的资源，组成资源子网。因此，第二代网络以通信子网为中心，计算机网络主要表现为以能够相互共享资源为目的互联起来的具有独立功能的计算机的集合体。第二阶段网络的结构如图 1.2 所示。

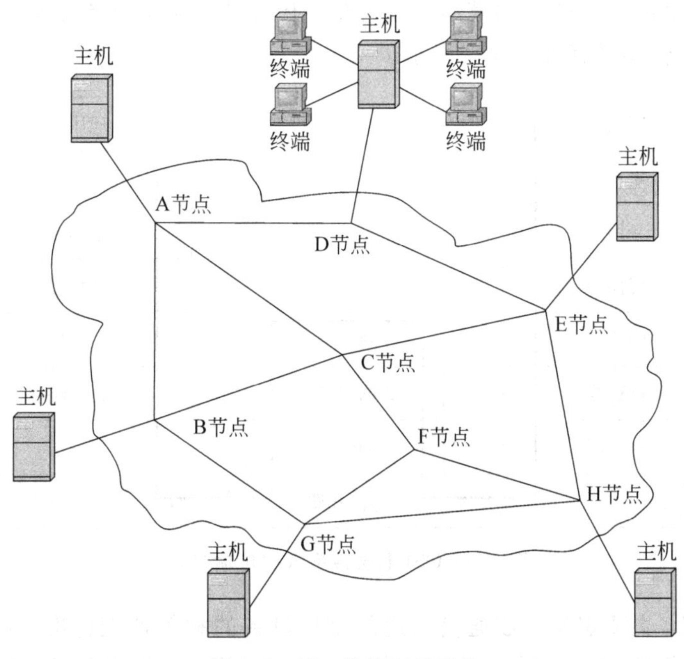

图 1.2　第二阶段网络结构

20 世纪 70 年代，第二代网络得到迅猛的发展。与此同时，各种专用网络体系结构相继出现。例如，IBM 公司的 SNA(System Network Architecture，系统网络结构)、DEC 公司的 DNA(Digital Network Architecture,数字网络结构)等。而随着 UNIX 网络操作系统的诞生与发展,促进了各类计算机网络特别是局域网(LAN)在美国公司和大学的诞生和发展,也促进了 ARPANET 的迅速发展。

协议:计算机网络的主机之间通信时,对传送信息内容的理解、信息表示形式以及各种情况下的应答信号,都必须遵守一个共同的约定,这些约定的总体称为协议。

网络体系结构:在计算机网络中,将协议按功能分成了若干层次。如何分层,以及各层中具体采用的协议的总和,称为网络体系结构(Network Architecture)。体系结构是个抽象的概念,其具体实现是通过特定的硬件和软件来完成的。

3. 第三阶段:统一网络体系结构的开放式标准化网络

随着计算机网络技术的发展,网络应用也越来越广泛,但还远未像今天这样普及。当时的计算机网络只是部分科研机构、高等学府或政府部门根据自己的工作特点和要求自行设计和建立的。它们各自采用不同的网络通信和应用技术,相互之间缺乏统一的标准,使得不同厂家生产的计算机之间以及不同部门的网络之间不能进行方便地连接。针对这种情况,在 20 世纪的 70 年代末至 80 年代出现了第三代计算机网络。第三代计算机网络是具有统一的网络体系结构,并且遵循国际标准的开放式和标准化的网络。

在这一阶段,国际标准化组织(ISO)在 1984 年颁布了开放系统互连参考模型(OSI/RM),该模型将计算机网络分为物理层、数据链路层、网络层、传输层、会话层、表示层、应用层七个层次(也称为 OSI 七层模型),成为新一代计算机网络体系结构的基础。OSI 七层模型中数据的传输过程如图 1.3 所示。

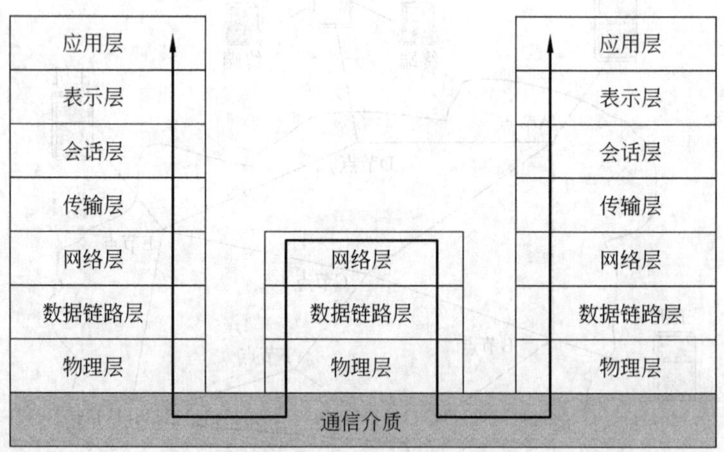

图 1.3 OSI 七层模型数据传输过程

(1) 物理层:主要定义构成通信信道的物理设备的相关性能标准,如网线的接口类型、光纤的接口类型、各种传输介质的传输速率等。它的主要作用是通过传输介质构建物理连接实现模拟信号和数字信号之间的转换与传输。物理层的数据传输单位是比特。

(2) 数据链路层:定义了如何以格式化形式在不可靠的物理介质上实现物理通信实体之间可靠数据传输。该层的作用包括物理地址寻址、数据组帧、流量控制、数据的检错、重发等。数据链路层的数据传输单位是帧。

(3) 网络层：通过路径选择机制在不同网络的两个主机之间选择一条可行的数据传递路径，建立主机之间的连接并进行数据转发，负责将数据从起始主机传送到目的主机。网络层的数据传输单位是分组，上层数据被组织成分组后在通信子网的节点之间进行传输交换。

(4) 传输层：向上层屏蔽下层传输细节，将从上层接收的数据进行分段和可靠传输，到达目的地址后再按照正确的顺序进行重组。

(5) 会话层：负责在网络中的两节点之间建立、维持和终止通信。会话层的功能包括：建立通信链接，保持会话过程通信链接的畅通，同步两个节点之间的对话，决定通信是否被中断以及通信中断时决定从何处重新发送。

(6) 表示层：主要负责两个通信系统中传输数据的表示方式的转换处理，如数据格式变化、数据加解密、数据压缩与解压缩等。表示层以下各层只关心如何可靠地传输数据，而表示层所关心的是所传数据的表现方式、语法和语义。

(7) 应用层：是最靠近用户的OSI层。这一层为用户的应用程序(如电子邮件、文件传输和终端仿真)提供使用各种网络服务的接口。

OSI模型的提出开创了一个全新的、开放式的、统一的计算机网络体系结构新时代，真正实现了不同厂商设备之间的互联互通，促进了计算机网络技术的进一步发展。

4. 第四阶段：全球互联的Internet

第四代计算机网络从20世纪80年代末开始至今，超文本标识语言(HTML)、网页图形浏览器和跨平台网络开发语言Java促进了Internet信息服务的发展，同时局域网技术发展成熟，出现了光纤及高速网络技术和多媒体智能网络。计算机网络技术正逐步走向系统化和工程化，它将进一步朝着开放、综合、高速和智能的方向发展。

以Internet为代表的信息基础设施的建立和发展，促进了信息产业和知识经济的诞生和迅猛发展，标志着人类已进入信息时代。

1.1.2 计算机网络的功能

计算机网络的功能主要体现在三个方面：信息交换、资源共享、分布式处理。

1. 信息交换

这是计算机网络最基本的功能，主要完成计算机网络中各个节点之间信息的传递。用户可以在网上传送电子邮件、发布和浏览新闻消息、进行电子购物等。

2. 资源共享

所谓的资源是指构成系统的所有要素，包括软、硬件和数据资源，如计算处理能力、大容量磁盘、高速打印机、绘图仪、通信线路、数据库、文件等。由于受经济和其他因素的制约，这些资源并非(也不可能)所有用户都能够独立拥有，利用网络可以使得网络上的计算机不仅可以使用自身的资源，也可以共享网络上开发的非本地资源，从而提高资源的利用率,减少重复投资和劳动,优化系统性能。

3. 分布式处理

将一项复杂任务划分成许多部分并分散到网络上的不同节点进行处理,通过网络对各个任务节点进行合理调度和有效控制,共同实现任务目标。可以起到均衡各节点负载、加快处理速度和提高系统处理能力的作用。

1.1.3 计算机网络的组成

1. 基本组成

一个基本的计算机网络一般由服务器、工作站、网卡和传输介质四部分组成。

1) 服务器

服务器运行网络操作系统,提供硬盘、文件数据及打印机共享等服务功能,是网络控制的核心。在 Internet 上,可以分为网页服务器、数据库服务器、FTP 服务器、邮件服务器等。

目前常见的网络操作系统主要有 Windows Server 系列和 UNIX/Linux 系列。网络操作系统朝着能支持多种通信协议、多种网卡和工作站的方向发展。

从应用来说较高配置的普通微机都可以用于文件服务器,但从提高网络的整体性能,尤其是从网络的系统稳定性来说,还是选用专用服务器为宜。

2) 工作站

工作站有自己的操作系统,能够独立工作。工作站通过运行工作站网络软件,访问服务器共享资源。

3) 网卡

网卡全称为网络适配器,又称网络接口卡。它将工作站和服务器连到网络上,实现资源共享和相互通信、数据转换和电信号匹配等工作,是计算机与计算机之间、计算机与其他网络设备之间互连的接口。

4) 传输介质

所谓传输介质是指数据收发时用于双方建立连接的物理媒介或传输信号的载体。目前常用的传输介质有双绞线、同轴电缆、光纤、无线电等。

2. 网络互联设备

由于网络的普遍应用,为了满足在更大范围内实现相互通信和资源共享,导致了网络之间的互联。网络互联时,必须解决如下问题:在物理上如何把两种网络连接起来,一种网络如何与另一种网络实现互访与通信,如何解决它们之间协议方面的差别,如何处理速率与带宽的差别等。要解决这些问题需要用到的协调、转换机制的部件主要有中继器、集线器、交换机、路由器和网关等。

1) 中继器

中继器(Repeater)是物理层的连接设备,其作用是对信号进行整形和放大。一个中继器只包含一个输入端口和一个输出端口。

2）集线器

集线器(Hub)是一个可以连接多台计算机或其他设备的网络连接设备，同中继器一样工作于物理层，作用也与中继器类似，主要是提供信号的放大和转发，因此也被称为多端口中继器。它把一个端口接收的全部信号以广播的方式向所有端口分发出去，是最早的计算机网络集线设备，目前基本上已被淘汰。

3）交换机

交换机(Switch)工作于数据链路层，是专门为实现计算机之间独享带宽的高速通信而设计的包交换网络设备。与集线器的广播转发不同，交换机的某一端口接到一个数据帧后会根据帧中的目标 MAC 地址将收到的信息转发到目标 MAC 地址所对应的端口上。因此相对于集线器而言，交换机具有可以隔离广播风暴、避免共享冲突、各端口独享带宽等优点。

4）路由器

路由器(Router)是网络中常见的进行网间连接的关键设备，工作于网络层。能够跨越不同物理网络类型，连接多个逻辑上分开的网络。其基本功能为路由选择，即根据接收到的数据包中的源地址和目的地址来决定如何将收到的数据转发到下一级网络。

5）网关

网关(Gateway)从严格意义上讲，网关不完全属于一种网络硬件设备，而是能够连接不同网络的硬件和软件的结合产品。它工作于传输层，在采用不同体系结构或协议的网络之间进行互连时，用于提供协议转换、路由选择、数据交换等网络兼容功能。

1.1.4 计算机网络的分类

可以根据不同的标准或方法对计算机网络进行分类。

1. 按照地理覆盖范围的不同划分

根据地理覆盖范围的不同，计算机网络可以分为：

1）局域网(Local Area Network，LAN)

覆盖地理范围较小，一般在数米到数千米之内，如在一个房间、一幢大楼、一所学校的范围内构建的网络。

局域网分布范围小、投资少、配置简单，具有如下特征：

- 传输速率高，一般可达百兆比特/秒，光纤高速网可达吉比特/秒以上；
- 支持传输介质种类多；
- 通信处理一般由网卡完成；
- 传输质量好，误码率低；
- 有规则的拓扑结构。

2）城域网(Metropolitan Area Network，WAN)

一般覆盖一座城市，范围可达数十千米至上百千米。

3) 广域网(Wide Area Network,WAN)

覆盖地理范围较广,如两个或多个城市之间,范围可达数百至数千千米,甚至可以遍布一个国家或跨越几个国家。

4) Internet(因特网)

覆盖全球,由上述各级网络连接而成,是由网络构成的网络。

如图 1.4 所示,城域网和广域网是由若干个具有独立功能和独立结构的局域网连接而成的,而覆盖全球的 Internet 网络则是由若干个局域网、城域网和广域网相互连接而成的开放性的网络。

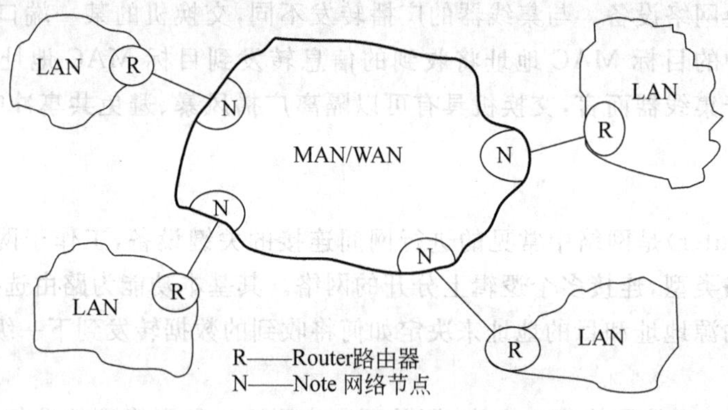

图 1.4 城域网和局域网的组成

2. 按照计算机网络拓扑结构①的不同划分

如图 1.5 所示,计算机网络的拓扑结构主要有以下几种:

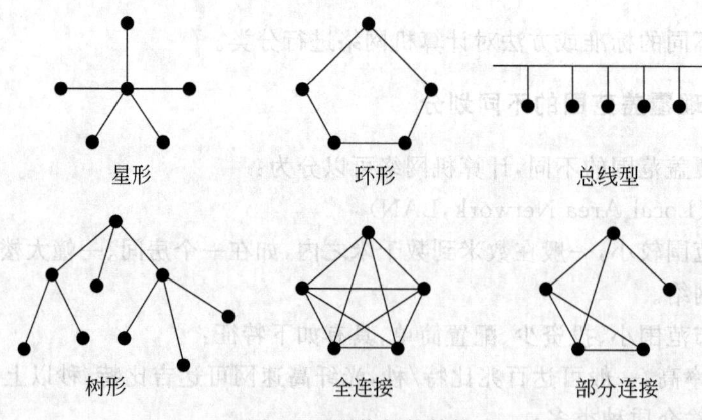

图 1.5 网络拓扑结构

1) 星形

在星形网络中,网络中所有节点都连接到网络中心集线设备上,如集线器或交换机。

① 计算机网络的拓扑结构是指网络中计算机系统(包括通信线路和节点)的几何排列形状,它将直接影响网络中通信介质的访问控制与数据传输方式。

发送端将信息发送到中心设备后，由中心设备确定路线并将信息转发给正确的目的地。其特点是结构简单、易于实现，但对中心设备的要求比较高，中心设备的性能直接影响整个网络的性能，若中心设备发生故障则会导致整个网络瘫痪。

2）环形

在环形网络中各个节点主机通过网络线路顺序连接成为一个闭合的物理环路。发送数据绕环进行单向传递，环中的任何一个节点接收和响应目的地址与自己相匹配的分组数据，而对于与自己地址不匹配的分组则将其转发到下一节点进行处理。环形网络的特点是路径选择简单、传输延迟固定；但节点增减不灵活，单环传输可靠性低，任何地方发生故障都会导致网络瘫痪。

3）总线型

在总线型网络中，有一根叫做总线的公共传输信道，网络中的所有节点都通过专用连接器设备连接到总线上。总线型网络是一种广播式的网络，网络中某一节点发送的数据通过总线能够传输到总线上的所有其他节点，但只有地址与目的地址匹配的节点对数据进行接收和响应。总线型网络的优点是结构简单、易于扩充、某个端点失效不影响其他端点。缺点是一次仅能一个端用户发送数据，其他端用户必须等待直到获得发送权，当网络中节点过多时会造成传输速度减慢。

4）树形

树形拓扑结构是一种多层拓扑结构，各节点按一定的层次连接起来，形状像一棵倒立的树。顶端是树根，树根以下带分支，每个分支还可再带子分支。树形网络适合于分层管理和控制的网络。其优点是易于扩展、容易进行故障节点的隔离；缺点是对根节点的依赖太大。

5）网状网络

网状网络是指各节点通过传输线互相连接起来，并且每一个节点至少与其他两个节点相连。可以分为全连接网状结构和部分连接网状结构两种。若网络中任意两个节点之间都有一条直接的线路进行连接则为全连接网状结构，反之则为部分连接网状结构。网状拓扑结构具有较高的可靠性，易于对网络资源进行充分合理的利用。但其结构复杂，实现起来费用较高，不易管理和维护。

各种分类的网络中，其拓扑结构一般为：

- 局域网常用的拓扑结构一般为星形结构、环形结构、总线型结构；
- 城域网多采用双总线型结构或双环结构；
- 广域网则一般采用网状结构；
- Internet（因特网）物理连接上是网状结构，其系统管理则可以视为树形结构。

3. 按照传输速率划分

按照网络传输速率的不同，可以将网络分为低速网、中速网和高速网三种。传输速率是指每秒传输的信息量的多少，单位为“b/s”，英文缩写为“bps(Bits per Second)”。

- 低速网：传输速率为 300Kb/s～1.4Mb/s，一般为通过调制解调器利用电话交换实现的网络。

• 中速网：传输速率为1.5Mb/s～45Mb/s，主要是传统的公用数字数据网。
• 高速网：传输速率为50Mb/s～750Mb/s的网络。

4. 按照传输介质划分

根据采用的传输介质不同可以分为无线网和有线网两种。

1）有线网

由可见的传输介质连接而成的网络，常见的有线传输介质如双绞线、同轴电缆和光纤等。

2）无线网

由不可见的传输介质连接而成的网络，常见的无线传输介质有无线电、微波、红外、蓝牙和激光等。

5. 按照使用范围划分

根据网络的使用范围不同，可以分为公用网和专用网两种。

1）公用网

公用网是为全社会所有的人提供服务的网络，通常由国家电信部门组建。

2）专用网

专用网是只为其拥有者提供服务的网络，一般是单位或部门为了满足本单位业务需要而自行组建的网络。这种网络通常只向内部用户或外部授权用户提供服务。

6. 按照工作模式划分

根据网络工作模式的不同，可以将网络分为对等网络、客户机/服务器和浏览器/服务器三种。

1）对等网络(P2P)

在对等网络中，所有计算机地位平等，没有主从之分，因此没有专用的服务器和客户机。网络中的资源是分散在每台计算机上的，每一台计算机既可以作为网络服务器为其他计算机提供资源，也可以作为工作站，分享其他计算机上的资源。

2）客户机/服务器(Client/Server或C/S)

在客户机/服务器工作模式中，网络中计算机的地位是不平等的。提出服务请求的一方称为客户机，而提供服务的一方则称为服务器。服务器为客户机提供需要的信息、操作和运算，而客户机要依靠服务器来获取网络资源，因此服务器是C/S网络的核心。当用户要使用某一网络服务时，首先要在客户机上运行相应的客户程序，客户程序负责向远端服务器发起服务请求，远端服务器接收到客户请求后，根据用户需求为用户提供相应服务并向客户端反馈相应的数据或结果。

3）浏览器/服务器(Browser/Server或B/S)

浏览器/服务器工作模式是对客户机/服务器工作模式的改进和发展，是一种以Web技术为基础的新型网络工作模式。在B/S结构下，用户所有的工作都通过浏览器(如IE)来实现，用户通过浏览器提交访问请求，指定的Web服务器接到请求后把网址转换成页

面所在服务器上的文件路径，进而访问相应的数据服务器，并将访问结果以页面的形式返回给用户。

1.2　Internet 概述

1.2.1　什么是 Internet

所谓 Internet，是指由各种不同类型和规模的独立运行与管理的计算机网络组成的覆盖全球范围的计算机网络。组成 Internet 的计算机网络包括局域网（LAN）、城域网（MAN）以及广域网（WAN）等。这些网络通过普通电话线、高速率专用线路、卫星、微波和光缆等通信线路把不同国家的大学、公司、科研机构以及军事和政治等组织的网络连接起来。

Internet 中文名一般称为国际互联网，国内媒体也称为因特网。它将全世界不同国家、不同地区、不同部门和机构的不同类型的计算机及国家主干网、广域网、城域网、局域网通过网络互联设备高速地连接在一起，是一个“计算机网络的网络”。

Internet 的发源地在美国，而今天，它已扩展到全球范围，并成为全球信息高速公路的基础，在许多方面获得成功。它已经并将进一步对全人类社会的发展和人类文明建设起到巨大的推动作用。

我们可以从不同的角度来了解 Internet：

- 从通信的角度来看，Internet 是一个理想的信息交流媒介。利用 Internet，能够快捷、安全、高效地传递文字、声音、图像以及各种各样的信息，形式包括 E-mail、音频、视频等。
- 从获得信息的角度来看，Internet 是一个庞大的信息资源库：网络上有无数个书库，覆盖全球数以万计的图书馆，拥有无数的杂志和期刊，还有政府、学校和公司企业等机构的详细信息。Internet 将全世界范围内各个国家、地区、部门和各个领域的信息资源连为一体，组成庞大的电子资源数据库系统，供全世界的网上用户共享。
- 从娱乐休闲的角度来看，Internet 是一个花样众多的娱乐厅。在网上可以看电影、电视，可以听广播，可以玩网络游戏，可以聊天交流，可以浏览全球各地的风景名胜和了解风土人情。
- 从商业的角度来看，Internet 是一个既能省钱又能赚钱的场所。利用 Internet，足不出户，就可以得到全面、详细、及时的经济信息；通过 Internet，可以方便地进行交易，甚至还可以将生意做到海外。无论是证券行情、房地产信息还是人才信息，在网上都能找到最实时的版本。通过网络还可以图、声、文并茂地召开订货会、新产品发布会，做广告，搞推销，等等。

1.2.2 Internet 的产生和发展

Internet 最早起源于美国国防部高级研究计划局(Advanced Research Projects Agency,ARPA)的前身,ARPA 于 1969 年建成并投入使用的 ARPANET(阿帕网)。

从 20 世纪 60 年代开始,ARPA 就开始向美国国内大学的计算机系和一些私人公司提供经费,以促进基于分组交换技术的计算机网络的研究。1968 年,ARPANET 项目立项,其主导思想为希望网络必须能够经受住故障的考验而维持正常工作,即使在战争中当网络的某一部分因遭受攻击而失去工作能力时,网络的其他部分仍能维持正常工作。最初,ARPANET 主要用于军事研究目的,它具有五大特点:

- 支持资源共享;
- 采用分布式控制技术;
- 采用分组交换技术;
- 使用通信控制处理机;
- 采用分层的网络通信协议。

1972 年,ARPANET 在国际会议上向公众亮相,自此,ARPANET 成为现代计算机网络诞生的标志。

1983 年,ARPANET 分裂为两部分:ARPANET 和纯军事用的 MILNET。该年 1 月,ARPA 把 TCP/IP 协议作为 ARPANET 的标准协议,其后,人们称呼这个以 ARPANET 为主干网的网际互联网为 Internet。TCP/IP 协议在 Internet 中进行研究、试验,并改进成为使用方便、效率高的协议。

与此同时,局域网和其他网络技术的产生和蓬勃发展对 Internet 的进一步发展起了重要的作用。1986 年,美国国家科学基金会(National Science Foundation,NSF)建立起了六大超级计算机中心,为了使全美国的科学家、工程师能够共享这些超级计算机设施,NSF 建立了基于 TCP/IP 协议族的计算机网络——美国国家科学基金网 NSFNET。

NSF 在全国建立了按地区划分的计算机广域网,并将这些地区网络和超级计算中心相连,最后将各超级计算中心互联起来。连接各地区网上主通信节点计算机的高速数据专线构成了 NSFNET 的主干网。当一个用户的计算机与某一地区相连后,除了可以使用任一超级计算中心的设施、同网上任一用户通信外,还可以获得网络提供的大量信息和数据。这一成功使得 NSFNET 于 1990 年 6 月彻底取代了 ARPANET 而成为 Internet 的主干网。

NSFNET 对 Internet 的最大贡献是使 Internet 向全社会开放。随着网上通信量的迅猛增长,NSF 采用了更新的网络技术来适应发展的需要。1990 年 9 月,由 Merit、IBM 和 MCI 公司联合建立了一个非营利性的组织 ANS(Advanced Network&Science, Inc)。ANS 的目的是建立一个全美范围的 T3 级主干网,它能以 45Mb/s 的速率传送数据。到 1991 年底,NSFNET 的全部主干网都已同 ANS 提供的 T3 级主干网相通。

1969 年 12 月 ARPANET 最初建成时只有 4 个节点,到 1972 年 3 月也仅仅 23 个节点,1977 年 3 月总共也只有 111 个节点。但是近 20 年来,随着社会科技、文化和经济的发展，特别是计算机网络技术和通信技术的大发展，随着人类社会从工业社会向信息社会过渡的趋势越来越明显，人们对信息的意识，对开发和使用信息资源的重视越来越强，这些都强烈刺激了 ARPAnet 和 NSFnet 的发展，使连入这两个网络的主机和用户数量急剧增加。1988 年，由 NSFnet 连接的计算机数就猛增到 56000 台，此后更以每年 2～3 倍的惊人速度向前发展。

今天的 Internet 已不再是计算机专业人员和军事部门进行科研的领域，而是变成了一个开发和使用信息资源的覆盖全球的信息海洋。Internet 已经覆盖了社会生活的方方面面，构成了一个信息社会的缩影。

1.2.3 关键概念

用户在使用 Internet 网络的时候，经常接触的四个概念是 TCP/IP 协议、IP 地址、域名和网址。

1. TCP/IP 协议

TCP 协议最早由斯坦福大学的两名研究人员于 1973 年提出。1983 年，TCP/IP 被 UNIX 4.2 BSD 系统采用。随着 UNIX 的成功，TCP/IP 逐步成为 UNIX 机器的标准网络协议。Internet 的前身 ARPAnet 最初使用 NCP(Network Control Protocol)协议，由于 TCP/IP 协议具有跨平台特性，ARPAnet 的实验人员在经过对 TCP/IP 改进以后，规定连入 ARPAnet 的计算机都必须采用 TCP/IP 的协议。随着 ARPAnet 逐渐发展成为 Internet，TCP/IP 协议就成为 Internet 的标准连接协议。

TCP/IP 协议其实是一个协议组，自上至下包括四个层次，分别是应用层、传输层、网络层和网络接口层。TCP/IP 协议的名字来源于协议组中最先定义也是最重要的两个协议：TCP(Transport Control Protocol，传输控制协议)和 IP(Internet Protocol，互联网协议)。它们共同实现任意数据在互联网的任意主机之间的可靠高效传输。

TCP/IP 四层模型和 OSI 七层模型间的关系如表 1.1 所示。

表 1.1 TCP/IP 协议与 OSI 七层模型的对应关系

<table>
<tr><th>TCP/IP</th><th>OSI</th></tr>
<tr><td rowspan="3">应用层</td><td>应用层</td></tr>
<tr><td>表示层</td></tr>
<tr><td>会话层</td></tr>
<tr><td>传输层(TCP)</td><td>传输层</td></tr>
<tr><td>网络层(IP)</td><td>网络层</td></tr>
<tr><td rowspan="2">网络接口层(又称链路层)</td><td>数据链路层</td></tr>
<tr><td>物理层</td></tr>
</table>

2. IP 地址

Internet 是由分布在世界各地的网络和计算机互连而成,要实现 Internet 中任意两个节点间的相互通信,必须能够对网络中的每个网络设备节点进行识别,即网络中的任意一个节点都需要有相应的地址标识,这个地址标识称为 IP 地址。在 TCP/IP 网络中,每个网络节点都有一个唯一的 IP 地址,根据 IP 地址可以确定计算机或设备在网络中的唯一位置。IP 地址分为动态 IP 地址和静态 IP 地址两种。动态 IP 地址指的是每次连线所取得的地址不同,而静态 IP 地址是指每次连线均为同样固定的地址。一般情况下,以电话拨号(包括 ADSL 拨号)所取得的地址均为动态的,也就是每次所取得的地址可能是不同的。而通过专线连入的计算机分配的 IP 地址一般是固定的。

目前使用的 IP 地址分为 IPv4 和 IPv6 两个版本。

1) IPv4 地址

在 IPv4 中,IP 地址采用统一的地址格式,即由 32 个二进制位(bit)组成。由于二进制使用起来不方便,常用"点分十进制"方式来表示。即将 IP 地址分为 4 个字节,每个字节以十进制数来表示,各个数之间以句点来分隔。例如,中国人民大学网站的 IP 地址是 221.179.190.179[①]。

每个 IPv4 地址都由网络地址和主机地址两部分组成,唯一地标识出主机所在的网络和网络中位置的编号,其地址结构如图 1.6 所示:

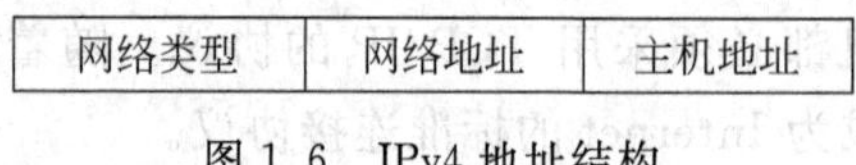

图 1.6 IPv4 地址结构

IPv4 地址包括 A、B、C、D、E 五种类型,其中 D 类和 E 类地址保留用于特殊用途,不对普通用户开放。A、B、C 三类 IP 地址结构如图 1.7 所示。

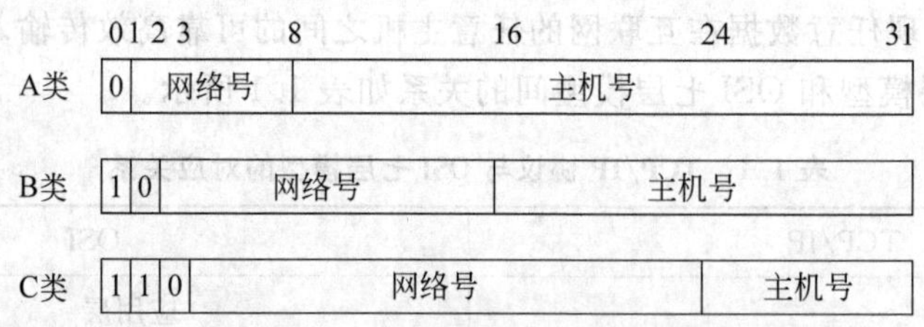

图 1.7 A、B、C 三类 IP 地址结构

IPv4 中 IP 地址的使用需要遵守以下规则:

- 网络地址中各位不能全为 0 或全为 1。
- 主机地址中各位不能全为 0 或全为 1。
- 网络地址不能以 127 开头,这种类型的地址保留给用于诊断的回送函数使用。例如 127.0.0.1 被称为回送地址,代表本地主机,一般用于测试。

---

① 此 IP 地址为写作本章时的数据,该数据可能会因服务器搬迁而改变。最新的 IP 地址可以通过在 Windows 的"开始→运行→Ping www.ruc.edu.cn"来查阅。

IPv4 中目前可以提供给普通用户使用的 IP 地址数量如表 1.2 所示。

表 1.2 A、B、C 三类 IP 地址可用数量

类别	网络数	主机数	地址范围
A类	126	16 777 214	1.0.0.1～126.255.255.254
B类	16384	65 534	128.0.0.1～191.255.255.254
C类	2097152	254	192.0.0.1～223.255.255.254

2) IPv6 地址

随着电子技术及网络技术的发展，计算机网络已经进入人们的日常生活，需要连入 Internet 并分配 IP 地址的设备越来越多，导致 IPv4 版本中的 IP 地址已经在 2011 年分配完毕。为了解决 IP 地址资源以及 IPv4 协议中的一些不足，Internet 网络新协议 IPv6 应运而生。IPv6 集成了 IPv4 的优点，对 IPv4 的局限性进行了改进，并增加了一些新的特性，大大改善了网络的传输性能，是新一代因特网的基础和灵魂。

IPv6 地址空间由 IPv4 的 32 位扩展到 128 位，使得未来的每一个网络接口(家电、终端、设备……)都可以拥有自己独立的 IP 地址。与 IPv4 地址的点分十进制表示法不同，IPv6 的 128 位地址是以 16 位为一组分成 8 个分组，每个分组用 4 个十六进制数表示，分组间用冒号分隔。这种表示方法称为"冒号分十六进制"表示法。具体的有如下三个表示方法。

- 完整表示法：将 8 个分组的十六进制数据完整地表示出来，如"000E:0C64:0000:0000:0000:1342:0E3E:00FE"。
- 前导零和零序列简化表示法：将每个分组十六进制数的前导零位去除，对于相邻的连续零位分组合并用::表示。如上面地址可以简化为"E:C64::1342:E3E:FE"。注意"::"在一个地址中只能出现一次以保持地址表示的唯一性。
- IPv4 和 IPv6 混合表示法：在 IPv4 和 IPv6 混合使用的环境中，可以使用"x:x:x:x:x:x:d.d.d.d"的形式表示将 IPv4 地址扩展为 IPv6 地址，其中 x 是地址中 6 个高阶 16 位分组的十六进制值，d 是地址中 4 个低阶 8 位分组的十进制值。例如"0:0:0:0:0:0:13.1.68.3(::13.1.68.3)"和"0:0:0:0:0:FFFF:129.144.52.33(::FFFF:129.144.52.33)"。

IPv6 支持层次化的地址结构，定义了三种不同的地址类型，分别是单点传送地址(Unicast Address)、多点传送地址(Multicast Address)和任意点传送地址(Anycast Address)。

1) 单点传送地址(单播地址)

一个 IPv6 单点传送地址对应一个独立的网络接口，发往单点传送地址的数据包仅传送到该单点传送地址所对应的接口上。单点传送地址又可以分为三个类型。

(1) 可聚集全球单点传送地址：可在全球范围内进行路由转发的公共地址，地址结构如图 1.8 所示。

001：类型前缀。

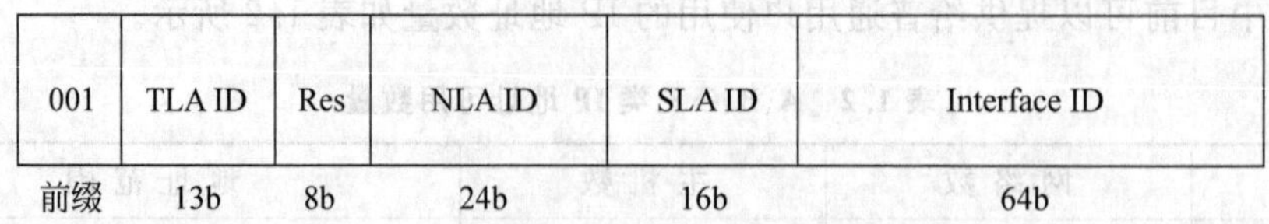

图 1.8 可聚集全球单点传送地址结构

TLA ID：顶级聚合体(Top Level Aggregator)标识，公共骨干网络接入点 ID，ID 分配由 Internet 注册机构 IANA 管理。

NLA ID：下级聚合体(Next Level Aggregator)标识，大型 Internet 网络服务供应商(ISP，Internet Service Provider)ID，通过向对应的 TLA 机构申请获得。

SLA ID：节点聚合体(Site Level Aggregator)标识，一个机构网络或者一个小型 ISP ID 标识，由对应的 NLA 机构分配。

Interface ID：接口标识，网络内部每一个网络接口的地址标识，由 SLA 对应的网络机构进行分配。

Res：8b 的保留位。

(2) 本地单点传送地址：数据的传送范围仅限于本地，分为链路本地地址和站点本地地址两种类型，分别适用于单条链路和一个站点内部。

链路本地地址的结构如图 1.9 所示，只有接口标识，不包含子网标识，数据只能在同一链路的网络接口间传送。

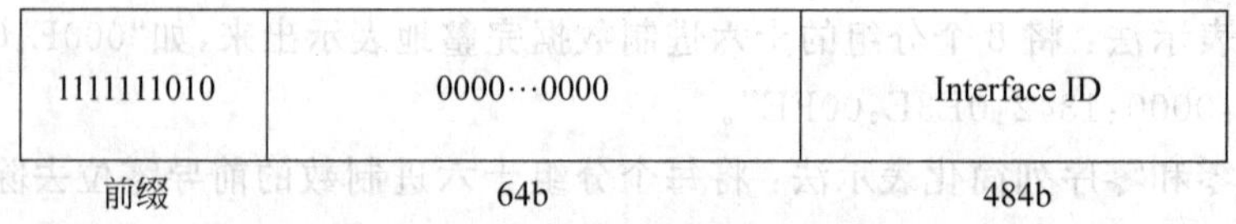

图 1.9 链路本地地址结构

站点本地地址的结构如图 1.10 所示，包含子网标识，但不包含更高层次的结构信息，数据只能在同一站点的内部子网间转发，不能经路由器在全球 Internet 中转发。

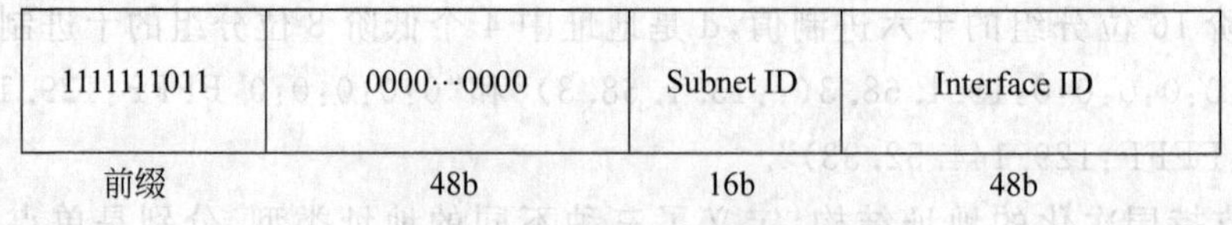

图 1.10 站点本地地址结构

(3) 特殊单点传送地址：如未指定地址“0:0:0:0:0:0:0:0(::)”、回送地址“0:0:0:0:0:0:0:1(::1)”等。

2) 多点传送地址(多播地址)

一个多点传送地址对应多个相互关联的网络接口。发往多点传送地址的数据包会传送到该多点传送地址所对应的所有接口上。IPv6 中不再定义广播地址，功能由代表本地网中所有接口的多点传送地址代替。多点传送地址的结构如图 1.11 所示。

Flags：目前只用最后一个比特位，值为 0 时表示多播地址是 IANA 长期分配的，值

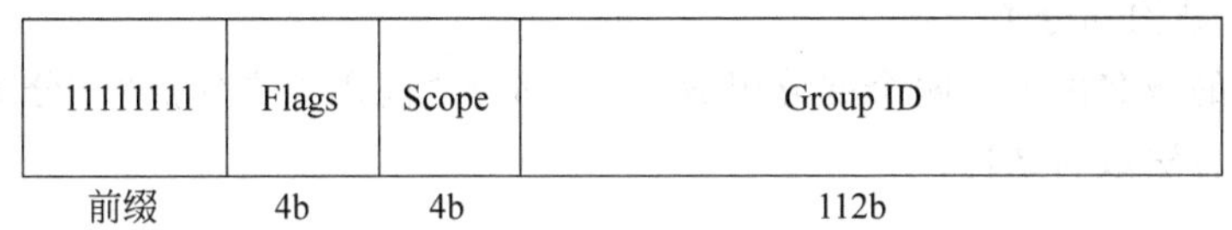

图 1.11 多点传送地址结构

为 1 时表示多播地址是临时分配的。

Scope：说明多播地址的有效范围，用来限制多点传送的范围。如值为 1 时表示节点有效；值为 2 时表示链路本地范围；值为 5 时表示站点本地范围；值为 14 时表示全球范围等。

Group ID：多点传送组 ID。

3）任意点传送地址

任意点传送地址用来标识从属于同一网络不同网络节点的一组网络接口，发送给任意点传送地址的数据包传送到该地址标识的网络中，再将数据发往对应的接口组中根据路由算法度量出来的距离最近的一个接口。任意点传送地址是从单点传送地址空间中分配的，由单点传送地址中的子网前缀加上后续连续 0 位构成，如图 1.12 所示。一般用来分配给子网中的路由器使用，子网中的所有路由器均被分配对应子网的任意点传送地址，用于实现子网中任意一个路由器与远程网络的通信。

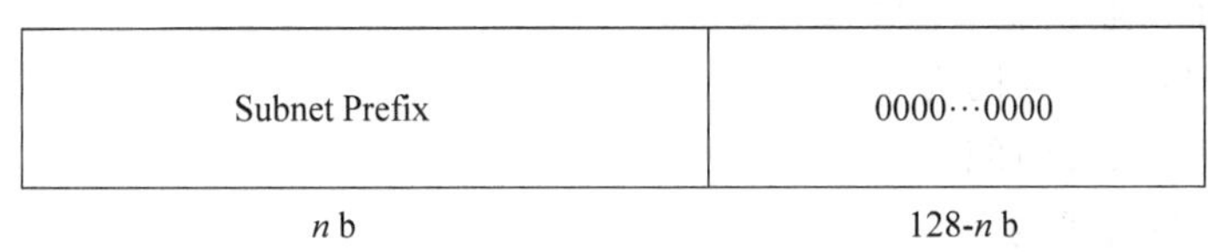

图 1.12 任意点传送地址结构

3. 域名

与 IP 地址相比，人们更喜欢使用具有一定含义的字符串来标识 Internet 网上的计算机。在 Internet 中，可以用各种各样的方式来命名自己的计算机，这样就可能在 Internet 网上出现重名，如提供网页信息服务的主机都命名为 www，提供电子邮件服务的主机都命名为 mail 等，这样就不能唯一地标识 Internet 网中的主机位置。为了避免重名，Internet 管理机构采取了在主机名后加上后缀域名(Domain)的办法来标识主机的区域位置。

域名是用于识别和定位互联网上计算机的层次结构式字符标识，与该计算机的互联网协议(IP)地址相对应。相对于 IP 地址而言，更便于使用者理解和记忆。域名是通过向域名管理机构合法申请得到的。

域名由字母、数字和-字符构成，由“.”符号分隔为若干部分。在 Internet 网上的主机可以用“主机名.域名”的方式唯一地进行标识。例如“www.ruc.edu.cn”中，www 为主机名，由服务器管理员命名；ruc.edu.cn 为域名，由服务器所属单位向域名管理机构申请使用。

1) 域名的结构和分类

一个完整的域名由至少两个部分组成,各个部分之间用英文句点“.”分隔。例如下列几个域名都是合法域名结构:

21bj. com

ruc. com. cn

yahoo. co. uk

www. ruc. edu. cn

在完整的域名中,最右一个“.”的右边部分称为顶级域名或一级域名(Top Level Domain,TLD)。顶级域名左边的部分称为二级域名(Second Level Domain,SLD)。二级域名的左边部分称为三级域名,三级域名的左边部分称为四级域名,依此类推。每一级域名控制它下一级的域名分配。例如域名“www. sina. com. cn”中,“cn”为一级域名,“com”为二级域名,sina 为三级域名,www 为四级域名。

顶级域名由 ICANN(The Internet Corporation for Assigned Names and Numbers,互联网名称与数字地址分配机构)批准设立,由若干个英文字母构成。顶级域名又分为类别顶级域名和区域顶级域名两大类。

类别顶级域名(General Top Level Domain,gTLD)也称为通用顶级域名,最初有7个:

. com:用于商业企业

. net:用于网络服务机构

. org:用于一般性组织

. edu:用于教育机构

. gov:用于政府机构

. mil:用于军事机构

. int:用于国际性组织和机构

其中. com、. net 和. org 通用顶级域名向全球所有用户开放注册其下的二级域名,对应的域名被称为国际域名;而. int、. edu、. gov、. mil 由于各种原因一般仅限美国和特定机构专用。随着 Internet 的飞速发展,ICANN 后来又增加了其他的一些类别顶级域名,如. info、. biz 等。

区域顶级域名(Country Code Top Level Domain,ccTLD)用 2 个字母缩写来表示国家和地区,例如. cn 代表中国,. uk 代表英国,. hk 代表中国香港特区,. tw 代表中国台湾,. eu 代表欧盟。有些区域顶级域名由于字面含义特殊、自己国家或地区网络服务不发达等原因被延伸为其他含义向公众推广,成为使用上的类别顶级域名,例如. ac 本来是指“阿松森岛”(Ascension Island),现在则转义为“学术”(Academic)来使用。

2) 域名的注册与管理

除了顶级域名是由 ICANN 批准设立外,二级及以下域名的命名规则都是由相对应的上级域名管理机构制定,并由相应的机构来管理。例如中国的区域顶级域是. cn。cn 下预设了. com. cn、. net. cn、. org. cn、. gov. cn、. ac. cn 5 个通用二级域和. bj. cn(北京)、. sh. cn(上海)、. js. cn(江苏)、. tw. cn(台湾)等 34 个省市自治区的地域二级域。注册人可以直接注册 cn 下的二级域名，也可以注册上述预设二级域下属的三级域名。这些域名的注册是通过 CNNIC 认证的域名注册商及其下级代理商进行的。Edu. cn 下的三级域名注册只能由教育机构向教育网（www. edu. cn）申请注册。

3）域名的价值评估

域名是互联网应用的基础设施，在网站建设和推广中发挥着重要的作用，是网站最重要的资源。好的域名能够起到帮助企业树立良好形象和进行商品和服务推广的作用。同时由于域名的有限性和唯一性的特点，使得好的域名成为稀缺资源，进而产生比域名注册费用更高的增值价值。例如，在 2014 年 4 月，中国知名手机制造企业小米公司以 360 万美元购买新域名 mi. com，以适应其国际化战略。除了域名交易和域名投资外，域名的价值逐渐被大众所了解和认同，有些国家的商业银行甚至开展了域名抵押贷款业务。

域名价值的高低，取决于很多因素。一般情况下，应重点考虑域名类型、域名主体含义、域名主体长度。此外，还可以考虑域名的自然流量、PR 值、搜索引擎收录数、反向链接数量、相关域名建站情况等，进行综合评判，得出相对准确的结论。

4）域名解析

一个域名唯一对应于一个 IP 地址，它们之间的转换工作称为域名解析，域名解析需要由专门的域名解析服务器（Domain Name Server，DNS）来完成。域名通过域名服务器的解析服务转换为服务器的 IP 地址，以实现对服务器内容的真正连接和访问。

DNS 是一个分布式的层次域名服务系统，分为根服务器、顶级域名服务器和应用域名服务器。根服务器负责找到相应的顶级域名服务器，顶级域名服务器负责找到与域名对应的应用域名服务器，而应用域名服务器则负责具体的域名解析工作。目前全球共有 13 个域名根服务器。所有的根服务器均由 ICANN（互联网名称与数字地址分配机构）统一管理。

4. 网址 URL

网址的英文简写为 URL，全称是统一资源定位符（Uniform Resource Locator）。它是用于完整地描述 Internet 上网页和其他资源位置的一种标识方法。习惯上我们常简称为“网址”。网址的完整结构为“＜协议＞://＜主机＞:＜端口＞/＜路径＞”。以网址“http://news1. ruc. edu. cn/102392/79466. html”为例，“http://”表示通过 HTTP 协议访问网页，“news1. ruc. edu. cn”表示网页资源所在的主机位置，剩下的部分“/102392/79466. html”表示位于主机下的 102392 文件夹下的 79466. html 这个网页文件，WWW 服务的默认端口 80 被省略。

5. IP 地址、域名与网址的关系

为了帮助大家理解 IP 地址、域名与实际网址（URL）的关系，我们来看看以下的比喻：

IP 地址可以与单位的门牌号码类比。例如：

- 中国人民大学信息学院的地址是：中关村大街 59 号
- 中国人民大学信息学院网站的 IP 地址是：202.112.113.34

域名可以与单位的名称类比。例如：

• 中国人民大学信息学院的名称是"中国人民大学信息学院"
• 中国人民大学信息学院网站的域名是：info. ruc. edu. cn

网址(URL)说明了以何种方式访问哪个网页，例如，就像说"我要骑自行车到中国人民大学信息学院"一样，可以通过"HTTP 协议"来访问中国人民大学信息学院主页，即"http://info. ruc. edu. cn"。

1.2.4 接入方式

用户如要加入 Internet，只需把自己的计算机连入与 Internet 互联的任何一个网络。对于普通用户而言，要使自己的计算机连入到 Internet，一般来说必须通过互联网服务供应商 (Internet Service Provider，ISP)进行转接。ISP 是经国家主管部门正式批准运营的向广大用户综合提供互联网接入业务、信息业务、和增值业务的电信运营商，是提供网络接入服务的中介。用户通过一定的方式与 ISP 主机建立连接后，便可以通过 ISP 的网络连接到 Internet 上。目前用户接入 ISP 网络的方式主要有：

1. PSTN 接入

PSTN(Public Switched Telephone Network，公共电话交换网络)是最早的也是比较简单的一种网络接入方式。用户计算机上安装调制解调器(Modem)，以拨号方式通过普通电话线与 ISP 建立连接。调制解调器是一种能够进行数字信号和模拟信号转换的设备，用户端 Modem 将用户计算机发送的数字信号转换为模拟脉冲信号后经过电话线传输到 ISP，而将从 ISP 端接收到的模拟信号还原成计算机可理解的数字信号。PSTN 网络接入操作简单，但速度非常慢，最高传输速率一般不超过 56Kb/s。

2. ISDN 接入

ISDN(Integrated Services Digital Network，综合业务数字网)也称"一线通"。与 PSTN 相比，它使用 ISDN 适配器和电话线连接，一条 ISDN 线路包含两条传输信道，可以使用户能够一边上网一边打电话。ISDN 的最高传输速率可达 128Kb/s。目前 ISDN 逐渐被 ASDL 方式取代。

3. xDSL 接入

xDSL 是各种类型 DSL(Digital Subscribe Line，数字用户线路)的总称，包括 ADSL、RADSL、VDSL、SDSL、IDSL 和 HDSL 等。xDSL 接入中目前最常用的是 ADSL。ADSL (Asymmetric Digital Subscriber Line，非对称数字用户线技术)通过 ADSL Modem 与电话线连接，利用电话线中的高频部分传输网络数字信号，采用频分多路复用技术将一根电话线分成电话、上行、下行三个独立信道。在普通电话线上，ADSL 的最高上行速率可以达到 1Mb/s，而下行最高速率可以达到 8Mb/s。

4. 无线接入

无线网络连接是指采用无线电、微波、卫星等无线手段将用户终端计算机接入到网络

业务节点的网络接入方式。

5. 专线接入

专线接入是指通过DDN(Digital Data Network)、帧中继、X.25、数字专用线路、卫星专线等通信线路与ISP相连,借助ISP连入Internet的网络接入方式。专线接入具有速度快、质量好、成本高等特点,通常适合于上网计算机较多业务量大的企业用户使用。

1.2.5 管理机构

Internet网络的正常运行以及未来的发展方向研究等需要一些组织和机构来管理和探索,以下是几个最重要的Internet管理机构及它们的主要任务。

1. Internet协会(Internet Society,ISOC)

ISOC是一个非营利性组织,成立于1992年,由来自多个国家多个组织的成员组成,这些组织和个人展望影响Internet现在和未来的技术,领导处理困扰Internet未来发展的问题,是IAB的上级机构。

2. Internet架构委员会(Internet Architecture Board,IAB)

IAB是由探讨与因特网结构有关问题的互联网研究员组成的委员会,其职责是任命各种与因特网相关的组织,如IANA、IESG和IRSG。

3. Internet工程指导组(Internet Engineering Steering Group,IESG)

IESG负责IETF活动和标准制定程序的技术管理工作,核准或纠正IETF各工作组的研究成果,有对工作组进行设立和终结的权力,确保非工作组草案在成为请求注解文件(RFC)时的准确性,并根据ISOC理事会批准的规定和程序对标准的制定过程进行管理。

4. Internet工程任务组(Internet Engineering Task Force,IETF)

IETF成立于1985年底,是全球互联网最具权威的技术标准化组织,主要任务是负责互联网相关技术规范的研发和制定,当前绝大多数国际互联网技术标准出自IETF。

5. Internet研究指导组(Internet Research Steering Group,IRSG)

IRSG是一个在国际互联网架构委员会下定义互联网研究任务组研究方向的研究委员会。

6. Internet研究任务组(Internet Research Task Force,IRTF)

IRTF是一个由互联网架构委员会授权对一些长期的互联网问题进行理论研究的组织。这些研究方向包括互联网协议、应用、架构和技术等相关领域。

7. Internet数字分配机构(The Internet Assigned Numbers Authority,IANA)

IANA是负责协调一些使Internet正常运作的机构。同时,由于Internet已经成为一个全球范围的不受集权控制的全球网络,为了使网络在全球范围内协调,存在对互联网一些关键的部分达成技术共识的需要,而这就是 IANA 的任务。更准确地说,IANA 分配和维护在互联网技术标准(或者称为协议)中的唯一编码和数值系统。

1.2.6 Internet 在中国的发展

中国早在 1987 年就由中国科学院高能物理研究所首先通过 X.25 租用线路实现了国际远程联网,并于 1988 年实现了与欧洲和北美地区的 E-Mail 通信。1993 年 3 月经电信部门的大力配合,开通了由北京高能所到美国 Stanford 直线加速中心的高速计算机通信专线。1994 年 5 月高能物理研究所的计算机正式进入了 Internet 网,与此同时,以清华大学为网络中心的中国教育与科研网也于 1994 年 6 月正式联通 Internet 网,1996 年 6 月,中国最大的 Internet 互联子网 CHINAnet 也正式开通并投入营运。

进入 21 世纪以来,在中国兴起了一种研究、学习和使用 Internet 的浪潮,中国的用户数量已经达到 6 亿多人,Internet 已经越来越成为中国人科研、工作、学习、生活、娱乐的一个重要组成部分。

1. 中国互联网络发展状况统计报告

根据中国互联网络信息中心(CNNIC)于 2014 年 1 月公布的"第 33 次中国互联网络发展状况统计报告"的数据显示:①

- 截至 2013 年 12 月,中国网民规模达 6.18 亿,全年共计新增网民 5358 万人。互联网普及率为 45.8%,较 2012 年底提升 3.7 个百分点。
- 截至 2013 年 12 月,中国手机网民规模达 5 亿,较 2012 年底增加 8009 万人,网民中使用手机上网的人群占比提升至 81.0%。
- 截至 2013 年 12 月,我国网民中农村人口占比 28.6%,规模达 1.77 亿,相比 2012 年增长 2101 万人。
- 中国网民中通过台式计算机上网和笔记本电脑上网的比例分别为 69.7% 和 44.1%,相比 2012 年均有所下降,下降比例分别为 0.8 个百分点和 1.8 个百分点。手机上网比例保持较快增长,从 74.5% 上升至 81.0%,提升 6.5 个百分点。
- 我国域名总数为 1844 万个,其中.cn 域名总数较去年同期增长 44.2%,达到 1083 万,在中国域名总数中占比达 58.7%。截至 2013 年 12 月,中国网站总数为 320 万,全年增长 52 万个,增长率为 19.4%。
- 截至 2013 年 12 月,全国企业使用计算机办公的比例为 93.1%,使用互联网的比例为 83.2%,固定宽带使用率为 79.6%。同时,开展在线销售、在线采购的比例分别为 23.5% 和 26.8%,利用互联网开展营销推广活动的比例为 20.9%。

中国 Internet 应用呈现以下特点和趋势:

(1) 中国网民规模增长空间有限,手机上网依然是网民规模增长的主要动力。

普及率增长幅度与 2012 年情况基本一致,整体网民规模增速持续放缓。与此同时,手机网民继续保持良好的增长态势,手机继续保持第一大上网终端的地位。而新网民较

① 以下数据来源于"第 33 次中国互联网络发展状况统计报告"。

高的手机上网比例也说明了手机在网民增长中的促进作用。2013 年中国新增网民中使用手机上网的比例高达 73.3%，远高于其他设备上网的网民比例，手机依然是中国网民增长的主要驱动力。

(2) 中国互联网发展正在从"数量"转换到"质量"。

总体而言，中国互联网的发展主题已经从"普及率提升"转换到"使用程度加深"，而近几年的政策和环境变化也对使用深度提供有力支持：首先，国家政策支持，2013 年国务院发布《国务院关于促进信息消费扩大内需的若干意见》，说明了互联网在整体经济社会的地位；其次，互联网与传统经济结合愈加紧密，如购物、物流、支付乃至金融等方面均有良好应用；最后，互联网应用逐步改变人们生活形态，对人们日常生活中的衣食住行均有较大改变。

(3) 高流量手机应用的发展较快。

2013 年，手机端视频、音乐等对流量要求较大的服务增长迅速，其中手机视频用户规模增长明显。截至 2013 年 12 月，我国手机端在线收看或下载视频的用户数为 2.47 亿，与 2012 年底相比增长了 1.12 亿人，增长率高达 83.8%。手机视频跃升至移动互联网第五大应用。手机端高流量应用的使用率增长主要由三方面原因促进，首先是用户上网设备向手机端的转移，整体网民对于电脑的使用率持续走低；其次，使用基础环境的完善，如智能手机和无线网络的发展吸引更多用户使用手机上网；最后是上网成本的下降，如上网资费降低、视频运营商和网络运营商的包月合作等措施降低了手机视频的使用门槛。

(4) 以社交为基础的综合平台类应用发展迅速。

2013 年，微博、社交网站及论坛等互联网应用使用率均下降，而类似即时通信等以社交元素为基础的平台应用发展稳定。从具体数字分析，2013 年微博用户规模下降 2783 万人，使用率降低 9.2 个百分点。而整体即时通信用户规模在移动端的推动下提升至 5.32 亿，较 2012 年底增长 6440 万，使用率高达 86.2%，继续保持第一的地位。移动即时通信发展迅速的原因一方面是由于即时通信与手机通信的契合度较大，另一方面是由于在社交关系的基础之上，增加了信息分享、交流沟通、支付、金融等应用，极大限度地提升了用户黏性。

(5) 网络游戏用户增长乏力，手机网络游戏迅猛增长。

2013 年中国网络游戏用户增长明显放缓。网民使用率从 2012 年的 59.5%降至 54.7%。网络游戏用户规模为 3.38 亿，网络游戏用户规模增长仅为 234 万。与整体网络游戏用户规模趋势不同，手机端网络游戏用户增长迅速。截至 2013 年 12 月，我国手机网络游戏用户数为 2.15 亿，较 2012 年底增长了 7594 万，年增长率达到 54.5%。整体行业用户的增长乏力以及手机端游戏的高速增长意味着游戏行业内用户从电脑端向手机端转换加大，手机网络游戏对于 PC 端网络游戏的冲击开始显现。

(6) 网络购物用户规模持续增长，团购成为增长亮点。

商务类应用继续保持较高的发展速度，其中网络购物以及相类似的团购尤为明显。2013 年，中国网络购物用户规模达 3.02 亿人，使用率达到 48.9%，相比 2012 年增长 6.0 个百分点。团购用户规模达 1.41 亿人，团购的使用率为 22.8%，相比 2012 年增长 8.0 个百分点，用户规模年增长 68.9%，是增长最快的商务类应用。商务类应用的高速发展与支付、物流的完善以及整体环境的推动有密切关系，而团购出现"逆转"增长，意味着在经历了野蛮增长后的洗牌,团购已经进入理性发展时期。

(7) 中小企业互联网基础应用稳步推进,电子商务应用有待进一步提升。

总体来看我国企业使用计算机、互联网信息化状况较好,但微型企业需重点加强;东西部地区企业的互联网基础应用水平差距有所缩小,但中部地区与其他地区间存在的差距较大。我国使用网络营销推广的企业比例仍然不高,利用即时聊天工具、搜索引擎、电子商务平台推广保持在前三位。即时聊天工具庞大的用户基数、较强的用户黏性和丰富的管理工具,已成为企业营销的重要工具;从消费者行为模式来看,搜索行为直接指向购买,电子商务平台正是购买行为的发生场所,并且由于营销推广成本有限,中小企业更倾向于选择投入可控、性价比较高的方式。

2. 我国的主要网络应用情况

2013 年,在移动互联网的推动下,契合手机使用特性的网络应用进一步增长。即时通信作为第一大上网应用,其用户使用率继续上升,微博等其他交流沟通类应用使用率则持续走低;电子商务类应用继续保持快速发展,网络购物用户规模大量增长;对网络流量和用户体验要求较高的手机视频和手机游戏等应用使用率看涨。2012 年至2013 年中国网民各种网络应用的发展变化情况如图 1.13 所示。①

	2013 年		2012 年		
应用	用户规模/万人	网民使用率	用户规模/万人	网民使用率	年增长率
即时通信	53 215	86.2%	46 775	82.9%	13.8%
网络新闻	49 132	79.6%	46 092	78.0%	6.6%
搜索引擎	48 966	79.3%	45 110	80.0%	8.5%
网络音乐	45 312	73.4%	43 586	77.3%	4.0%
博客/个人空间	43 658	70.7%	37 299	66.1%	17.0%
网络视频	42 820	69.3%	37 183	65.9%	15.2%
网络游戏	33 803	54.7%	33 569	59.5%	0.7%
网络购物	30 189	48.9%	24 202	42.9%	24.7%
微博	28 078	45.5%	30 861	54.7%	-9.0%
社交网站	27 769	45.0%	27 505	48.8%	1.0%
网络文学	27 441	44.4%	23 344	41.4%	17.6%
网上支付	26 020	42.1%	22 065	39.1%	17.9%
电子邮件	25 921	42.0%	25 080	44.5%	3.4%
网上银行	25 006	40.5%	22 148	39.3%	12.9%
旅行预订	18 077	29.3%	11 167	19.8%	61.9%
团购	14 067	22.8%	8 327	14.8%	68.9%
论坛/bbs	12 046	19.5%	14 925	26.5%	-19.3%

图 1.13 2012 年—2013 年中国网络应用发展状况

① 本节主要数据来源于中国互联网络信息中心(CNNIC)发布“第 33 次中国互联网络发展状况统计报告”。

1.3　思考与练习

1．试述以下概念：计算机网络、批处理技术、分时技术、通信子网、资源子网、协议、网络体系结构、计算机网络的拓扑结构、Internet、TCP/IP 协议、IP 地址、域名、网址。

2．计算机网络的发展过程包含哪几个阶段，每个阶段的特点是什么？

3．计算机网络的主要功能、组成和分类。

4．计算机网络的拓扑结构有哪些，各自有什么特点？

5．计算机网络有哪几种工作模式？

6．Internet 的接入方式主要有哪些？

7．了解 Internet 的发展历史、接入方式和管理机构。

8．了解在 Internet 在中国的发展情况。

WWW与网页浏览器

网页浏览是网络用户访问网络的最初始入口，是用户获取网络信息资源最基本的应用形式。同时，随着浏览器/服务器(Browser/Server)网络应用模式的普及，使得其他大部分网络应用都要基于网页浏览的基础上进行，因此网页浏览是 Internet 的基础应用。

2.1 WWW 服务

网页浏览基于 Internet 的 WWW 服务技术之上。在 Internet 的各项应用中，WWW (Word Wide Web，万维网)简称 Web，是其中最主要的信息服务形式，它的影响力远远超出了专业技术范畴，并已经进入多个行业领域。

所谓 WWW，是建立在客户机/服务器模型之上，以 HTML 语言和 HTTP 协议为基础，能够提供面向各种 Internet 服务的、一致的用户界面的信息浏览系统。WWW 服务的特点在于高度的集成性，它能把各种类型的信息(如文本、图像、声音、动画、视频影像等)和服务(如 News，FTP，Telnet，Gopher，Mail 等)无缝连接，提供生动的图形用户界面(GUI)。WWW 为全世界人们提供查找和共享信息的手段，是人们进行动态多媒体交互的最佳方式。

2.2 相关概念

WWW 应用中涉及的重要概念包括网站、网址、浏览器、HTTP 协议和 HTML 语言等。

1. 网站

网站(Website)是指 Internet 上提供信息服务的一个服务器系统，负责实现用户提出的各种服务请求。在 WWW 应用中，网站就是一组 WWW 服务器的总称。这些 WWW 服务器上存放可提供给用户浏览的各种网页资源，并负责根据用户请求向用户反馈所需要的网页数据。这些网页可放置在同一主机上，也可以放置在不同地理位置的不同主机上，不同网页之间通过超文本链路来进行链接。网站通常通过域名进行标识，每一个网站都有自己的主域名，如中国人民大学网站的主域名为“ruc. edu. cn”，用户如果要访问人民大学网站的 Web 主页，可以直接访问“www. ruc. edu. cn”，即访问人民大学网站中的 WWW 服务器主机。

2. 网址

网址是统一资源定位符(Uniform Resource Locator，URL)的简称，是 Internet 上网络资源的定位形式。用户通过指定网址来请求访问特定的网页数据，服务器中的网页文件则通过网址来维持不同网页之间的超级链接。网址的完整格式为：

<协议>://<主机>:<端口>/<路径>

协议：是指获取资源所采用的协议类别，如 HTTP、FTP 等。

主机：是指网络资源所存放的主机位置，通常用“主机＋域名”的形式定义，如“www. ruc. edu. cn”。

端口：端口号是用来区分主机上的不同应用程序的。例如一台服务器主机上可能会运行多个服务程序，如 HTTP、FTP、E-mail 等等，如何知道用户请求的是哪个服务？这就需要为每个不同的服务程序分配不同的标识，Internet 中就对应着不同的端口号。标准网络协议一般都配有默认的端口号，如 HTTP 使用 80 端口、FTP 使用 21 端口、Telnet 使用 23 端口等。网址中当使用默认端口时可以省略端口号部分。

路径：是指目标文件在服务器主机上的详细存储位置，即哪个目录下的哪个文件。

例如，网址“http://news1. ruc. edu. cn/102392/80162. html”明确定义了用 HTTP 协议访问人民大学网站主机 news1 上的目录 102392 下的 80162. html 这个文件。网址中 HTTP 协议的默认端口被省略。

3. 浏览器

浏览器(Browser)是 WWW 服务的客户端软件，也被称为 Web 浏览器或网页浏览器，是安装在客户端主机上负责向服务器请求并显示网页信息的应用软件。浏览器通过用户输入网址或鼠标单击已显示页面中的超链接向服务器请求网页数据，服务器接收请求后根据网址信息定位网页文件并将其传送给浏览器软件，浏览器软件接收到网页数据后对其内容进行解析和显示。

目前有多种不同的浏览器产品，如微软的 InternetExplorer(IE)，奇虎 360 安全浏览器，谷歌的 Chrome 浏览器，苹果公司的 Safari 浏览器等。

4. HTTP 协议

HTTP 协议是超文本传输协议(Hypertext Transport Protocol)的简称，是 WWW 服务中浏览器和服务器之间进行交流时所必须遵守的通信协议。HTTP 协议是一种简单、快速的协议，在 WWW 诞生之初其核心技术就已经形成。随着 HTTP 应用的推广，出现了很多扩展组件，如 SSL(Secure Socket Layer)、TLS(Transport Layer Security)、PEP (Protocol Extension Protocol)等，这些组件使得 HTTP 协议更加灵活、安全和高效。

用户在使用 WWW 服务时并不需要直接接触 HTTP 协议的具体细节,浏览器中已经集成了各种常规 HTTP 指令,负责为用户连接服务器、请求网页文件,用户在输入网址或单击超链接后,浏览器将进行下面几步工作:

(1) 浏览器从获取的网址中分解出协议、主机、端口和文件路径四个部分的内容;

(2) 浏览器向 DNS 请求解析主机的 IP 地址;

(3) 浏览器与解析出的 IP 地址的相应端口建立 TCP 连接,HTTP 协议默认为 80 端口;

(4) 浏览器发出取文件命令;

(5) 服务器给出响应,将请求的文件发送给浏览器;

(6) TCP 连接被断开;

(7) 浏览器显示网页文件内容。

5. HTML 语言

HTML 是超文本标记语言(Hyper Text Markup Language)的简称,是制作网页的标准语言。HTML 属于一种标记控制语言,即在源文件中插入排版控制标记(命令),通过专门的解析器解析后显示和打印排版后的效果。所谓超文本,就是 HTML 语言文件经解析后的结果除了文本外,还可以表现图形、图像、音频、视频、链接等非文本要素。

详细内容见第 11 章。

2.3 IE 浏览器的使用

IE(Internet Explorer)是 Microsoft 公司开发的 WWW 浏览器软件,是目前使用最广泛的浏览器。下面我们对其常规应用进行说明。

2.3.1 IE 的启动

如图 2.1 所示,从桌面、任务条或程序栏中打开网络浏览器程序。在浏览器的网址栏输入网址并按回车键,即可开始浏览网站,如图 2.2 所示。

其实,启动网页浏览器的方式并不止一种。例如:

- 从操作系统桌面双击 IE 浏览器图标,启动 IE 浏览器。
- 从屏幕底部任务栏单击浏览器图标,启动 IE 浏览器。
- 从“开始”的快捷菜单单击浏览器图标,启动 IE 浏览器。
- 从“开始”|“所有程序”中单击浏览器图标,启动 IE 浏览器。
- 从“开始”|“运行”中选择 IE 浏览器来运行。
- 从资源管理器中选择 IE 浏览器双击运行。

……

图 2.1 通过多种方式启动网页浏览器

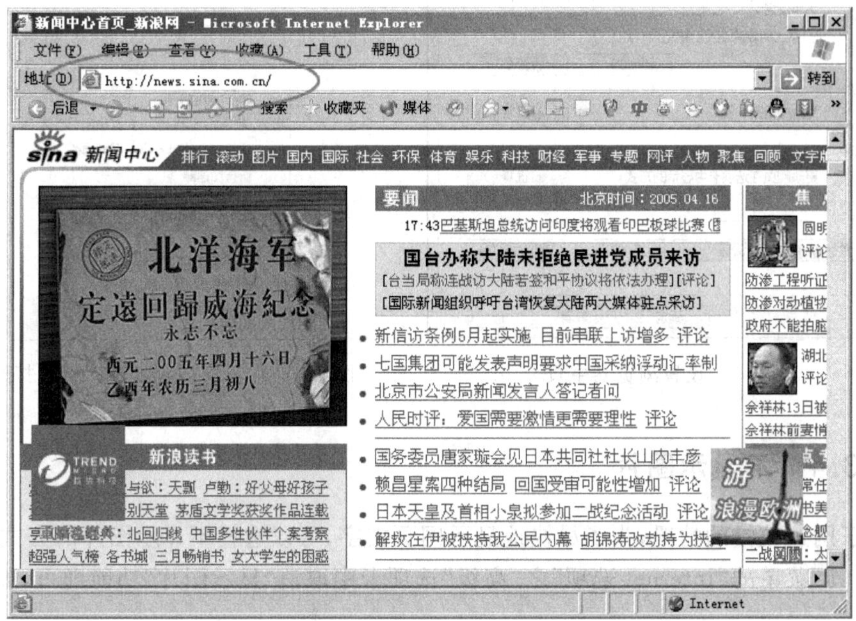

图 2.2 在浏览器的地址栏输入网址即可浏览网页

2.3.2 设置浏览器主页

一般情况下,会将最常访问的网页设置为浏览器的主页。设置方法为在 IE 的"工具"菜单中选择"Internet 选项"命令,在其"主页"地址栏中输入要设置的网址即可。如图 2.3 所示。若要将当前访问的网页设为主页,则直接单击"使用当前页"按钮即可。主页设置成功后,每次启动 IE 浏览器都会自动访问主页页面。

2.3.3 多窗口浏览

有时候,需要同时在多个窗口中显示多个页面,以防止原来的页面被新页面覆盖。这只要在访问相应的连接时通过单击鼠标右键并选择其中的"在新选项卡中打开(W)"或"在新窗口中打开(N)"即可,如图 2.4 所示。这样新页面就会在同一窗口的不同选项卡或不同的 IE 窗口中显示,而不影响原来页面的显示。也可以通过按 Ctrl 键或者 Shift 键的同时按鼠标左键单击连接在新标签页或新窗口中显示链接页面。

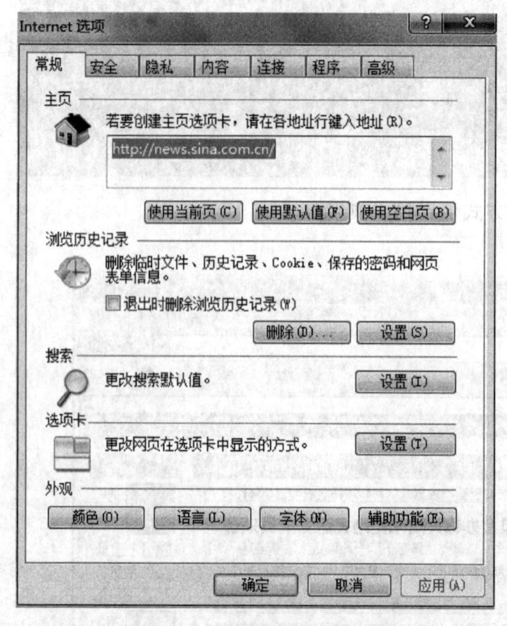

图 2.3 设置浏览器主页

图 2.4 在新窗口或新选项卡中打开网页

2.3.4 不显示图片

对于网速较慢的情况,为了尽快地显示网页文字,可以选择不显示图片的方式。方法是从"工具"菜单的"Internet 选项"之"高级"选项卡中取消"显示图片"功能即可,如图 2.5 所示。

2.3.5　管理临时文件夹(使用网页缓存)

网页浏览时,IE 会将用户访问的网站的信息以及经常需要用户输入的一些信息存储在硬盘中的临时文件夹中。临时文件夹中存储的信息类型包括临时网页文件、用户 Cookie、访问过的网站的历史记录、表单数据(用户曾经输入到网站或地址栏中的信息,如账户名称等)、密码等。保存这些信息具有提高 web 访问速度和自动提供信息的作用。打开“Internet 选项”,在“常规”页面中的“浏览历史记录”区域,单击“设置”按钮打开如图 2.6 所示的窗口。

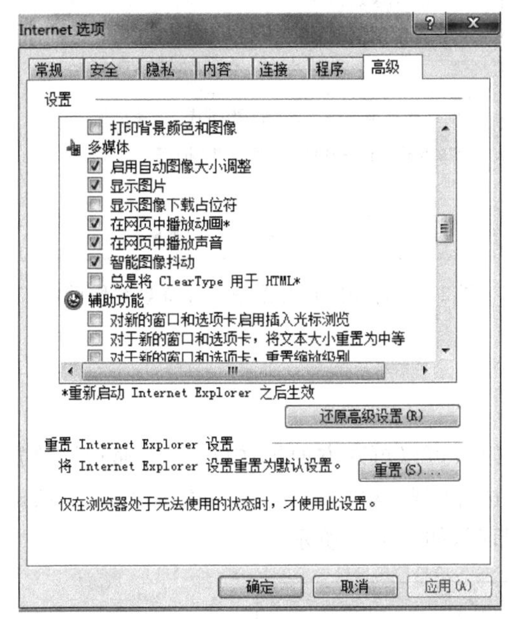

图 2.5　取消网页图片显示

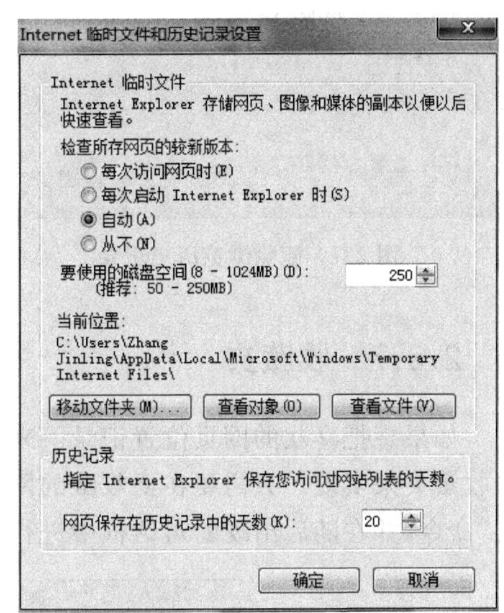

图 2.6　网页缓存设置

在这个窗口中可以设置使用磁盘空间的大小、更改临时文件夹的位置、查看临时文件内容等操作。

虽然保存临时文件等信息有一定的积极作用,但这些信息如果长期不清理可能会造成占用系统空间、泄露个人隐私等问题。因此对保存的历史记录和临时文件应该定期地清理。在 Internet 常规选项的浏览历史记录区域,单击“删除”按钮进入“删除浏览的历史记录”窗口,如图 2.7 所示。根据需要选取相应的部分进行删除。

2.3.6　打印网页

如果想把某网页打印下来,只要从浏览器的“文件”菜单中选择“打印”命令即可。特别要注意的是,如果你想把网页上的背景颜色和图像也打印出来,应选择“工具”菜单的“Internet 选项→高级→打印背景颜色和图像”,如图 2.8 所示。

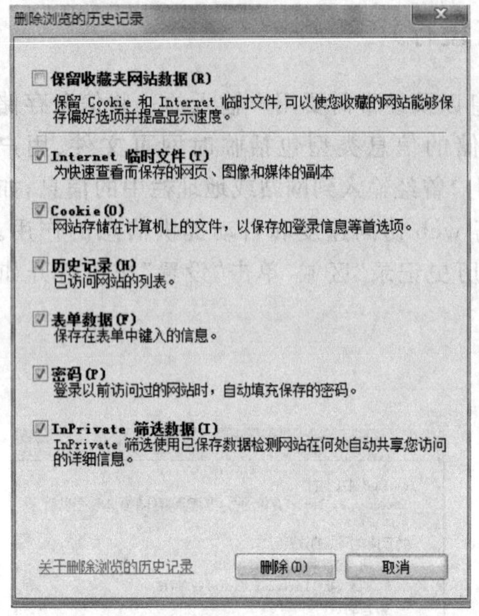

图 2.7　删除浏览历史记录

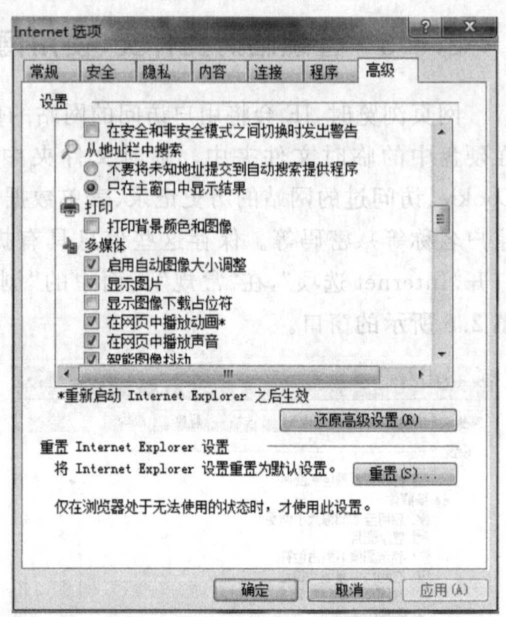

图 2.8　打印网页背景颜色和背景图像设置

2.3.7 收藏夹

如果想把喜欢的网页位置记录下来，以便以后可以再次方便地访问，可以通过浏览器的收藏夹来实现。只需要在要收藏的网页中，选择浏览器“收藏夹”菜单中的“添加到收藏夹”命令，并在随后出现的对话框中进行设置即可，如图 2.9 所示。

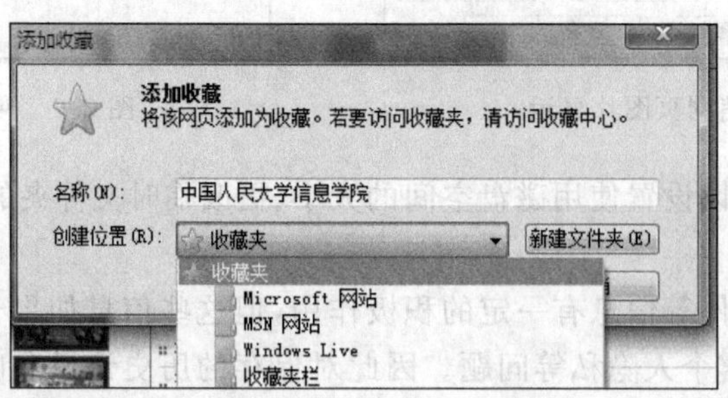

图 2.9　将网页添加进收藏夹

2.3.8 查看网页源代码

构成网页的基础，是 HTML 源代码。虽然现在大部分网页是通过使用各类工具软件来制作完成的，但通过阅读其底层源代码，对帮助我们学习网页制作、调整网页格式均会有帮助。

要查看一个网页的源代码，可在网页上单击鼠标右键，选择“查看源文件(V)”，即可显示该网页的 HTML 源代码。如果网页是以 ASP 或其他动态程序编制的，亦会显示其

经浏览器解释后的 HTML 源代码，如图 2.10 所示。

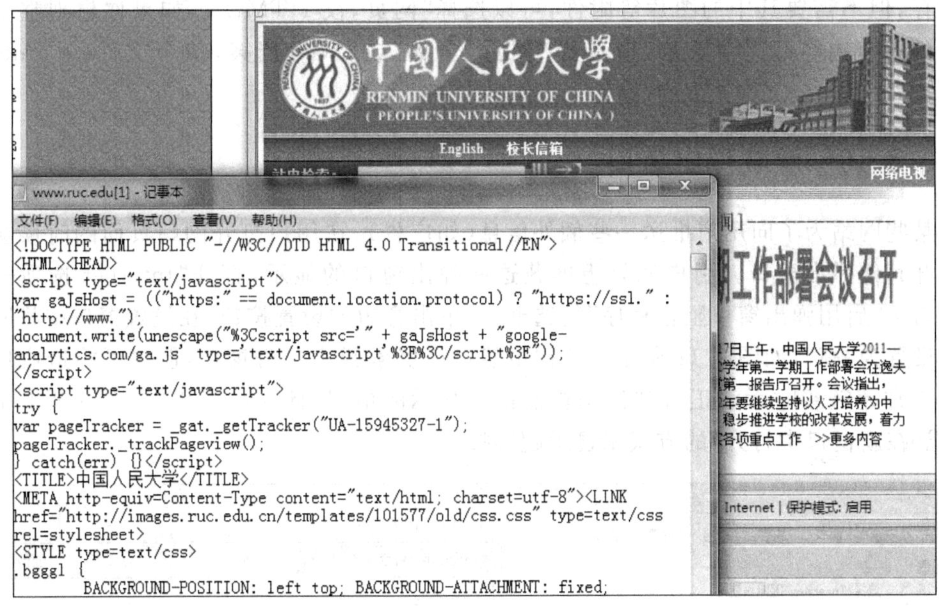

图 2.10　查看网页的源代码

2.3.9　网页存盘

如果想把某网页的内容保存下来，只要从浏览器的“文件”菜单中选择“另存为”命令即可。特别要注意的是保存的文件类型，如图 2.11 所示。如果你只想保存页面的

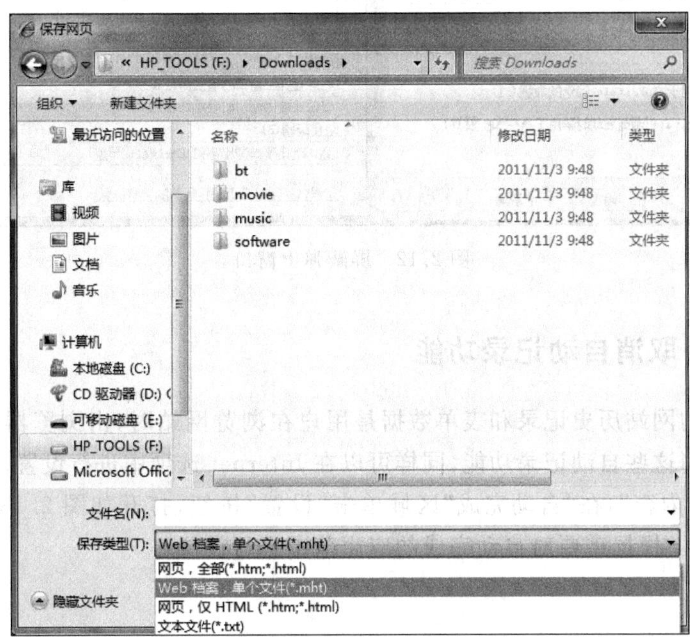

图 2.11　保存网页

文字,可以选择"文本文件",这样保存下来的文件最小。如果你想把页面按 HTML 格式保存,但不需要其中的图片等附件,可以选择"网页,仅 HTML"。如果你想把整个页面上的所有内容都保存下来,应选择"网页,全部"或"Web 档案,单个文件(*.mht)"选项。

2.3.10 屏蔽弹出窗口

某些网站为了向用户推送一些额外信息(如广告),在用户打开网站页面的时候会同时打开其他弹出窗口。用户如果想屏蔽这些弹出窗口的显示,打开"Internet 选项→隐私",勾选"启用弹出窗口阻止程序"复选框,并单击旁边的设置按钮,在设置窗口中将阻止级别设置为"高",如图 2.12 所示。这样虽然可以屏蔽弹出广告窗口,但也可能造成单击一些正常超链接时无法正常弹出浏览器窗口显示的情况,此时可以用"在新选项卡中打开"或"在新窗口中打开"的方式来显示超链接。

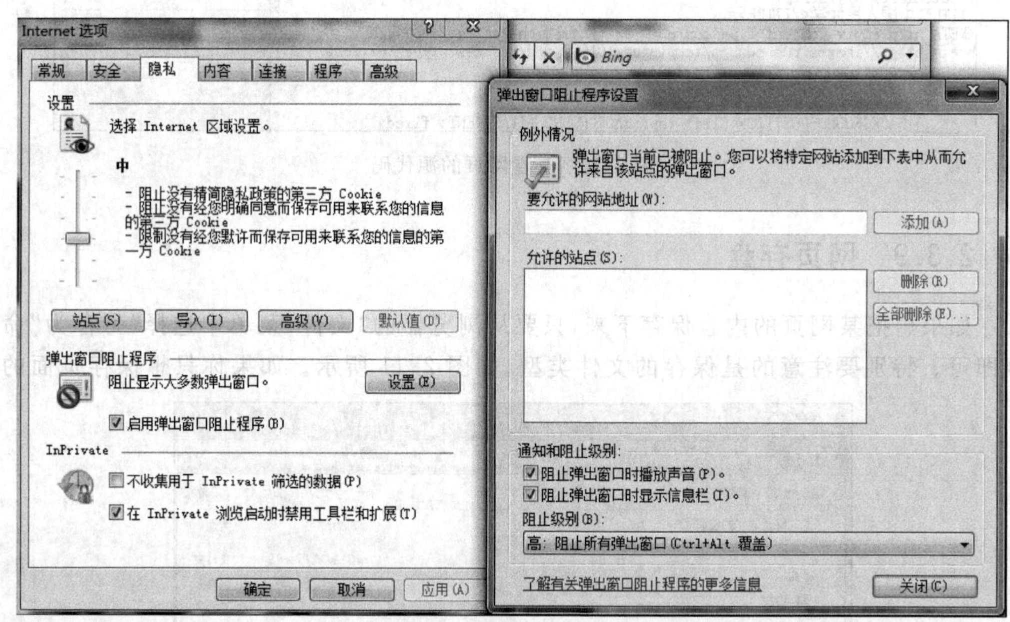

图 2.12 屏蔽弹出窗口

2.3.11 取消自动记录功能

前面所说的网站历史记录和表单数据是用户在浏览网站时,由浏览器自动记录下来的。如果想取消这些自动记录功能,同样可以在 Internet 选项中进行设置。选择"工具→Internet 选项→内容",在"自动完成"区域单击"设置"按钮,打开如图 2.13 所示的"自动完成设置"窗口。根据需要对自动完成的应用范围进行设置。

2.3.12 取消自动记录 Cookie

Cookie 是指某些网站为了辨别用户身份、进行会话跟踪而储存在用户本地终端上的数据(通常经过加密)。可以通过设置禁止网站写入 cookies 内容。在 Internet 选项的“隐私”页面中,单击“高级”按钮进入如图 2.14 所示的“高级隐私设置”窗口。勾选“替代自动 cookie 处理”,并选择对 cookie 写入的处理方式。第一方 Cookie 是你正在浏览的网站的 Cookie,第三方 Cookie 是非正在浏览的网站发给你的 Cookie,通常要对第三方 Cookie 选择“阻止”。

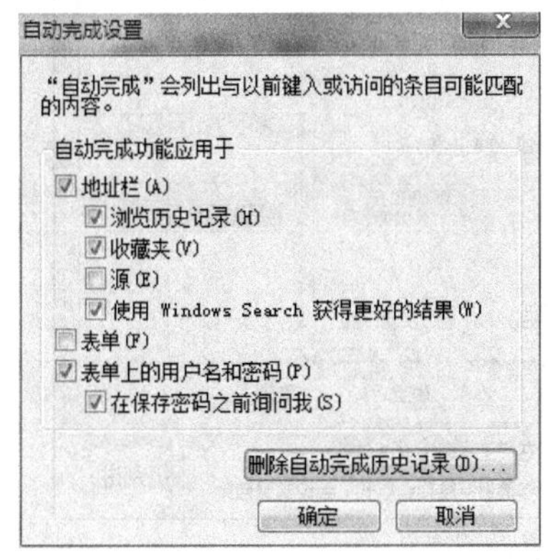

图 2.13 设置自动记录应用范围

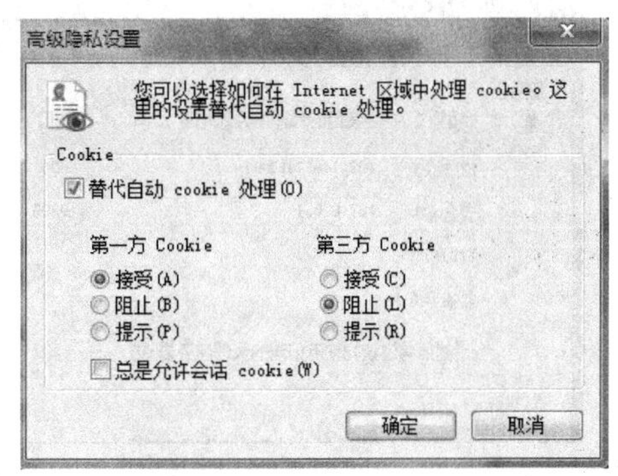

图 2.14 Cookie 记录设置

需要注意的是,有些网站要求用户必须开启 cookie 才能正常应用其功能,对应这样的网站如果用户阻止 cookie 写入,则会发生网络功能不能正常使用的情况。

2.3.13 设置代理服务器

因各种条件限制,有时可能无法访问某些网页,这时可以通过设置代理服务器的方法来实际访问这些网页的功能。操作步骤是从浏览器的“工具”菜单中选择“Internet 选项”命令,在出现的对话框中按顺序选择“连接→局域网设置”,选中“为 LAN 使用代理服务器”复选框,单击“高级”按钮即可为各种服务分别设置代理服务器,如图 2.15 所示。

2.3.14 安全性设置

在“Internet 选项”对话框的“安全”设置区中,可以对网页浏览时浏览器的安全级别做相应的设置,如图 2.16 所示。

2.3.15 更多高级选项设置

在“Internet 选项”对话框的“高级”设置区中,可以对浏览器的更多高级内容进行设置,如图 2.17 所示。

图 2.15　设置代理服务器

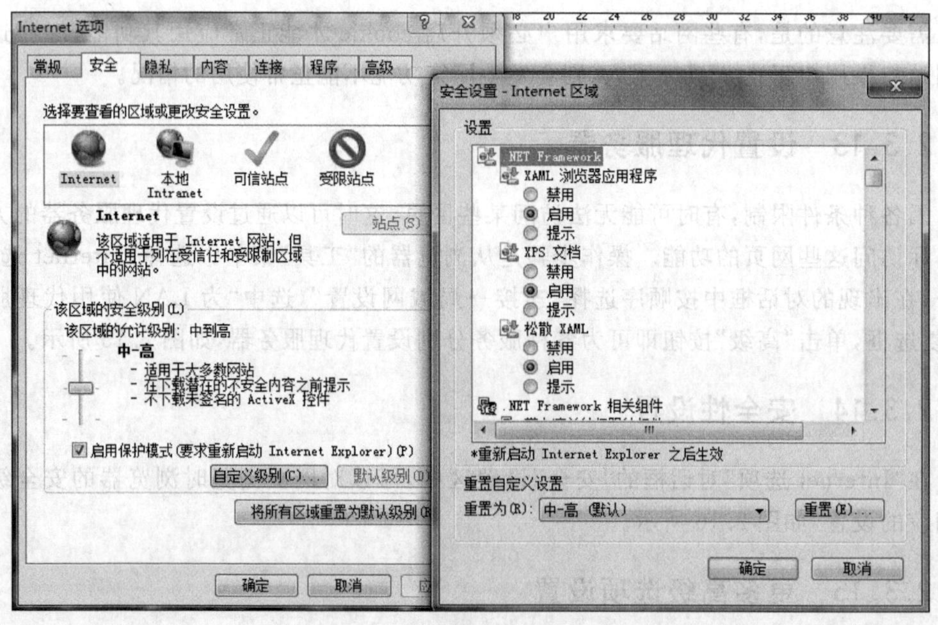

图 2.16　浏览器安全级别设置

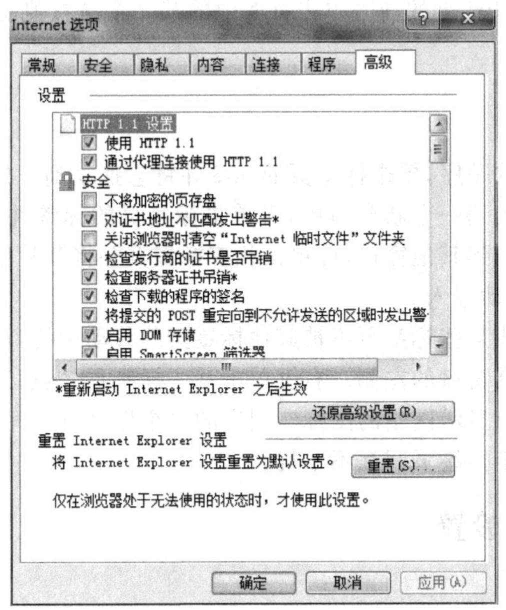

图 2.17 浏览器安全级别设置

2.4 猎豹浏览器

猎豹安全浏览器，是由金山网络技术有限公司推出的一款浏览器，主打安全与极速特性，采用 Trident 和 WebKit 双渲染引擎，并整合金山自家的 BIPS 进行安全防护。猎豹浏览器对 Chrome 的 Webkit 内核进行了超过 100 项的技术优化，访问网页速度更快。其具有首创的智能切换引擎，动态选择内核匹配不同网页，并且支持 HTML 5 新国际网页标准，极速浏览的同时也保证兼容性。

2.4.1 标签页和窗口控制

1. 打开新窗口

- 单击猎豹浏览器窗口左上角的 logo 图标，在下拉菜单的"新建"条目中单击"窗口"或者使用快捷键 Ctrl+N。
- 按住键盘上的 Shift 键的同时单击页面中的某一个链接则会在新窗口中打开这个链接页面。

2. 打开新标签页

- 使用快捷键 Ctrl+T 或者单击最后一个标签页旁边的"+"，都可以打开一个新的初始标签页。

• 按住键盘上的 Ctrl 键的同时单击页面中的某一个链接则会在新标签页中打开这个链接页面。

3. 排列标签页

• 要调整标签页的顺序,单击标签页的标签并将它拖动到目标位置即可。
• 要将标签页移动到一个新窗口中,可单击标签页的标签并将其拖到地址栏下方。要将标签页移动到其他窗口,可单击相应标签页并将其从原窗口拖到目标窗口的顶部,标签会自动嵌入。
• 如果希望某个或某些标签页不被其他标签页的移动干扰,可以将这个或这些标签页固定在浏览器窗口的左侧。右键单击某一标签页,然后选择“固定标签页”。被固定的标签页只显示网站的图标。固定的多个标签页之间可以调节顺序,但固定标签页和非固定标签页间互不干扰。

2.4.2 个性化设置

1. 启动页面设置

通过设置,用户可以在每次启动猎豹浏览器时打开自己喜爱的网页。单击猎豹浏览器窗口左上角的 logo 图标,下拉菜单中选择“选项”菜单打开设置窗口。在“启动浏览器时”区域有四个可选项,其意义分别为:

• 打开“新标签”页:在每次启动猎豹浏览器窗口时都不打开特定页面,只显示一个初始空白标签页。
• 恢复上次未关闭的页面:启动猎豹浏览器窗口时会自动打开上次关闭浏览器时已打开的网页查看。
• 打开上次未关闭的页面列表:启动猎豹浏览器窗口时会显示上次关闭浏览器时已打开的网页列表,但不自动加载这些页面。
• 打开主页:在每次启动猎豹浏览器窗口时都打开特定的一个或者多个页面查看。具体打开哪些主页页面,需要在下方的“主页设置”区域进行设置。如图 2.18 所示设置主页为人民大学网站主页和鲜果阅读器登录页面。保存设置后重新启动猎豹浏览器后的初始效果如图 2.19 所示。

2. 外观设置

• 皮肤设置:猎豹浏览器提供了多种窗口样式供用户选择。单击浏览器窗口右上方的皮肤按钮,可以将用户引导到猎豹应用市场中的皮肤部分,在这里可以选择用户喜欢的窗口背景。
• 窗口内容显示设置:单击猎豹浏览器窗口左上角的 logo 图标,下拉菜单中选择“自定义界面”菜单可以控制在浏览器窗口中显示或隐藏搜索栏和收藏栏。

3. 其他设置

除了上述启动页面和外观设置外,猎豹浏览器还提供很多其他的偏好设置,如默认的

基本设置

启动浏览器时　打开"新标签"页
恢复上次未关闭的页面
打开上次未关闭的页面列表
打开主页:

主页设置　鲜果网　http://xianguo.com/reader
中国人民大学 | RENMIN UNIVERSITY of CHI... http://www.ruc.edu.cn/
添加新网页
使用金山安全导航　使用当前网页

图 2.18　设置猎豹浏览器启动主页

图 2.19　启动猎豹浏览器后加载启动主页

搜索引擎、浏览模式、安全管理等。更多设置内容请参看 logo 图标下拉菜单中"选项"菜单对应设置页面中的各种设置内容。

2.4.3　浏览数据管理

为了能够给用户提供简单、快捷、轻巧、安全的浏览环境，猎豹安全浏览器提供了诸多对浏览数据进行管理的功能。

1. 网站密码管理

在用户输入账号和密码登录网站时，猎豹浏览器会询问用户"下次访问该网站时，是否自动填写登录信息?"。如果单击旁边的"自动填写信息"按钮，猎豹浏览器会对用户填写的账号和密码进行记录，在用户下次使用猎豹浏览器访问此网站时，浏览器会自动帮助用户填写对应的账号和密码等登录信息。

1）选择是否要保存密码

（1）单击浏览器地址栏或搜索栏右侧的安全账号管家按钮。

（2）在打开的"安全账号管家"窗口中单击右下角的"设置"按钮。

（3）在"密码保存提示"区域调整密码设置，如果希望每次登录新网站时猎豹浏览器都询问用户是否保存密码等填充信息,则单击对应按钮,如图 2.20 所示。

2) 删除已保存的密码

自动保存和填写密码信息,可以简化用户登录网站的操作,但也会留下一些安全隐患。比如使得非法用户可以轻松以用户的合法身份登录网络,造成机密信息泄露等后果。所以对于一些比较重要的网站,应该不允许浏览器自动记录和填写登录密码。对于已经自动记录的密码,可以使用下面方法将自动记录的某一网站的登录密码删除。

(1) 单击浏览器地址栏或搜索栏右侧的安全账号管家按钮。

(2) 在出现的“安全账号管家”窗口中,将鼠标移动到要删除密码的网站条目右侧,在出现的下拉菜单中,选择“删除”并确认,如图 2.21 所示。下次登录此网站时,用户需要自己输入登录密码。

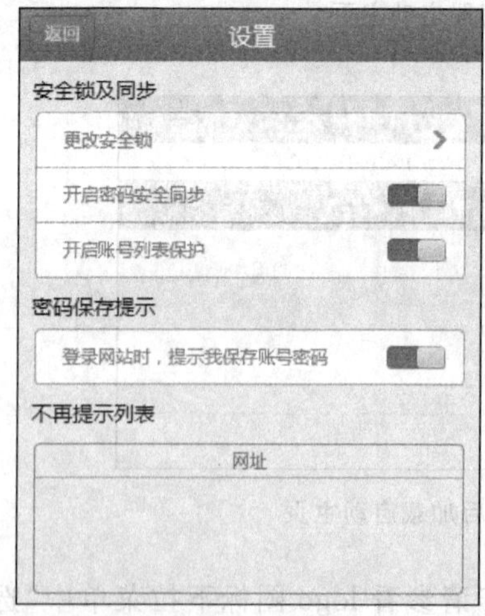

图 2.20 猎豹浏览器密码保存设置

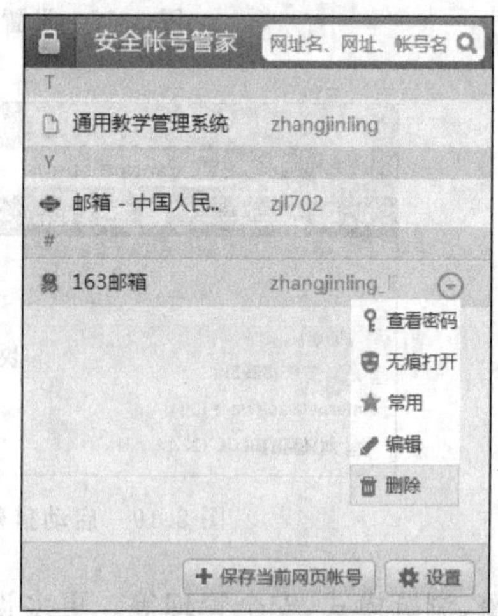

图 2.21 猎豹浏览器中删除保存的密码

2. Cookie 管理

猎豹浏览器中提供了对网站 Cookie 存储权限的控制功能和数据管理功能。选择软件 logo 图标下拉菜单中的“选项”菜单,在打开的设置页面中,单击左侧分类列表中的“更多设置”。在右侧的“网页内容”区域单击“内容设置”按钮。在随即显示的“内容设置”对话框中,通过“Cookie”部分调整以下 Cookie 设置。

1) 设置权限设置

Cookie 设置权限的选项有三种,其作用分别为:

(1) 允许设置本地数据(推荐):允许网站记录 Cookie。

(2) 仅将本地数据保留到您退出浏览器为止:允许网站保留本地数据(包括第一方和第三方 Cookie),在退出浏览器时清除这些数据。

(3) 阻止网站设置任何数据:不允许网站记录 Cookie 数据。

如果只希望接受第一方 Cookie,则需要选择“允许设置本地数据”并选中“阻止第三方 Cookie 和网站数据”的复选框,如图 2.22 所示。

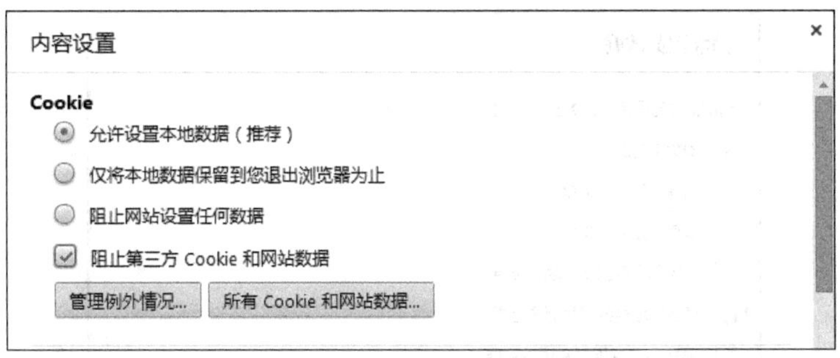

图 2.22　猎豹浏览器 Cookie 设置

2）Cookies 数据管理

单击图 2.22 中"所有 Cookie 和网站数据"按钮，进入图 2.23 所示窗口。在此窗口中可以查看具体网站的 Cookie 数据。单击"全部删除"按钮将删除全部 Cookie 数据，或选择某一个网站的数据单击其右侧的"×"将此网站的数据单独删除。

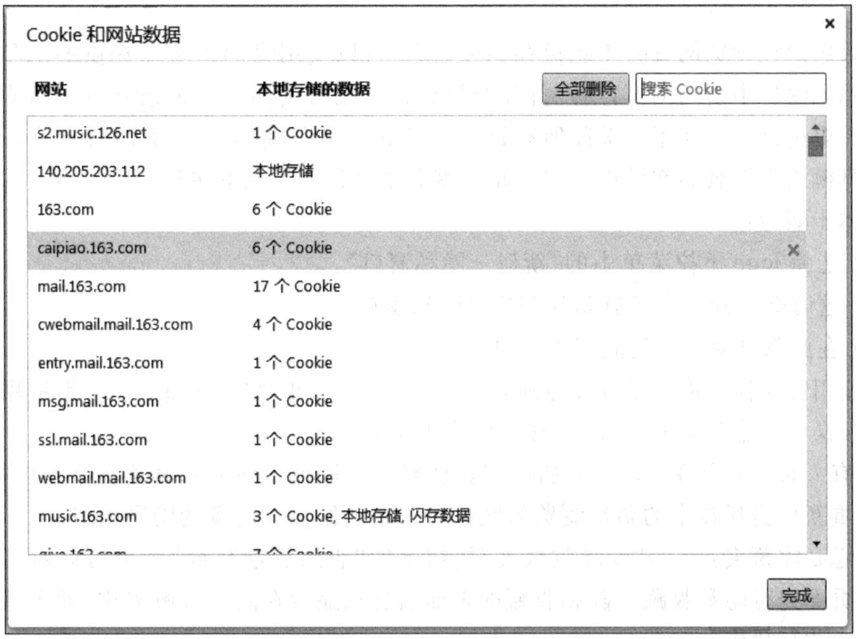

图 2.23　管理猎豹浏览器中存储的 Cookie 数据

3. 删除浏览数据

若要集中清除某些类型的网络浏览数据，可以使用浏览器 logo 下拉菜单中的"清除浏览数据"这一工具。选择"清除浏览数据"菜单，打开图 2.24 所示的"清除浏览数据"窗口。在"清除浏览数据"窗口中选择要删除的数据类型和时间段，单击"立即清理"。

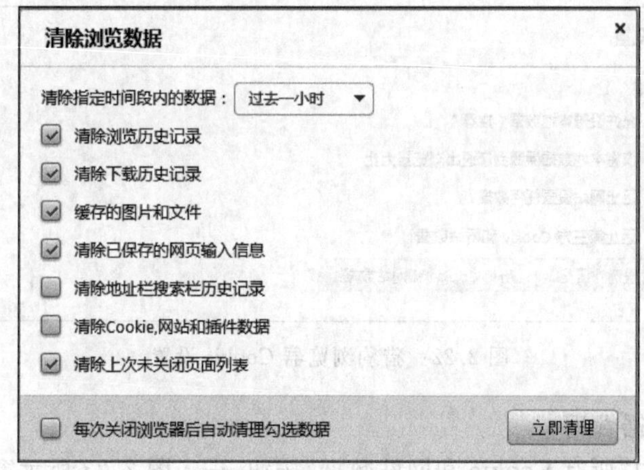

图 2.24 清除 Chrome 浏览器中的浏览数据

4. 隐身浏览

如果用户在浏览网页时不想保存相关信息，可以使用猎豹浏览器提供的隐私窗口访问。在隐私窗口中访问网页，用户打开的网页和下载的文件不会记录到浏览历史记录以及下载历史记录中。在用户关闭所有打开的隐身窗口后，系统会删除所有新 Cookie。用户在隐身模式下下载的文件以及对收藏书签和常规设置所做的更改仍会保存。

具体步骤为：

(1) 选择 logo 下拉菜单中的"新建→隐私窗口"。

(2) 这时会打开一个带有隐身图标的新窗口。

(3) 在此隐身窗口中访问网页即可。

在使用隐私窗口进行隐身浏览时，页面上方通常会出现"隐私助手"来帮助用户进行一些隐私操作。隐私助手包含三个按钮，功能如下：

- 有人来了：会将正在访问的所有隐私窗口都最小化到显示屏幕右下角的托盘中，重新单击托盘中的猎豹浏览器图标可重新还原显示隐藏的隐私窗口。
- 隐私收藏夹：单击"隐私收藏夹"按钮下的"收藏当前页面"菜单可以对当前访问页面进行隐私收藏。隐私收藏的页面信息只显示在隐私收藏夹中，而不显示在普通收藏栏中。
- 创建桌面快捷方式：创建猎豹浏览器隐私窗口的快捷方式，双击此快捷方式可以直接打开一个猎豹隐私窗口访问。

2.4.4 搜索

猎豹浏览器提供了很多方式和接口来方便用户在浏览网页的同时直接利用浏览器本身进行站内和站外内容的搜索。

1. 网络搜索

猎豹浏览器利用用户设置的默认搜索引擎来搜索相关信息。默认搜索引擎的设置可以在“选项”菜单打开的设置窗口中的“搜索”区域下拉菜单中直接选择，如图 2.25 所示。

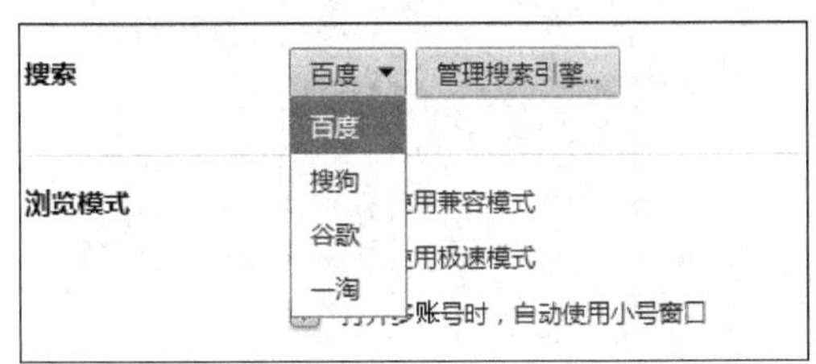

图 2.25　设置页面中选择默认搜索引擎

默认搜索引擎设置好后，可以直接在地址栏中输入搜索关键词，然后按回车键，就可以得到相应的搜索结果。如果要搜索网页内容中的某个词语，可以先将其用鼠标选中，然后拖拉到地址框内进行搜索；或者在选中的词语上单击鼠标右键，选择“用×××搜索...”。

2. 站内信息搜索

若要在访问网页和其他浏览器数据中搜索信息，一般是通过对应的查找栏来完成的。

1）在网页中搜索

选择浏览器 logo 下拉菜单中的“工具→查找”，或者利用快捷键 Ctrl＋F 打开查找栏，在查找栏中输入搜索的字词后回车即可。猎豹浏览器会在键入字词的同时自动搜索网页，并以黄色突出显示可能的匹配结果。单击查找栏右侧的上下箭头翻看查找结果。

2）浏览数据搜索

在登录数据、Cookie、书签等数据的管理窗口中，猎豹浏览器都提供了相应的查找栏方便用户进行信息的搜索。

2.4.5　扩展程序

扩展程序是可以方便地添加到猎豹浏览器中的附加特性和功能。用户可以利用扩展程序的各种附加功能来个性化自己的浏览器功能系统。扩展程序的安装是通过“猎豹应用市场”(http://store.liebao.cn/)来完成的，如图 2.26 所示。

进入猎豹应用市场页面，可按照类别查找或者使用搜索栏搜索。找到所需要的扩展程序后，将鼠标移动到其图标上，单击“安装”按钮并确认添加即可。成功安装的扩展程序的图标会在浏览器地址栏右侧依次排列，如图 2.27 所示。

将鼠标移动到某一扩展程序的图标上，或者单击，可以查看相关信息或者使用相应功能。如图 2.28 所示，单击“天气预报”的扩展程序图标可以查看天气信息。

要停用或者删除已安装的扩展程序，选择浏览器软件 logo 图标下拉菜单中的“工具→我的应用”菜单，打开“我的应用”设置页面，如图 2.29 所示。在此窗口中单击某一扩展程序右侧的“启用”或者“停用”按钮可以控制此扩展程序工作或者不工作，单击右侧的

图 2.26　猎豹应用市场

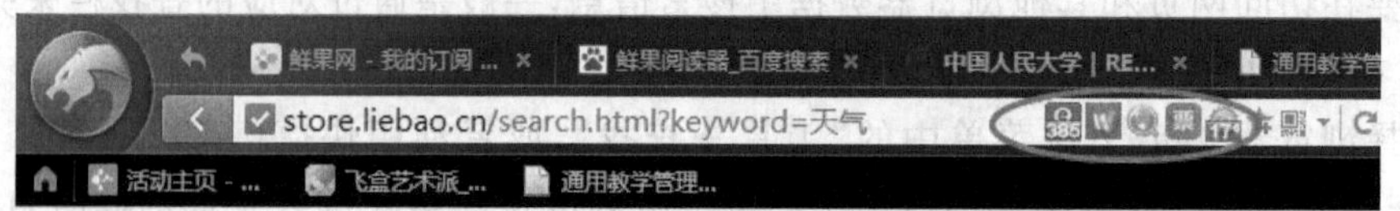

图 2.27　猎豹浏览器中安装的扩展程序

图 2.28　在猎豹浏览器中使用扩展程序功能

图 2.29　管理 Chrome 浏览器中安装的扩展程序

“删除”按钮则可以将扩展程序从猎豹浏览器中删除。

除了通过猎豹应用市场安装扩展程序外，也可以将其他来源的插件程序直接拖入到“我的应用”设置页面中。

2.4.6　账号登录和同步

猎豹浏览器支持账号登录，并基于账号登录和云同步技术实现同一用户在不同地点不同设备上的同步浏览。注册并使用金山网络账号登录猎豹浏览器后，用户在一台设备上所进行的有关猎豹浏览器的设置和更改，都会快速存储到个人的金山网络账户中。用户在其他设备登录使用猎豹浏览器时，只要开启云同步功能，就能够轻松保持浏览偏好的连贯性。猎豹浏览器中能够通过账号进行同步的内容包括选项设置、收藏夹、密码安全同步(需要安全锁验证)、扩展、扩展设置、追剧同步几大类，是否要进行同步以及同步哪些内容用户可以自己设置。

要使用账号同步功能首先要开启云同步，单击浏览器软件 logo 图标下拉菜单中的图标，打开图 2.30 所示的窗口，在此窗口中单击“启用云同步”按钮，弹出猎豹登录窗口，输入账号和密码进行登录，登录后就可以同步账号中的各种内容。启用云同步后，在浏览器 logo 下拉菜单中单击图标，出现图 2.31 所示的同步内容设置窗口。此窗口中复选框选中的内容会通过账号在不同终端设备的猎豹浏览器中进行同步，没有选中的内容不会进行同步。

图 2.30 启用猎豹浏览器云同步功能

图 2.31 设置猎豹浏览器同步内容

2.5 其他浏览器

除了上述两款浏览器软件外，目前还有很多其他比较流行的浏览器，如 Google Chrome 浏览器、360 浏览器、遨游浏览器、百度浏览器等。这些浏览器各自都有一些特有的功能和特点，如安全、去广告、搜索等，在此不再赘述。

2.6 思考与练习

1. 掌握网页浏览相关的基本概念，如 WWW 服务、网站、网址、浏览器、HTTP、HTML 等。
2. 掌握 IE 浏览器的使用方法。
3. 尝试使用猎豹浏览器的特色功能。
4. 试用其他浏览器软件，并说明它们的特点。

第3章

搜索引擎

信息资源的获取能力是信息时代人们学习能力和解决问题能力的最重要的体现之一。信息资源的获取可以通过很多方式，如图书、网络搜索、社交问答等。其中，利用搜索引擎(Search Engines)工具进行网络信息搜索是信息社会网民在互联网中获取所需信息的最普遍方式。搜索引擎是最基础受众最广的互联网应用之一，截至2013年12月，我国搜索引擎用户规模达4.90亿人，与2012年底相比增长3856万人，增长率为8.5%，使用率为79.3%。

3.1 搜索引擎概述

搜索引擎是一个对信息资源进行搜集整理，然后供用户查询的系统，它包括信息采集、信息整理和用户查询三个组成部分。传统搜索引擎是针对互联网上的信息资源的，但近年来迅猛发展的桌面搜索、邮件搜索、地图搜索、博客搜索等极大地扩展了搜索引擎的应用领域。

早期的搜索引擎其实只是一个简单的分类列表，即把互联网中信息资源的网址收集起来，按照其类型分成不同的分类目录，再逐层进行细化分类。在查找信息时，人们从分类列表中寻找适当的列表，进入后再在下层列表中选择更精确的分类，这样一层一层地进入，最终找到自己想要的信息。由于在采集信息时需要人工的介入，这种方式只适用于在信息量不大的时候使用。

随着互联网的迅猛发展，网上的信息也呈现爆炸式增长，搜索引擎亦随之快速发展。随着雅虎、Google、百度等现代搜索引擎的出现，搜索引擎的发展也进入了黄金时代。搜索引擎家族不断发展壮大，逐渐遍布信息世界的各个角落，它们的种类、搜索技术也在不断地发生变化。

现代搜索引擎技术用到了信息检索、数据库、数据挖掘、系统技术、多媒体、人工智能、计算机网络、分布式处理、数字图书馆、自然语言处理、地理信息系统等许多领域的理论和技术，这些技术的综合运用使得网络搜索引擎技术有了很大提高。新的标准、新的技术也必将促进未来的搜索引擎向着更高、更快、更强的方向发展。

3.2 搜索引擎的分类

如前所述,搜索引擎包括信息采集、信息整理和用户查询三个组成部分。因此,我们可以从信息采集方式、用户查询方法、查询结果类型几个角度对搜索引擎进行分类。

按搜索引擎对信息的采集方法来分类,可以分为人工分类采集方式、程序采集方式以及不采集数据只传递查询的元搜索引擎。

从用户使用搜索引擎的方法来看,可以分为分类目录式和关键词搜索两大类使用方法。

从搜索引擎的搜索结果来分类,可以分为综合型(门户型)搜索引擎和专业型(垂直型)搜索引擎。

一般情况下,搜索的结果都是网页形式的,但也有其他类型的信息资源,例如音乐、视频、地图等,我们把这些称为特殊文档类型的搜索引擎。

1. 信息采集方式:分类采集

分类目录既是一种搜索引擎的信息采集方式,也是一种搜索引擎的搜索方法。

把信息资源按照一定的主题分门别类,建立多级目录结构。大目录下面包含子目录,子目录下面又包含子子目录,依此原则建立多层具有包含关系的分类目录,在采集信息时分类存放。

在这种分类采集方式中,需要以人工方式或半自动方式采集信息,由编辑人员查看信息之后,人工形成信息摘要,并将信息置于事先确定的分类结构中。

由于加入了人工干预的因素,所以分类目录搜索引擎的信息比较准确、导航质量较高,但由于人工维护的工作量较大,因此信息量相对较少,信息更新也不够及时,站点本身的动态变化不会主动反映到搜索结果中来,这也是分类采集方式与程序采集数据方式的主要区别之一。

2. 信息采集方式:程序采集型

程序采集信息型搜索引擎是指信息采集方式而言的。

一般是通过设计一个程序来自动访问网站,提取网页上的信息,进行切词分析,自动分类并收录到数据库中。然后再看看这个网页上有没有到其他网页的链接,如果有,再按此过程访问并收录这些网页。由于这样的程序行为很像蜘蛛在网上爬,因此,一般也把这样的程序称为蜘蛛程序或者爬虫程序。

使用这种信息采集方式的搜索引擎,由于收录的信息量庞大,因此,一般提供了关键词方式的搜索方法。用户在输入搜索关键词后,搜索引擎会在数据库中检索出相关的内容,和网页框架组合成页面后返回给用户。

这类搜索引擎的优点是信息量大、更新及时、不需要人工干预。但如果用户在使用时方法不恰当,有可能会得到过多的返回信息(例如上万个返回信息),使得用户无法选择和处理。

3. 信息采集方式：元搜索引擎

元搜索引擎是针对信息采集方式而言的。

元搜索引擎本身并没有存放网页信息的数据库，当用户查询一个关键词时，它把用户的查询请求转换成其他搜索引擎能够接受的命令格式，并访问数个搜索引擎来查询这个关键词，把这些搜索引擎返回的结果经过处理后再返回给用户。

对于返回的结果，元搜索引擎一般会进行重复排除、重新排序等处理工作，然后将处理后的结果信息返回给用户。

这类搜索引擎的优点是返回结果的信息量更大、更全，缺点同样是如果用户不能恰当地使用，可能会在海量的返回信息面前束手无策。

4. 使用方式：分类目录

“分类”既是一种信息的采集方式，也是一种使用搜索引擎的方式。用户查找信息时，采取逐层浏览打开目录，逐步细化，就可以查到所需信息。

5. 使用方式：关键词搜索

关键词搜索引擎是针对用户搜索信息的方式而言的。它通过用户输入关键词来查找所需的信息资源，这种方式方便、直接，而且可以使用逻辑关系组合关键词，可以限制查找对象的地区、网络范围、数据类型、时间等，可对满足选定条件的资源准确定位。

6. 搜索结果：综合型搜索引擎(搜索门户)

对于搜索结果信息的类型而言，综合型搜索引擎对搜集的信息资源不限制主题范围和数据类型，因此，利用它可以查找到几乎任何类型的信息。

7. 搜索结果：专业型搜索引擎(垂直搜索)

垂直搜索引擎是为了解决通用搜索引擎不能满足特殊领域、特殊人群的精准化信息需求的问题而发展起来的，是针对某一个行业限定了搜索范围或搜索领域的搜索引擎，是搜索引擎的细分和延伸。垂直搜索引擎通过对网页库中的某类专门的信息进行整合，定向分字段抽取出需要的数据进行处理后再以适合该行业或领域的格式返回给用户。适用于购物、房产、人才招聘等诸多领域。信息的全面性、实时性、准确性以及搜索功能的友好性是评价垂直搜索引擎的主要指标。

8. 搜索结果：特殊格式的搜索结果

特殊格式的搜索引擎是指搜索出来的结果不是普通的网页格式，而是一些特殊的文档格式，例如音乐格式文件、视频文件、图像文件、地图文件、股市行情等。

3.3 主要搜索引擎介绍

根据 2014 年 1 月 27 日中国互联网络信息中心 (CNNIC)发布的《2013 中国搜索引擎市场研究报告》显示，2013 年下半年，使用过百度搜索的网民比例(渗透率)达97.9%，几乎所有网民过去半年都使用过百度搜索。其他搜索引擎中，过去半年使用过谷歌搜索的网民比例为 37.3%，使用过 360 搜索的网民比例为 31.5%，使用过搜狗搜索的网民比例为 28.2%，使用过腾讯搜搜的网民比例为 25.8%，使用过其他搜索引擎的网民比例都在 15%以下，参见图 3.1。

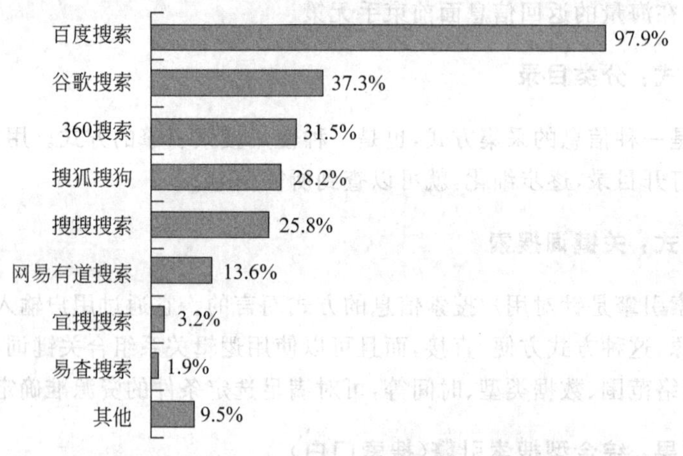

图 3.1 2013 年主要搜索引擎的用户渗透率

3.3.1 百度

百度搜索引擎是目前世界上最大最优秀的中文搜索引擎。百度公司由李彦宏和徐勇于 2000 年创建，“百度”二字源于中国宋朝词人辛弃疾的《青玉案・元夕》词句“众里寻他千百度”，象征着百度对中文信息检索技术的执着追求。百度搜索引擎具备完备的搜索功能以及非常高的搜索精度，能够为用户提供完善的搜索体验。除基本的网页搜索外，百度还提供新闻、MP3、图片、视频、地图、团购、词典、经验、文库、百科、专利搜索等多样化的搜索服务，满足用户多样化的搜索需求。更多百度产品参看百度产品大全(http://www.baidu.com/more/? tn=63090008_1_hao_pg)。

3.3.2 谷歌

谷歌(Google)是拉里・佩奇 (Larry Page) 和塞吉・布林 (Sergey Brin)于 1997 年在斯坦福大学的学生宿舍内共同开发的全新在线搜索引擎，之后在全球范围内迅速传播。Google 一词源自数学术语“googol”，表示数字 1 后面带 100 个零。之所以采用这个术语，是为了表明他们的目标——整合无穷尽的网络信息。Google 目前被公认为是全球规模最大的搜索引擎，它提供了简单易用的免费服务。其典型产品包括网页、新闻、视频、图片、图书、地图、购物、学术、博客等搜索。更多 Google 产品请参看 Google 产品大全(https://www.google.com.hk/intl/zh-CN/about/products/)。

3.3.3 360搜索

360搜索也称360综合搜索，是北京奇虎科技有限公司开发的一款搜索引擎网站，于2012年8月16日低调上线，目前已是中国第二大搜索引擎。360搜索使用独立域名so.com，其中S代表安全(Safe)，O代表开放(Open)。典型产品包括新闻、网页、问答、视频、图片、音乐、地图、良医、软件、购物等搜索。

3.3.4 搜狗

搜狗是搜狐公司旗下的子公司，于2004年8月3日推出，最初的目的是增强搜狐网的搜索技能，主要经营搜狐公司的搜索业务。名称取自2001年电影《大腕》里的幽默台词“他们搜狐，我们搜狗，各搜各的!”。2013年9月获得腾讯4.48亿美元注资，并与腾讯搜搜业务合并。搜狗的产品除了其主打的地图搜索外，还提供网页、视频、图片、音乐、新闻、知识、购物、博客、论坛、文档、素材、应用等多种搜索服务。2014年6月，搜狗搜索正式接入微信公众号数据，可以浏览公众号及其文章，使得微信文章从封闭走向开放。更多搜狗产品请参看搜狗产品大全(http://www.sogou.com/docs/more.htm?p=40031204&kw=)。

3.3.5 必应

必应(Bing，http://www.bing.com)搜索是微软公司在2009年推出的用以取代Live Search的全新搜索引擎服务，是继Windows、Office和Xbox后的微软品牌第四个重要产品线。必应不仅仅是一个单独的搜索引擎，而是深度融入到微软几乎所有的服务与产品中。截至2013年5月，必应已成为北美地区第二大搜索引擎。必应的主要搜索功能包括网页、图片、视频、地图、资讯、影响力等。

3.4 搜索引擎的使用

要想利用搜索引擎快速高效地查找到自己想要的信息，应该从两方面入手：

3.4.1 选择合适的搜索引擎

每种搜索引擎都有不同的特点，只有选择合适的搜索工具才能得到最佳的结果。一般来说，如果需要查找非常具体或者特殊的问题，用关键词搜索方式比较合适；如果希望浏览某方面的信息、专题或者查找某个具体的网站，使用分类目录搜索的方式更好。

从3.2节的介绍我们可以知道，有各种类型的搜索引擎，而不同的搜索引擎有不同的特点，只有对症下药，才能最好、最快地解决问题。因此，要想用好搜索引擎，首要任务是选对搜索引擎。如果选错了搜索引擎,即使那个搜索引擎再强大,也很难甚至无法解决问题。例如,用通用的综合搜索引擎来进行网络购物是比较困难的,而用音乐搜索引擎来搜索图像结果则是不可能的。如果是需要查找某些特定领域/行业/范围内的信息,一般使用垂直搜索引擎是正确的选择;而如果想查找特定格式的信息,如音乐、视频、图片、地图等,则应选择特定结果类型的搜索引擎,而不要使用综合型的搜索引擎。

3.4.2 选择有效的搜索方法

在确定了使用的搜索引擎后,我们再来根据不同的搜索方式确定具体的搜索方法。

1. 分类目录

分类目录型搜索引擎的搜索方法要注意的就是掌握它的分类原则,确定要查找的内容或网站应该在哪个分类,然后逐级寻找。这种方法在需要寻找某一类内容或网站时效果较好。各搜索引擎的目录分类原则不尽相同,有些可能还会经常变化,这些都是需要注意的。

2. 关键词

在使用关键词搜索方式时,应尽量通过采用多条件搜索、排除不相关关键词、限定关键词的精确组合等多种限定语法使查询的条件具体化。查询条件越具体,就越容易找到所需要的资料。目前主要的搜索引擎都提供了多种方式来帮助用户具体定义自己的查询条件,除了基本的多关键词输入外,可以利用关键词逻辑关系定义和搜索命令以及高级搜索功能等更加详细地设置查询条件。

另外,当用一个搜索引擎得到的结果不满意时,可以尝试其他搜索引擎。由于使用的搜索算法不同,搜索相同目标的结果也会不同。

3.4.3 综合搜索引擎应用

综合搜索引擎的基本使用方式就是通过登录搜索引擎网站,利用搜索引擎提供的基本搜索功能来获取搜索结果。不同的搜索引擎会提供不同的辅助功能来帮助用户快速准确地找到想要的信息。下面以百度(Baidu)为例来介绍综合搜索引擎的使用方法。

登录百度搜索引擎首页 http://www.baidu.com,进入百度搜索界面,如图 3.2 所示。在搜索框中输入搜索关键词就可以利用百度搜索引擎实现最基本的搜索。

例如,输入搜索关键词“中国人民大学”得到搜索结果如图 3.3 所示。

为了精确地搜索到想要的结果,最重要的就是能够准确地定义搜索目标——关键词。百度提供了多种方式让用户能够对搜索目标进行限定,如可以使用高级搜索。单击百度搜索结果页面右上方“设置”下拉菜单中的“高级搜索”菜单打开高级搜索设置窗口,如图 3.4 所示。在此窗口中对关键词的具体定义、语言、时间、关键词在网页中的位置、信息来源网站、信息的文件类型等进行精确限定。

图 3.2　百度搜索初始界面

图 3.3　百度搜索结果界面

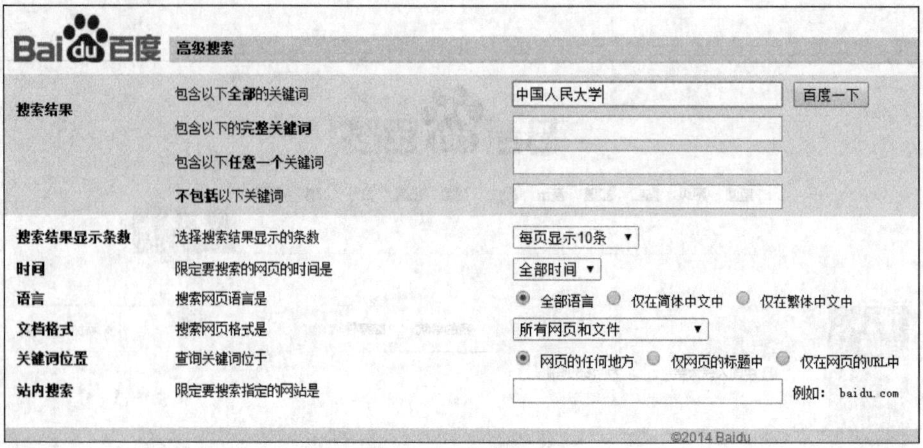

图 3.4　百度的高级搜索

除了利用高级搜索功能外,更方便快捷的是使用百度的搜索运算符在搜索栏中直接定义精确地搜索目标,常用的搜索运算符和命令包括:

1) 完整匹配——双引号("")

把搜索词放在小写双引号中,代表完整匹配搜索,也就是说搜索结果返回的页面中要完整包含双引号中出现的词,不允许拆词也不允许变换顺序,如“"信息学院"”。

2) 排除——减号(－)

在关键词前面加上减号,代表将包含减号后面关键词的页面从搜索结果中删除掉。如“猎豹－汽车－浏览器”。

3) 任意匹配——或运算符(|)

用或运算符链接的多个关键词中,只需要包含其中一个即可。如“异地高考(北京|上海)”。

4) 在标题中查找——intitle

在关键词前面加上“intitle:”将把关键词的查找限定在网页标题中,即要求搜索结果的标题中必须包含冒号后面的关键词。由于网页标题往往是对网页主要内容的纲领性描述,因此将某些关键词限定在标题中得到的查找结果通常质量都比较高。例如“intitle:搜索引擎技巧”。

5) 在网址(URL)中查找——inurl

网址(URL)路径中的各部分信息往往代表对数据的某种分类或某些特征,因此将关键词的查找限定在某种类型的网址中也能获得良好效果。例“技巧 inurl:flash”。

6) 在特定站点中查找——site

如果能够明确知道想要的信息在某个站点上,可以把搜索范围限定在某个或某类站点中,提高查找效率。例如“城市规划 site:gov.cn”,注意,“site:”后面跟的站点域名不要带“http://”。

7) 查找特定类型的信息——filetype

如果明确知道自己要查找的资料的文件类型,可以把搜索范围限定在这一特定类型的结果中，如“搜索引擎 filetype:ppt”。

其他搜索引擎也都具有类似高级搜索、搜索运算符和搜索命令等功能。具体参看各搜索引擎网站的帮助文档。

在搜索结果窗口中，可以选择新闻、贴吧、知道、音乐、图片、视频等链接搜索与关键词相关的特定来源或特定类型的信息。对一些特殊类型的信息结果，搜索引擎通常会提供与类型相对应的筛选方式帮助用户进一步对搜索到的结果进行过滤。例如对于图片搜索结果，多数搜索引擎都会在结果页面提供尺寸、颜色、类型、格式等筛选条件供用户筛选设置，图 3.5 为百度图片搜索结果页面中的图片筛选条件。

图 3.5 百度图片搜索筛选条件

3.5 搜索引擎基本应用

3.5.1 案例 1 网页搜索

近几年计算思维(Computational Thinking)成为计算机教育的研究热点，我希望找一些美国高校在这方面的 PPT 资料，以帮助我快速了解美国在这一领域的发展状况。由于要找的内容不是公开发表的论文，因此不适合用专业的数据库查找。资料又是来自于国外，因此综合考虑选用综合搜索引擎必应(Bing)比较合适，通过设定关键词和文档类型来查找需要的文档。直接在搜索栏目中用高级搜索语法定义查找条件为“"Computational Thinking" site:edu filetype:ppt”，搜索出来的结果如图 3.6 所示。

3.5.2 案例 2 购物搜索

最近打算购置一台合用的数码相机，如果我们通过综合搜索引擎来查找，就很难设定

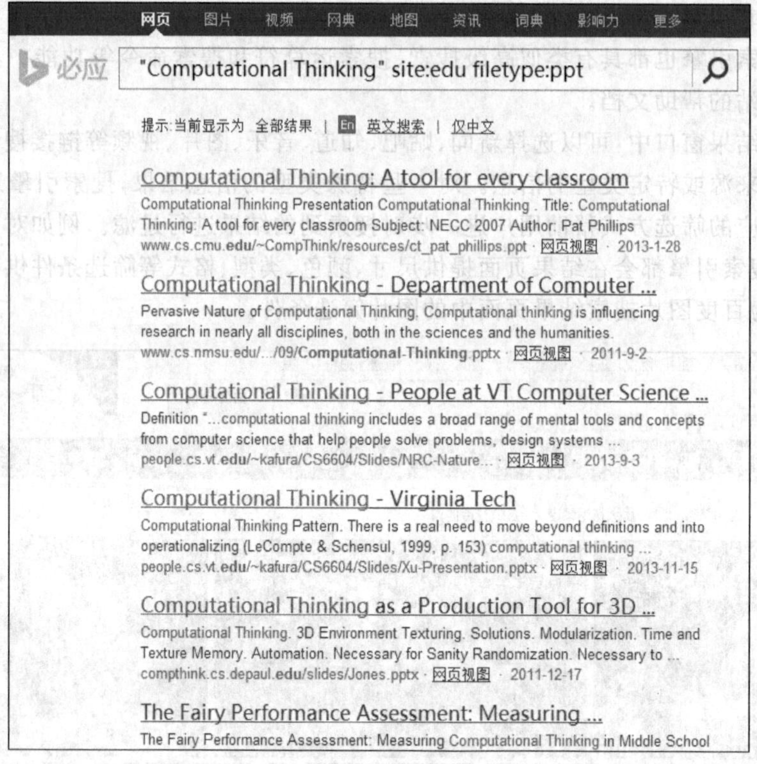

图 3.6 综合网页搜索实例

关键词,且搜索出来的结果有上万个页面,根本无从选择。如果我们选择专业的数码商品购物网站则可以在分类列表中方便地找到"数码相机"这个类别。以京东商城 http://www.jd.com 为例,打开网站后在左侧全部商品分类列表中将鼠标移动到"手机数码"上,在出现的下拉窗口中选择"数码相机",如图 3.7 所示。

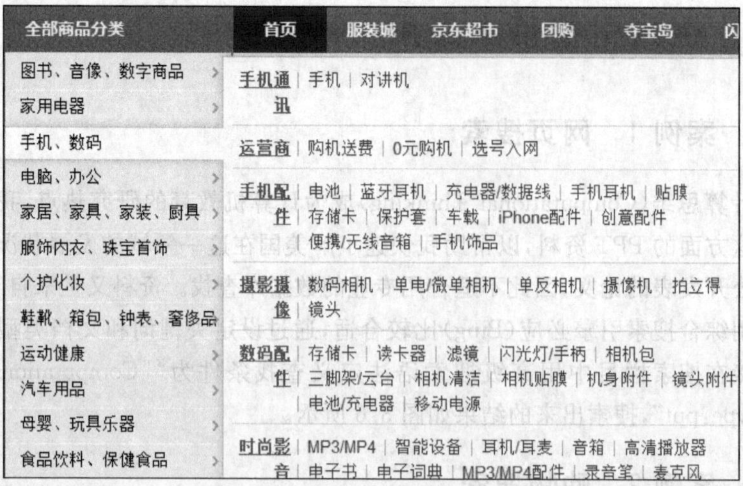

全部商品分类 首页 服装城 京东超市 团购 夺宝岛 闪
图书、音像、数字商品
家用电器
手机、数码
电脑、办公
家居、家具、家装、厨具
服饰内衣、珠宝首饰
个护化妆
鞋靴、箱包、钟表、奢侈品
运动健康
汽车用品
母婴、玩具乐器
食品饮料、保健食品
手机通讯 | 手机 | 对讲机
运营商 | 购机送费 | 0元购机 | 选号入网
手机配件 | 电池 | 蓝牙耳机 | 充电器/数据线 | 手机耳机 | 贴膜 | 存储卡 | 保护套 | 车载 | iPhone配件 | 创意配件 | 便携/无线音箱 | 手机饰品
摄影摄像 | 数码相机 | 单电/微单相机 | 单反相机 | 摄像机 | 拍立得 | 镜头
数码配件 | 存储卡 | 读卡器 | 滤镜 | 闪光灯/手柄 | 相机包 | 三脚架/云台 | 相机清洁 | 相机贴膜 | 机身附件 | 镜头附件 | 电池/充电器 | 移动电源
时尚影音 | MP3/MP4 | 智能设备 | 耳机/耳麦 | 音箱 | 高清播放器 | 电子书 | 电子词典 | MP3/MP4配件 | 录音笔 | 麦克风

图 3.7 垂直搜索中选择类别

进入数码相机频道后，窗口中出现快速筛选窗口，以数码相机的典型参数如品牌、价格、像素、液晶屏尺寸等作为筛选条件供用户选择，如果用户想进行更详细的条件筛选，单击筛选框下方的"高级搜索"进入高级搜索窗口即可，如图 3.8 所示。

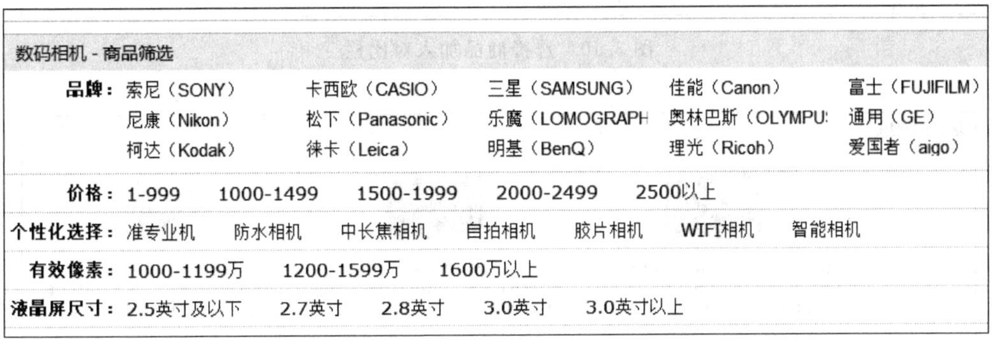

数码相机 - 商品筛选

品牌：	索尼（SONY）	卡西欧（CASIO）	三星（SAMSUNG）	佳能（Canon）	富士（FUJIFILM）
	尼康（Nikon）	松下（Panasonic）	乐魔（LOMOGRAPH	奥林巴斯（OLYMPU	通用（GE）
	柯达（Kodak）	徕卡（Leica）	明基（BenQ）	理光（Ricoh）	爱国者（aigo）

价格： 1-999　1000-1499　1500-1999　2000-2499　2500以上

个性化选择： 准专业机　防水相机　中长焦相机　自拍相机　胶片相机　WIFI相机　智能相机

有效像素： 1000-1199万　1200-1599万　1600万以上

液晶屏尺寸： 2.5英寸及以下　2.7英寸　2.8英寸　3.0英寸　3.0英寸以上

图 3.8　数码相机参数筛选

我们逐项设置以下条件：

- 品牌：佳能
- 像素：1200～1590 万
- 价格：1500～1999 元

即可发现符合条件的相机数为 5 款，如图 3.9 所示。

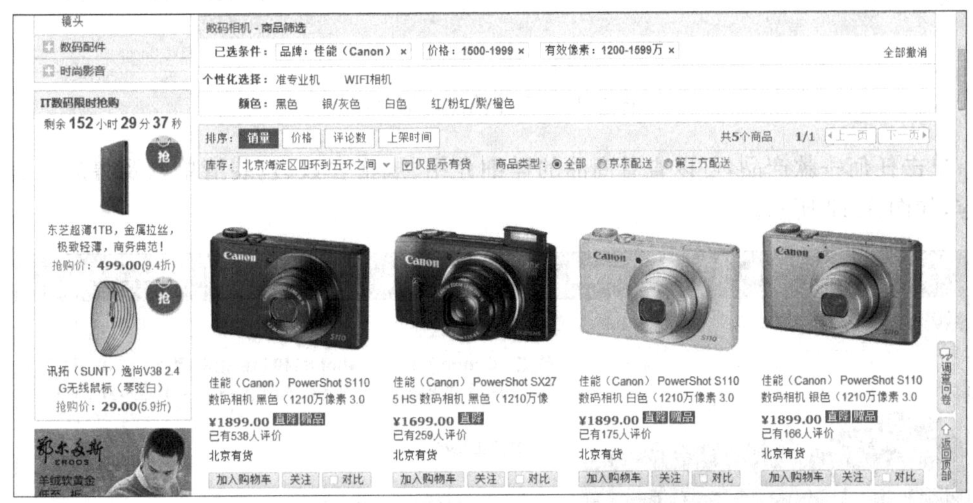

图 3.9　符合条件的数码相机搜索结果

在搜索结果页面，也可以单击每款产品下方的"对比"按钮来对感兴趣的产品做综合参数比较，例如从搜索结果中选择 3 款产品加入对比栏目中进行对比，如图 3.10 所示。

单击对比栏右侧的"对比"按钮，就可以得到三款相机在基本信息、基本参数、屏幕参数、镜头参数、曝光控制、性能参数、闪光灯参数、存储及连接参数、附件及电源参数、外观参数、特性等方面的详细比对列表，如图 3.11 所示。

图 3.10　选择商品加入对比栏

基本信息对比			
商品图片	佳能（Canon） PowerShot S110 数码相机 黑色（1210万像素 3.0英寸触摸屏 5倍光学变焦 24mm广角）	佳能（Canon） PowerShot SX275 HS 数码相机 黑色（1210万像素 3英寸屏 20倍光学变焦 25mm广角 WiFi传输）	佳能（Canon） PowerShot S110 数码相机 白色（1210万像素 3.0英寸触摸屏 5倍光学变焦 24mm广角）
京东价	¥1899.00	¥1699.00	¥1899.00
所属品牌	佳能	佳能	佳能
产地	日本	日本	日本
售后服务	一年质保	一年质保	一年质保
包装规格		台	
产品毛重	0.47	0.45	0.472
基本参数	佳能（Canon） PowerShot S110 数码相机 黑色（1210万像素 3.0英寸触摸屏 5倍光学变焦 24mm广角）[纠错]	佳能（Canon） PowerShot SX275 HS 数码相机 黑色（1210万像素 3英寸屏 20倍光学变焦 25mm广角 WiFi传输）[纠错]	佳能（Canon） PowerShot S110 数码相机 白色（1210万像素 3.0英寸触摸屏 5倍光学变焦 24mm广角）[纠错]
品牌	佳能 Canon	佳能 Canon	佳能 Canon

图 3.11　商品性能详细对比

单击任何一款产品，可以查看商品的详细介绍、规格参数、包装清单以及售后服务等内容，如图 3.12 所示。

图 3.12　查看商品详细介绍

也可以通过查看用户评价来帮助自己对产品进行全面客观的认识，如图 3.13 所示。

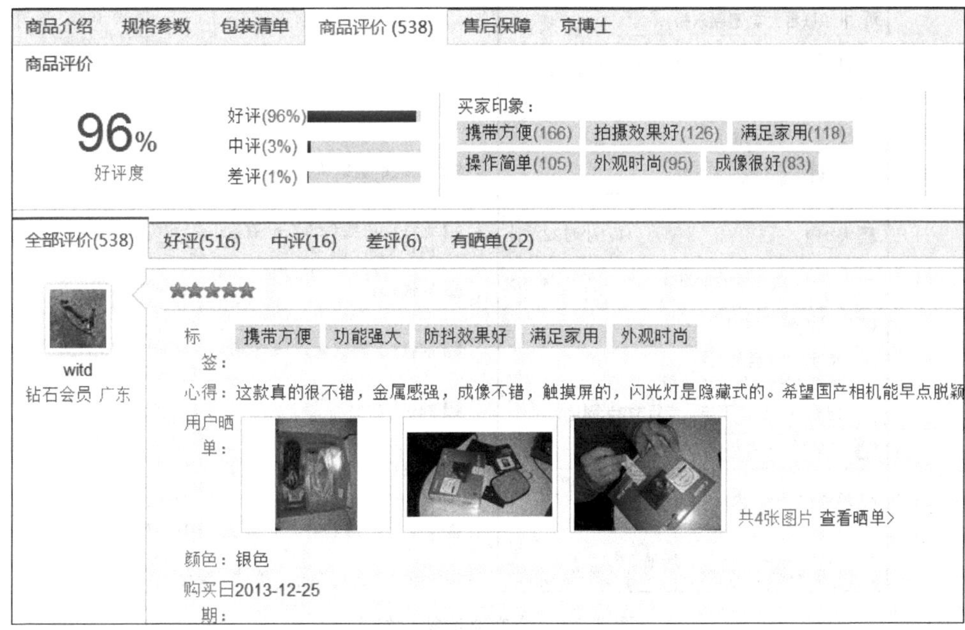

图 3.13 查看商品评价

3.5.3 案例 3 地图搜索

我需要参加一个在北京联合大学召开的会议，收到的会议通知上列举了到达会场的多条公交线路，但很可惜的是，并没有列出从我家所在地北京世纪城小区到达会场的公交线路。为了尽快到达会场，我计划使用地图搜索引擎找出合适的路线。

我使用专业的地图搜索——搜狗地图(http://map.sogou.com)，默认城市为“北京”，在“公交”搜索页上设定起点为“世纪城晨月园”，终点为“北京联合大学(惠新东桥)”后，可以搜索出 10 条公交方案，如图 3.14 所示。

用户可以根据自己的喜好设置搜索条件：是否乘坐地铁、设置最大步行距离、出发和到达必乘的车次等乘车偏好，以及是“较快捷”、“少换乘”，还是“少步行”等来重新搜索公交方案。

选中每一条线路可以查看该线路的上车点、换乘点、下车点、经过站、公里数等信息，地图中会标记出该线路的具体路径，如图 3.15 所示。

同时，对于各站点的位置，我们可以放大地图，甚至使用其“卫星”“三维”模块看真实的场景，了解站点周边详细情况，如附近建筑名称和形态等，以更快捷地找到相应的地理位置，如图 3.16 和图 3.17 所示。

在地图的任何位置，比如终点北京联合大学，单击鼠标右键，出现如图 3.18 所示的右键菜单。

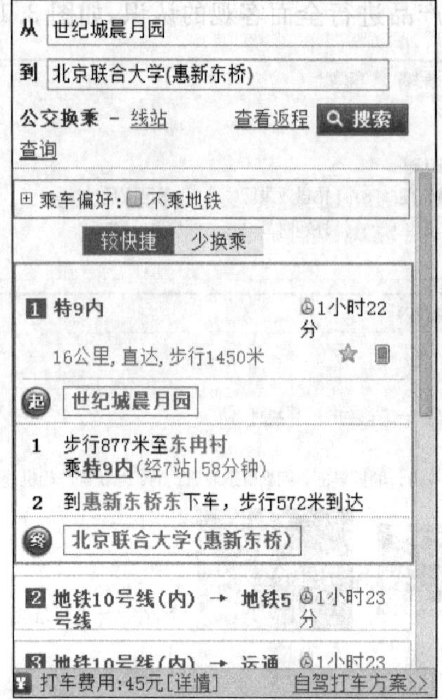

图 3.14 公交路线搜索结果

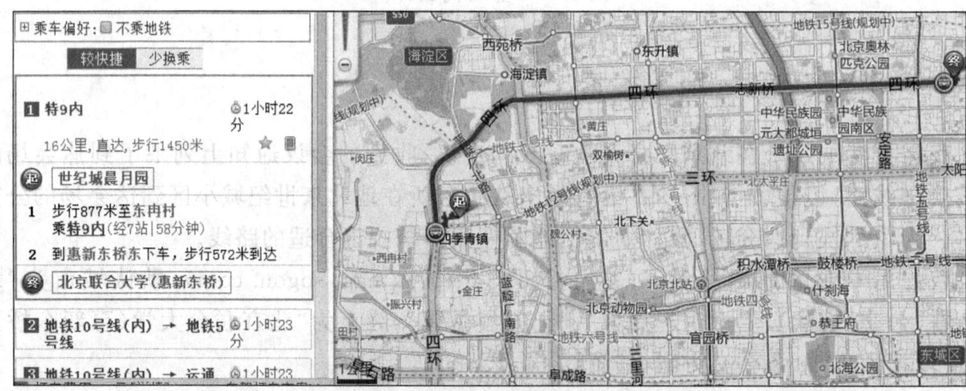

图 3.15 公交线路详细信息

图 3.16 惠新东桥东站附近三维地图

图 3.17 终点站联合大学三维地图

图 3.18 利用右键菜单对当前位置进行管理和查询

在右键菜单中可以标记并收藏该地点，以便日后需要时可以快速定位该地点。另外也可以单击“查询周边”菜单打开如图 3.19 所示的“查询周边”窗口来查询当前位置周围的配套设施。

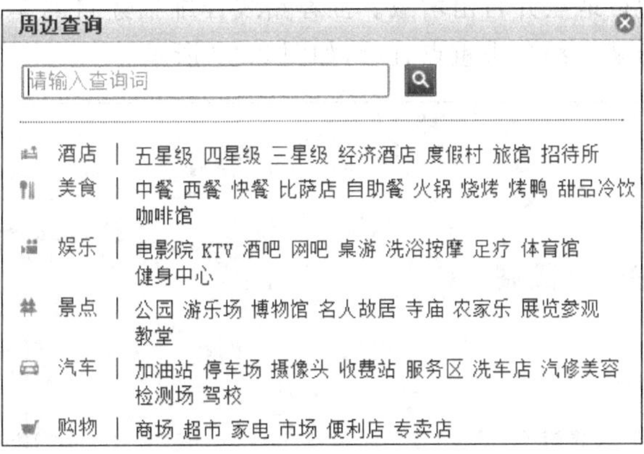

图 3.19 查询周边相关信息

比如可以单击“中餐”查看北京联合大学附近有无中餐馆，结果如图 3.20 所示。

左侧列表中列出所有查询出来的距离当前位置(北京联合大学)2 公里内的中餐馆名称、距离、人均价位、电话和地址，并在右侧地图中做了标记。用户可以分别查看每一位置的具体情况。

图 3.20　周边中餐馆查询结果

对于自驾车出行的用户除了设定起始位置和目标位置外，还可以设定途经地点，如图 3.21 所示。

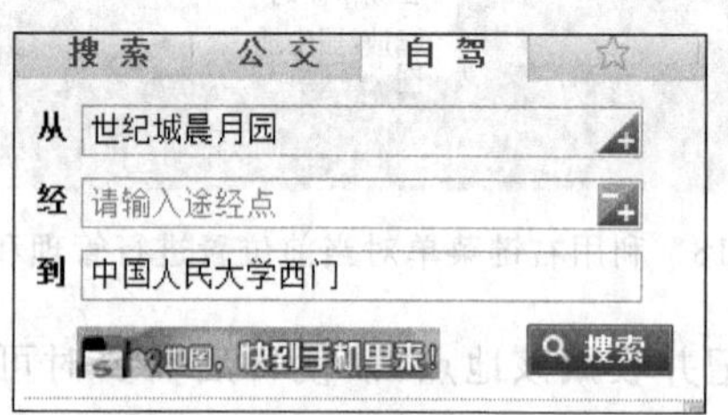

图 3.21　自驾车路线查询时设置途经地点

可以设置多个途径地点并自由增减。推荐路线详细描述自驾车的行驶路线，并且可以单独选择路线中的某一部分来重点查看，如图 3.22 所示。

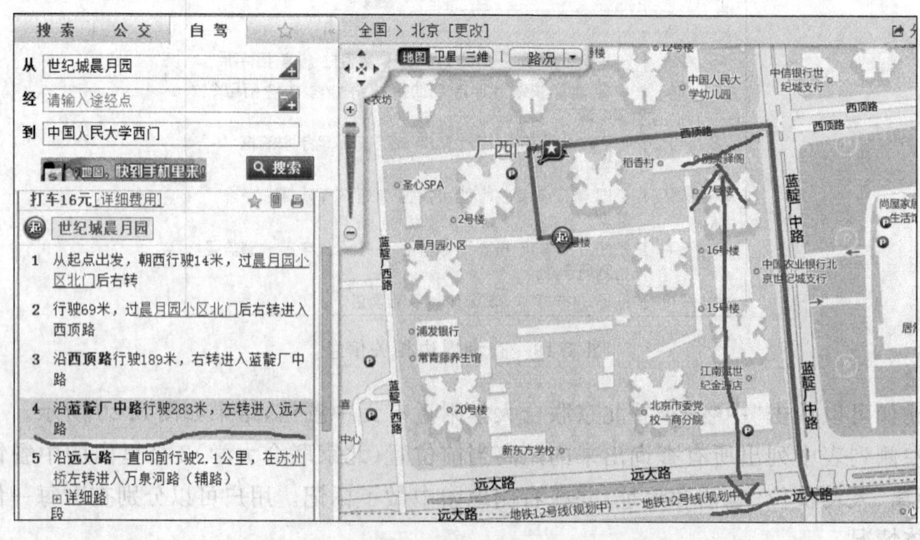

图 3.22　查看自驾车路线中的某一路段

同时，在自驾车线路地图的右上角会出现“途经点”窗口，可根据需要查看沿途经过的一些特殊设施，如加油站、摄像头、收费站等的数目并显示具体位置，如图 3.23 所示。

图 3.23　查看自驾车路线途经的特殊设施

另外，单击地图上方的“路况”按钮查看当前路线附近道路的交通状况，可方便用户选择通畅的驾车路线，如图 3.24 所示。

图 3.24　路况实时查询

对于打车出行的用户，搜狗地图还可以给出推荐路线及估计的打车费用等信息。其他地图搜索引擎如百度地图、Google 地图等也都提供类似功能，可具体参考相关网站。

3.5.4　案例 4　音乐搜索

我想查找“我的未来不是梦”这首歌。打开百度首页，单击“MP3”进入百度音乐搜索平台，在百度 MP3 首页，已经为用户提供了详细的音乐分类列表，用户可以按照感兴趣的类别去选择歌曲，如图 3.25 所示。

这里，我们直接在搜索栏中输入“我的未来不是梦”，得到的搜索结果页面如图 3.26 所示。

图 3.25 百度音乐搜索

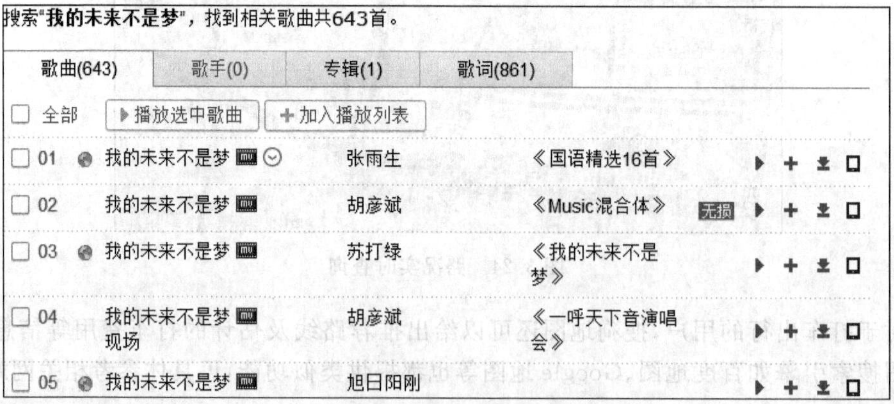

搜索"我的未来不是梦",找到相关歌曲共643首。

歌曲(643) | 歌手(0) | 专辑(1) | 歌词(861)

全部 ▶播放选中歌曲 +加入播放列表

序号	歌曲	歌手	专辑	
01	我的未来不是梦	张雨生	《国语精选16首》	
02	我的未来不是梦	胡彦斌	《Music混合体》	无损
03	我的未来不是梦	苏打绿	《我的未来不是梦》	
04	我的未来不是梦现场	胡彦斌	《一呼天下音演唱会》	
05	我的未来不是梦	旭日阳刚		

图 3.26 百度音乐搜索结果

在这个页面中可以查看歌曲的相关信息,下载歌曲,也可以选择某些感兴趣的歌曲添加到播放列表中通过百度音乐盒在线播,播放页面如图 3.27 所示。

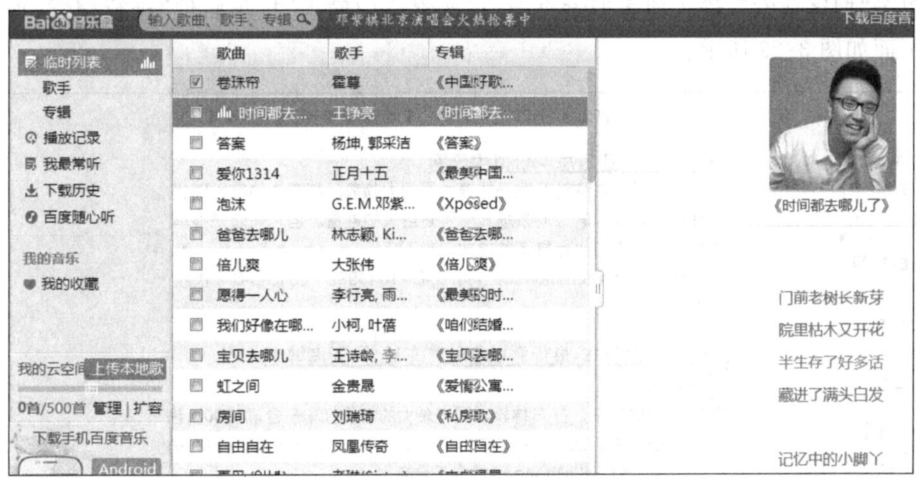

图 3.27 百度音乐盒在线播放音乐

3.6 搜索引擎新应用

3.6.1 博客论坛搜索

博客搜索是帮助用户在各种博客网站上搜索与某一特定主题相关的博文数据的搜索工具,其使用方式与综合网页信息的搜索相同,主要是通过设定关键词等条件来查找感兴趣的博文。目前提供博客搜索功能的搜索引擎有谷歌、搜狗等。

以搜狗博客搜索为例,打开搜狗搜索引擎主页 www.sougou.com,单击主页搜索栏上方的“更多>>”,打开产品大全页面,如图 3.28 所示。

图 3.28 搜狗搜索产品大全

单击“博客搜索”,进入博客搜索页面,在搜索栏中输入“打车软件”进行搜索,得到的结果页面如图 3.29 所示。

网页 手机 新闻 论坛 知识 博客 更多 什么是分类搜索

全部
博主
博文

全部时间
一天内
一周内
一月内
一年内

全部来源
新浪博客
凤凰网
天涯社区

您是不是要找
怎样使用滴滴打车软
马云打车软件怎么用
打车软件怎么用
滴滴打车软件下载
快的打车软件下载

打车软件 - 职业日志 - 价值中国网
打车软件火了!在移动互联网快速发展的大趋势及打车难的市场现状共同作用下,打车软件向市场显示了它巨大的能量。但它火起来不单单是它改变了人们出行打车的方式,也不仅...
价值中国网 - www.chinavalue.net/...gID=1043998 - 2013-6-6 - 快照 - 预览

快的打车-最优秀的智能打车软件_天涯博客
更新时间:2014-2-27
快的打车,打车神器,国内最大的智能打车平台,4000万注册用户,200万注册司机,手机打车软件首选产品。提供 Android 版和 iPhone 版等多平台兼...
打车软件:卓越游戏《我叫MT》1500万助力快的打车 2014-2-27
快的打车:传快的与《我叫MT》达成合作打车或送符石 2014-2-25
快的打车:“快的打车”软件打车只花一分钱 是真的! 2014-2-24
天涯社区 - kuaididache.blog.tianya.cn/ - 2014-3-1 - 快照 - 预览

图 3.29 搜狗博客搜索结果

在结果页面左侧,依次选择“博文”、“一年内”、“新浪博客”等筛选工具,可以从原始结果中选出新浪博客中一年内发表的关于“打车软件”的博文如图 3.30 所示。

博文 × 一年内 × 新浪博客 ×

找到约 75,211 条结果
使用搜狗站长平台获取更准确的索引量,还可使用sitemap提交、压力反馈等站长工具。

打车软件概念股_江苏老关_新浪博客
博客名称:江苏老关的博客 作者:江苏老关 更新时间:2014-1-2
嘀嘀打车获1亿美元融资 中信产业基金领投 电招概念股 打车软件概念股 腾讯科技今日独家获悉,嘀嘀打车获得新一轮融资,总金额高达1亿美元,其中,中信产业基金领投6000万...
新浪博客 - blog.sina.com.cn/...370102eja5.html - 2014-1-2 - 快照 - 预览

从打车软件说起_秋波媚媚_新浪博客
博客名称:秋波媚媚 作者:秋波媚媚 更新时间:2013-7-9
打车软件是最近的热点,之所以成为热点,是因为打车软件有市场,但打车软件的市场剥夺了出租车公司的电调平台的利益。出租车公司是企业,面对市场的竞争,出租车公司不是...
新浪博客 - blog.sina.com.cn/...e60101dswi.html - 2013-7-9 - 快照 - 预

图 3.30 博客搜索结果筛选

论坛搜索与博客搜索类似，是将搜索结果限定在网络论坛中发表的内容。它不追求大而全，而是仅仅把索引范围限定在论坛中，只抓取论坛里的网页。论坛跟一般网站相比，最主要的特点是有一个自由交流和反馈的机制，看了有想法就可以评。在多次回帖，反复争论中，能多角度地观察事物，逐步逼近事物的本质，避免片面地接受来自主流媒体或少数专业人士的看法，体现普通草根大众的真实观点和意见。能够提供论坛搜索功能的搜索引擎有搜狗、奇虎等。

3.6.2 学术搜索

在科研领域，关于某一研究方向的科研论文的查找一般来说都是使用一些专业的期刊数据库来进行专业检索，如国内的 CNKI(中国知网)、万方、维普等，国际上则有 EI、SCI、IEEE、WOS、Scopus 等。而现在某些综合搜索引擎工具也可以提供全网范围内的学术成果搜索，如 Google Scholar(谷歌学术搜索)。

进入谷歌学术搜索首页 http://scholar.google.com，如图 3.31 所示。

图 3.31 Google 学术搜索

在搜索栏中输入关键词，如"数据挖掘"即可得到与数据挖掘相关的学术信息，结果页面如图 3.32 所示。

每条信息中包含题目、信息的类型(pdf、图书、摘要、引用)、作者、期刊、时间、数据库、被引次数等信息供用户参考。可以利用左侧的菜单进一步筛选。对感兴趣的信息，可以单击条目最后一行中的"保存"将其存入个人图书馆中，以后可以直接单击"我的图书馆"来查看保存的文章信息。也可以利用高级搜索功能来对查找条件进行细化，如关键词组合、关键词出现的位置是否在标题中、特定作者、特定期刊和发表时间段等。单击 Google 学术搜索首页上方的"高级搜索"链接，或者单击搜索结果页面右侧的下箭头，打开下拉菜单，选择"高级搜索"，即可打开如图 3.33 所示的高级搜索设置窗口，设置高级搜索选项。

另外，Google 学术搜索中的"统计指标"可以帮助刚开始某一方向研究的用户快速知晓某一研究领域的权威期刊有哪些，某一期刊中的最权威最重要的论文有哪些。在首页或者下箭头下拉菜单中选择"统计指标"，并在右侧部分选择语言、类别等，如英文期刊中

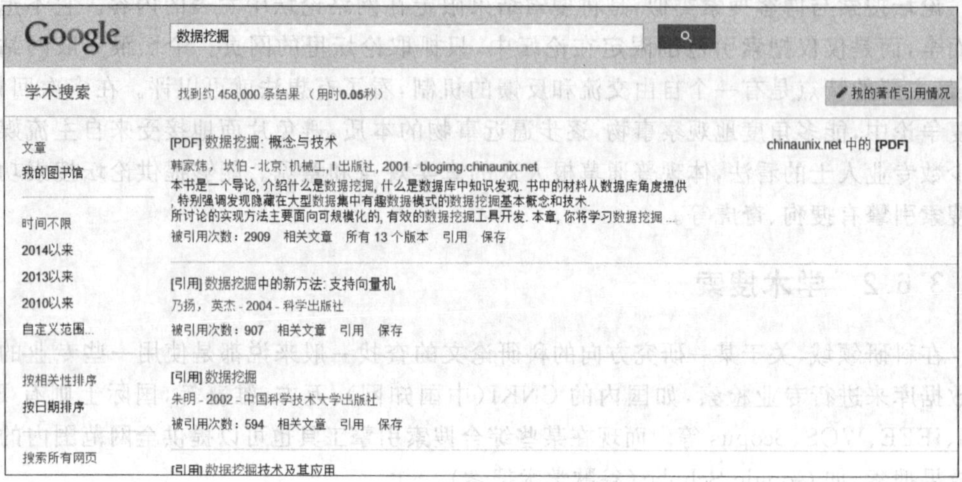

图 3.32 Google 学术搜索结果

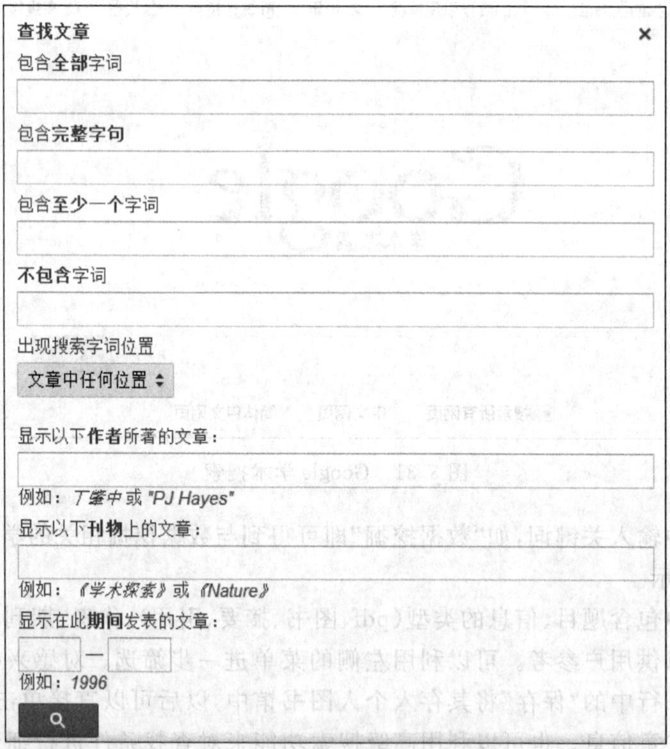

图 3.33 Google 学术高级搜索设置

关于计算机安全和密码学方面的权威出版物统计结果如图 3.34 所示。

出版物的权威性通过 h5 指数来体现，单击某一出版物所对应的 h5 指数链接，可以查看此出版物中最权威的文章列表，如图 3.35 所示。

Google 学术搜索 搜索学术搜索

- 英文
  - 工程与计算机科学
    - Computer Security & Cryptography
  - 化学与材料科学
  - 健康与医疗科学
  - 人文、文学与艺术
  - 商业、经济与管理
  - 社会科学
  - 生命科学与地球科学
  - 物理与数学
- 中文

热门出版物 - Computer Security & Cryptography　了解详情

出版物	h5 指数	h5 中位数
1. ACM Symposium on Information, Computer and Communications Security	57	94
2. USENIX Security Symposium	48	78
3. IEEE Symposium on Security and Privacy	47	84
4. EUROCRYPT	43	71
5. Conference on Advances in cryptology	42	68
6. IEEE Transactions on Information Forensics and Security	39	63
7. ASIACRYPT	34	49
8. IEEE Transactions on Dependable and Secure Computing	31	46
9. Theory of Cryptography	30	64

图 3.34　Google 学术统计指标

ACM Symposium on Information, Computer and Communications Security

h5 指数: **57**　h5 中位数: **94**

#1 Computer Security & Cryptography

标题/作者	引用次数	发表年份
Hey, you, get off of my cloud: exploring information leakage in third-party compute clouds T Ristenpart, E Tromer, H Shacham, S Savage Proceedings of the 16th ACM conference on Computer and communications ...	587	2009
HAIL: a high-availability and integrity layer for cloud storage KD Bowers, A Juels, A Oprea Proceedings of the 16th ACM conference on Computer and communications ...	290	2009
Controlling data in the cloud: outsourcing computation without outsourcing control. R Chow, P Golle, M Jakobsson, E Shi, J Staddon, R Masuoka, J Molina CCSW, 85-90	288	2009

图 3.35　Google 学术中期刊权威文章列表

3.6.3　多媒体内容搜索

多媒体内容搜索是一种新兴的搜索形式，它对多媒体对象的内容及上下文语义环境进行检索，相较于以关键词描述文本特征进行的多媒体文件检索具有更高的准确性和针对性。目前关于多媒体内容检索方面的研究主要集中在图像、视频和音频三个方面。

1）基于内容的图像检索

根据分析图像的内容，提取其颜色、形状、纹理以及对象空间关系等信息，建立图像的特征索引。

2）基于内容的视频信息检索

基于内容的视频信息检索是当前多媒体数据库发展的一个重要研究领域，它通过对非结构化的视频数据进行结构化分析和处理，采用视频分割技术，将连续的视频流划分为具有特定语义的视频片段——镜头，作为检索的基本单元，在此基础上进行代表帧的提取和动态特征的提取，形成描述镜头的特征索引；依据镜头组织和特征索引，采用视频聚类等方法研究镜头之间的关系，把内容相近的镜头组合起来，逐步缩小检索范围，直至查询到所需的视频数据。其中，视频分割、代表帧和动态特征提取是基于内容的视频检索的关键技术。

3）基于内容的音频检索

从音频数据中提取听觉特征信息。音频特征可以分为：听觉感知特征和听觉非感知特征(物理特性)，听觉感知特征包括音量、音调、音强等。

下面以图像和声音搜索为例进行说明。

1）图片内容搜索

以百度识图(http://shitu.baidu.com)为例来了解图片内容搜索的方法。进入百度识图首页，如图3.36所示。

图3.36 百度识图首页

输入搜索图片内容的方式有三种：输入图片的网址、单击“本地上传”选择本地图片文件、将本地文件拖入识图搜索框中。例如，利用百度识图对图3.37所示的图片文件进行搜索。

图3.37 百度识图搜索目标

单击“本地搜索”，在文件“打开”窗口中选择对应的图片文件，百度识图进行图片搜索

后的搜索结果如图 3.38 所示，结果页面将尽力对图片中所包含的主要对象的相关信息做出推测，并提供网络上与搜索目标图片相似的其他图片。单击相似图片可以查看对应的网页内容。

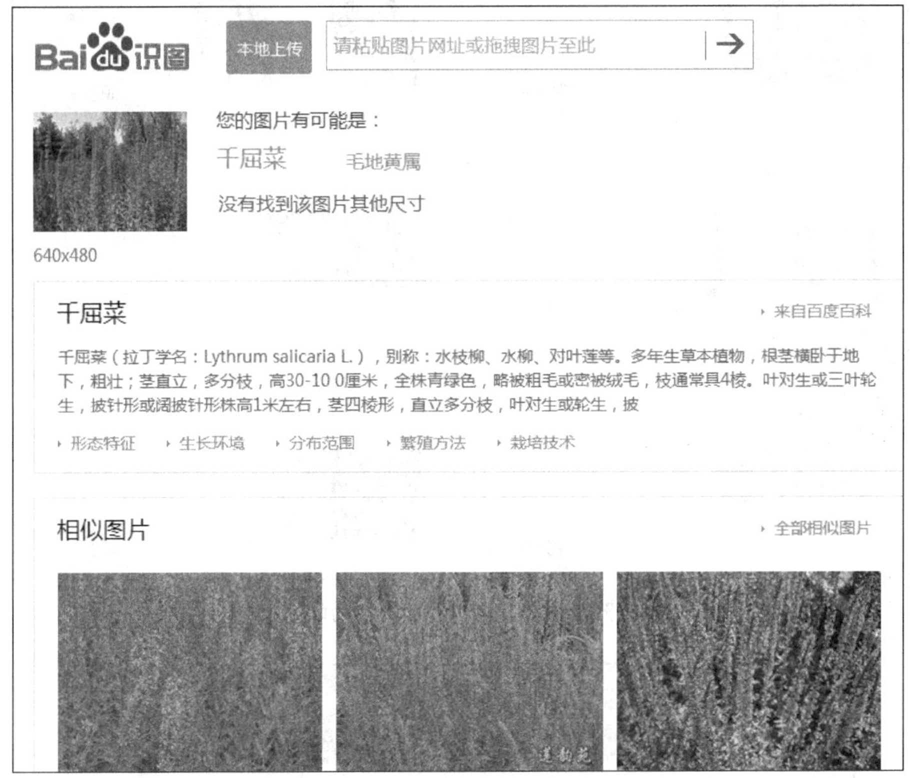

图 3.38　百度识图搜索结果

百度识图的图片内容搜索可以用在图 3.39 所示的功能场景中。

除了百度识图外，其他支持图片内容搜索的还有 Tineye(http://www.tineye.com)、Google 图片等。

2) 声音搜索

这里以 Modomi 网站的哼唱搜索来演示根据声音信号本身进行搜索的例子。打开 Midomi 网站 www.midomi.com，如图 3.40 所示。

在图 3.40 所示的“终极音乐搜索”区域根据提示单击“Click and Sing or Hum”窗口，再进行麦克风使用授权后，进行哼唱，至少哼唱 10 秒钟后单击链接停止哼唱并进行搜索，当搜索到相关数据后可以得到如图 3.41 所示的结果列表。利用这一功能可以解决哼起一段喜爱曲子的旋律却不知其歌名的问题。

基于内容的多媒体检索是一个新兴的研究领域，国内外都处于研究、探索阶段。目前仍存在着诸如算法处理速度慢、漏检误检率高、检索效果无评价标准、缺少支持多种检索手段等问题。但随着多媒体内容的增多和存储技术的提高，对基于内容的多媒体检索的需求将更加上升。

图 3.39　百度识图的主要功能

图 3.40　Modomi 声音搜索入口

图 3.41　Modomi 声音搜索结果

3.6.4　移动搜索

移动搜索是指以移动设备为终端，对普遍互联网的搜索，从而实现高速、准确地获取信息资源。移动搜索相对于PC端的通用搜索具有一些新特点，如记录用户习惯提供个性化搜索、基于当前位置提供与场景相关信息、使用自然语言输入、快速准确提供问题答案等。随着手机WAP、WEB、APP的进一步成熟，移动搜索市场发展将进入加速期。随着移动互联网终端市场的成熟以及3G和4G网络的普及，用户的搜索行为正在逐步从PC端转移至移动端，来自移动端的搜索流量正在逐步提升。互联网企业已经意识到移动搜索的巨大潜力，纷纷推出了针对移动设备的搜索产品，如百度、360、搜狗都推出独立的APP，阿里联合UC推出神马搜索，豌豆荚提出“应用内搜索”概念并调整产品旨在在APP之间打通数据。图3.42为百度移动搜索的搜索结果截图。

图3.42　百度移动搜索

3.7 思考与练习

1. 掌握搜索引擎的概念、分类和基本使用方法。

2. 了解主流搜索引擎产品。

3. 掌握综合网页搜索、购物搜索、地图搜索、音乐搜索、图片搜索等常用搜索引擎的用法。

4. 练习使用搜索引擎的高级搜索功能或搜索命令定义具体搜索条件。

5. 尝试使用博客搜索、学术搜索、多媒体内容搜索和移动搜索等搜索新应用。

6. 讨论还有哪些其他的搜索引擎新应用。

第4章

RSS 订阅

当今信息社会，用户由于兴趣、学习或者工作的需要往往需要随时跟踪某一领域的最新信息或进展。对网络信息进行实时跟踪最基本的方法就是访问某些包含相关信息的网站或者利用电子邮件订阅。这些方法虽然能够解决一定问题，但都有很大的局限性。如访问网站的方式中，用户要花费很多时间去访问多个网站，并且由于网站内容繁杂，使得用户很容易被其他信息（如广告等）分散注意力而迷失浏览方向。电子邮件订阅虽然能够有针对性地给用户提供信息，但由于可订阅的数据源由邮件服务供应商控制，因此可供用户订阅的信息源非常有限，往往不能满足用户的一些专业性需求。本章将介绍用于网络信息跟踪最高效的方法——RSS 订阅技术。它具有主动推送、一站式管理、高效阅读等优势。

4.1 简介

RSS 这一英文简写有三种不同的解释：Rich Site Summary（丰富站点摘要）、RDF Site Summary（RDF 站点摘要）和 Really Simple Syndication（真正简易聚合）。RSS 本质上讲是一种利用 XML 编写的描述和同步网站内容的格式，是站点与其他站点间共享内容的一种简单方式。网站提供内容的 RSS 输出能够方便高效地将网站内容推送给特定受众。而用户利用 RSS 订阅网站内容则能够实现对多网站内容的个性化一站式聚合，并且具有订阅信息自动实时更新、屏蔽垃圾信息等功能。可以通过 RSS 进行订阅的信息包括新闻、博客、学术论文等。

RSS 目前没有统一标准，在用的主要版本包括 RSS 0.91、RSS 1.0和 RSS 2.0。通常每一个 RSS 源（RSS Feed）对应一个订阅频道（Channel），每个源中包含多个项目（item），每个项目定义一篇文章的相关信息，如文章的标题、原文链接、描述等。

4.2 阅读器的使用方法——Feedly

想利用 RSS 技术订阅网站信息需要借助合适的软件——RSS 阅读器。RSS 阅读器能够帮助用户实现 RSS 频道订阅、订阅管理、信息阅读等功能。RSS 阅读器有离线阅读器和在线阅读器两种类型。

离线 RSS 阅读器是一款安装在用户主机上的客户端软件,能够实现 RSS 订阅的 IE 浏览器、邮件客户端软件 Foxmail 或者 Outlook。还有一些专用于 RSS 订阅的软件,如新浪点点通,FeedDemon,POTU 周博通等。离线阅读器的好处是运行稳定,不受网站工作状态的影响。缺点是要耗费本地资源,且在不同电脑上使用时订阅内容不能自动同步。

在线 RSS 阅读则不需要安装任何软件,用户通过登录服务网站来实现 RSS 的订阅和阅读。在线阅读器的好处是,不需要消耗客户端的资源,速度一般比较快,对于在不同地点阅读(比如在公司或家中),不必进行多次配置,订阅和阅读状态能够自动实现同步,保证连贯性。缺点是应用的稳定性依赖于网站运行的稳定性。比较知名的在线 RSS 阅读器有 Feedly、Bloglines、鲜果、有道、QQ 邮箱阅读空间等。

下面以 Feedly 订阅为例来介绍 RSS 订阅的基本操作方法。

4.2.1 启动并登录阅读器

打开 Feedly 阅读器网站 http://www.feedly.com,如图 4.1 所示。

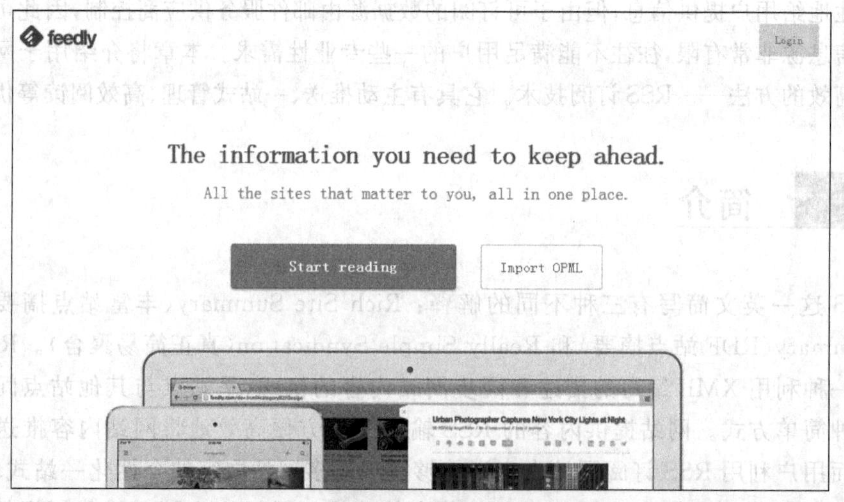

图 4.1 Feedly 阅读器首页界面

单击图 4.1 页面右上方的 Login 按钮,显示图 4.2 所示的登录账号选择界面。

在图 4.2 所示窗口中,根据实际情况,从 Google、Facebook、Twitter、Windows 或者 Evernote 账号中选择一个来登录 Feedly。例如单击 Windows 账号图标后,进入如图 4.3 所示的登录窗口。

正确填写注册的账号和密码并单击"登录"按钮后,进入 Feedly 初始页面,如图 4.4 所示。

页面左侧是订阅频道列表以及功能导航菜单,右侧是相应功能设置、文章列表显示及操作的实现区域。

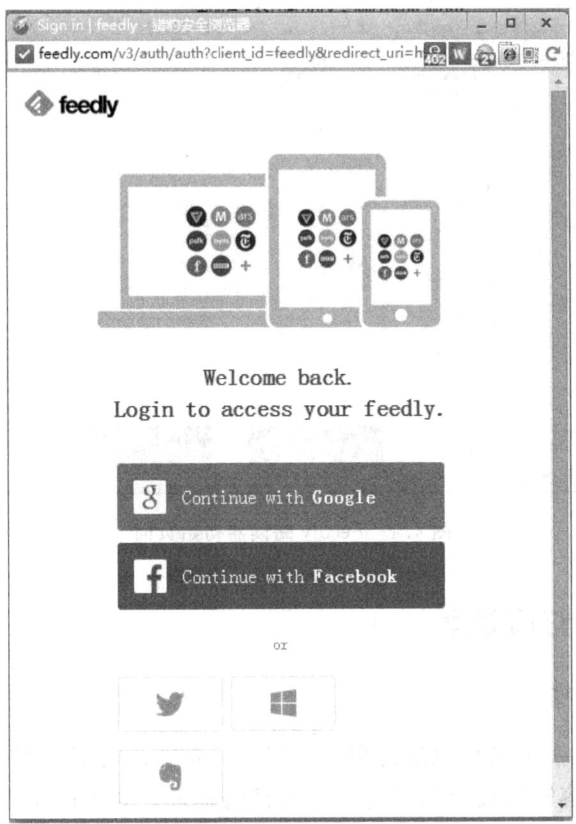

图 4.2　选择 Feedly 登录账号类型

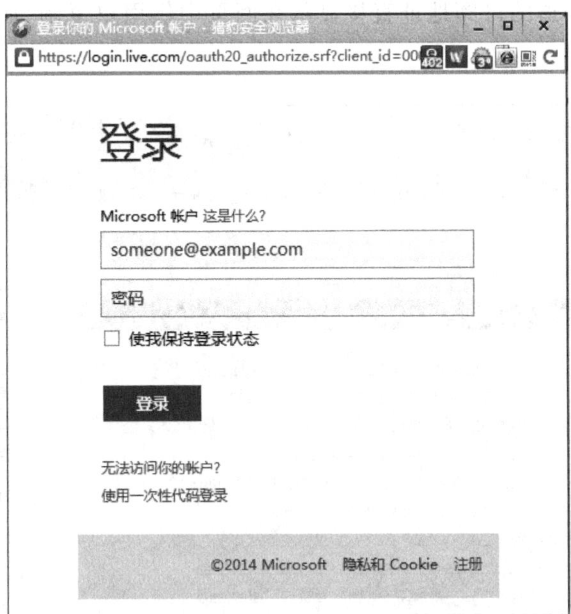

图 4.3　用 Windows 账号登录 Feedly

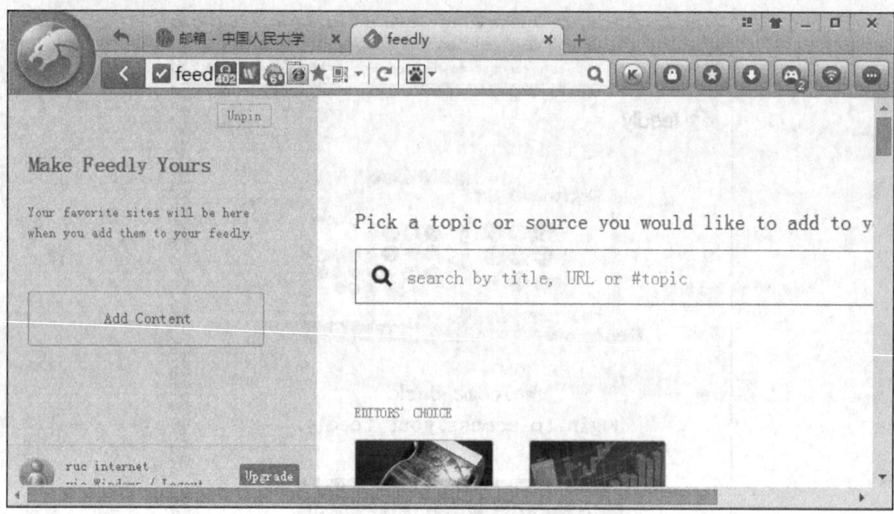

图 4.4　Feedly 阅读器初始页面

4.2.2　添加订阅频道

1. 获取订阅地址

在阅读器窗口中我们就可以进行频道订阅了。要想订阅某一网站的信息，前提是网站必须支持 RSS 内容输出且能够获得频道的订阅地址。如果网站支持 RSS 订阅，就会以某种方式提供特定频道的 RSS 订阅地址。

1) 直接给出订阅地址

某些网站会将频道的订阅地址直接显示在网页中供用户复制，如图 4.5 中的新华网 RSS 订阅中心。

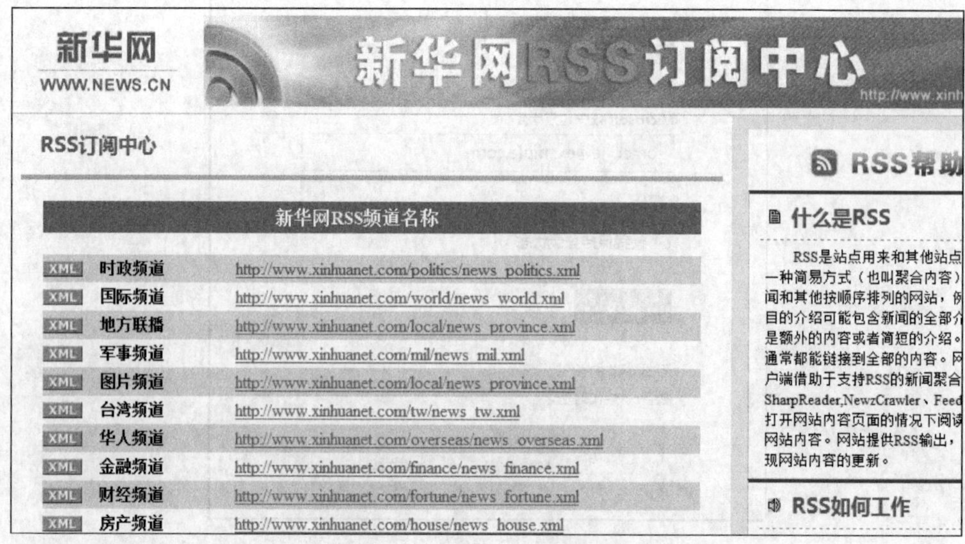

图 4.5　新华网 RSS 订阅中心直接给出频道订阅地址

2）在订阅图标或文字的超级链接中给出订阅地址

有些网站可能不会直接给出订阅地址，但地址通常隐藏在订阅链接（图标或者文字）中。支持 RSS 订阅的网站或者频道通常会在特定位置以类似图 4.6 所包含的各种图标的形式引导用户进行 RSS 订阅或者获取订阅地址，图 4.7 所示为中国科技在线 RSS 订阅中心。

图 4.6 RSS 订阅图标

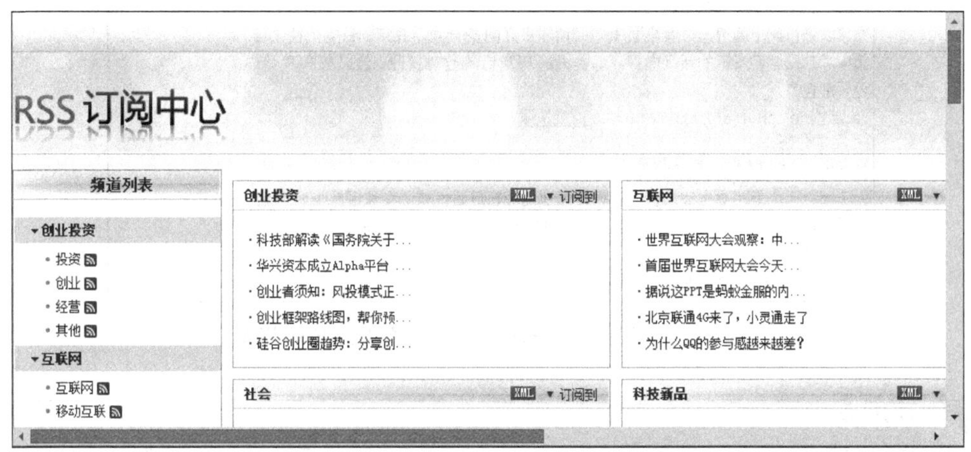

图 4.7 中国科技在线利用 RSS 订阅图标引导 RSS 订阅

对于没有明确给出订阅地址而只有图标或者文字链接的情况，可单击图标或者文字链接在地址栏中复制订阅地址，如图 4.8 所示。也可以在图标或者文字链接上直接单击右键，下拉菜单中选择“复制链接地址”。

另外，如果不明确网站是否支持 RSS 订阅，可以利用搜索引擎来查看。例如，想知道凤凰网是否支持 RSS 订阅以及可订阅的频道信息，可以使用百度搜索引擎以“凤凰网 RSS”为关键词进行查找，查找结果如图 4.9 所示。

单击第一个搜索结果进入凤凰网资讯订阅中心，可看到可订阅的资讯频道及订阅地址，如图 4.10 所示。

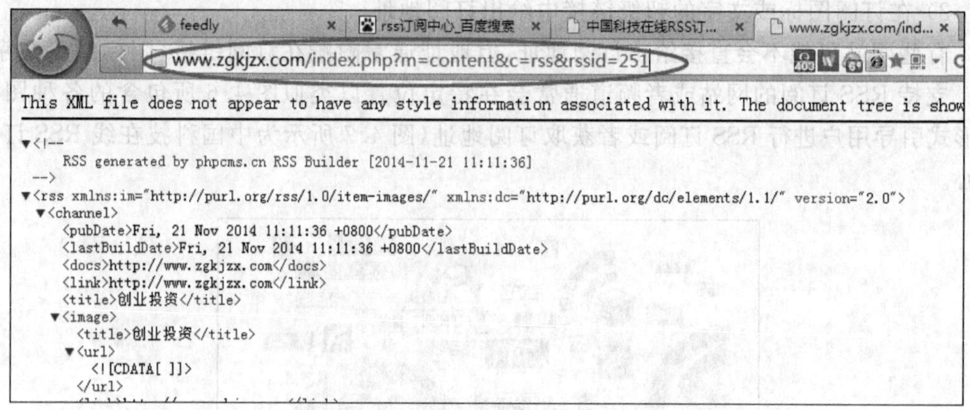

图 4.8 复制 RSS 图标对应的订阅地址

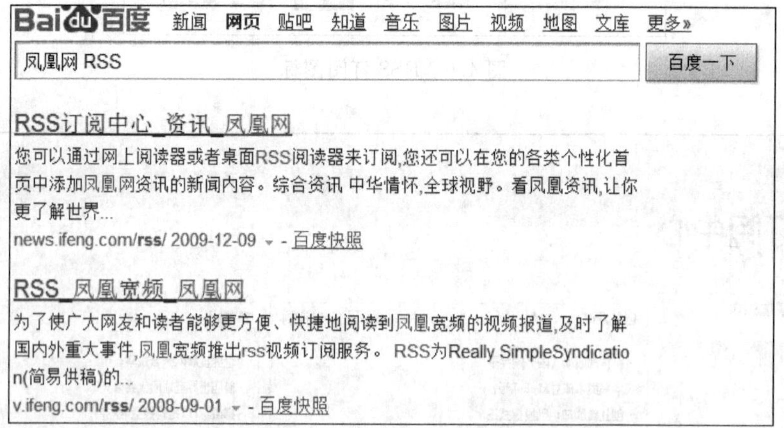

图 4.9 利用搜索引擎查看网站是否支持 RSS 订阅

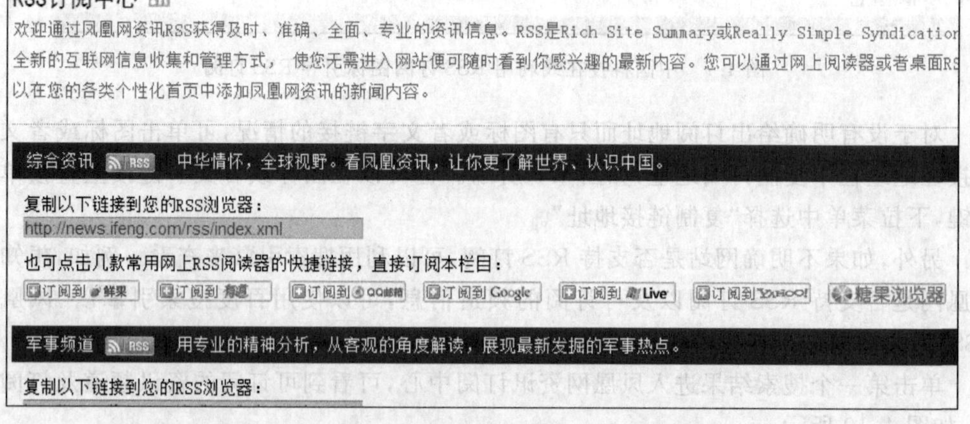

图 4.10 通过搜索引擎进入网站的 RSS 订阅中心

2. 添加订阅

在获取了 RSS 频道订阅地址后就可以在 Feedly 阅读器中添加订阅频道了。复制订阅地址，将其粘贴到图 4.4 所示页面右侧的搜索栏中。Feedly 会自动识别输入源对应的 RSS 频道信息，如图 4.11 所示（在搜索栏中输入关键词，Feedly 可以搜索出与其相关的 RSS 源，用户可以从搜索结果中选择订阅）。

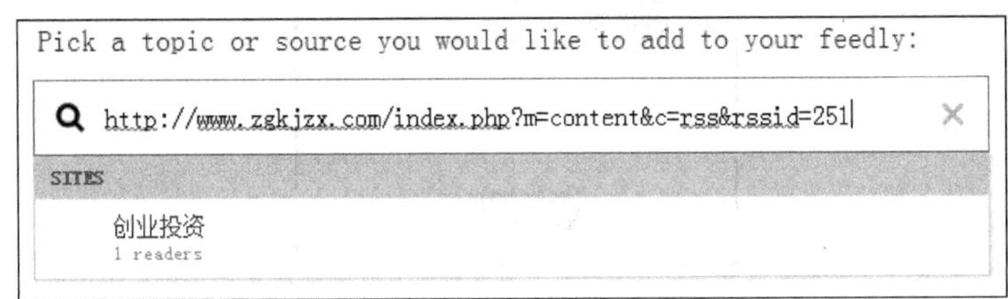

图 4.11　Feedly 识别 RSS 源信息

选择识别出的频道信息，如图 4.11 中的“创业投资”，则可以在 Feedly 页面中显示该频道的最新资讯列表，如图 4.12 所示。

图 4.12　Feedly 识别 RSS 频道内容

单击图 4.12 中的“＋feedly”按钮，在左栏中出现的如图 4.13 所示页面中设置添加的 RSS 订阅频道在 Feedly 中的一些信息，如频道标题、频道所属的分类目录等。之后，单击图中的“Add”按钮，就可以完成对此 RSS 频道的订阅。

单击左侧区域的“Add Content”菜单，按照上述方法可以添加多个来自不同网站的不同频道的订阅，多次添加频道订阅后的结果如图 4.14 所示。

4.2.3　频道阅读

在频道列表中，选择某一个频道，在右侧窗口中就会显示此频道的最新页面列表。在

Add 创业投资
Select or create a new collection.
Title
创业投资
Must Read
Collection
投资信息
Add or Cancel

图 4.13 设置订阅频道信息

图 4.14 Feedly 中订阅多个不同网站的不同频道

默认的“Magazine”模式下，每个页面信息包含显示所含图片、网页标题、简短内容、被喜爱程度、发布时间等，如图 4.15 所示。

在此窗口，用户可以根据标题和显示出来的部分内容来决定是否要查看详细内容，如果想浏览网页的全部内容，直接单击标题所对应的链接就可以打开如图 4.16 所示的全文查看窗口，或者按照提示在浏览器新标签页中打开原始链接。浏览结束后，单击文章标题左侧的关闭符号“×”就可以回到图 4.15 所示的界面。单击标题查看网页后，该页面的阅读状态会由未读(unread)变为已读(read)。

在图 4.15 所示的频道阅读界面中，可以对与阅读相关的一些选项进行设置。单击界面上方的 ✔ 可以将当前频道的所有文章都设置为“read(已读)”状态，单击 ↻ 对当前频道

图 4.15 阅读频道内容

图 4.16 Feedly 全文阅读窗口

的内容进行刷新，单击⚙则打开图 4.17 所示的下拉菜单。此下拉菜单中可以对频道文章列表的显示风格(Presentation)进行选择，可以选择手动标记频道中的所有(All)、一天前(Older Than One Day)或者一周前(Older Than One Week)文章为已读(read)状态,可以过滤显示所有未读(Unread Only)文章,还可以设置直接在浏览器窗口中打开网页(Open In Website Directly)。

4.2.4 频道管理

Feedly 阅读器提供了丰富的频道管理功能,如频道属性和状态的设置、频道的退订、频道的分类目录整理等。

1) 频道属性设置

在图 4.17 所示的频道配置下拉菜单中,选择菜单"Edit Subscription"可以在左侧栏中显示图 4.18 所示的频道属性设置页面。在此页面中可以修改频道名称和分类目录位置(一个频道可以选择多个分类目录)。在设置完成后单击"Update"按钮就可以使设置生效。

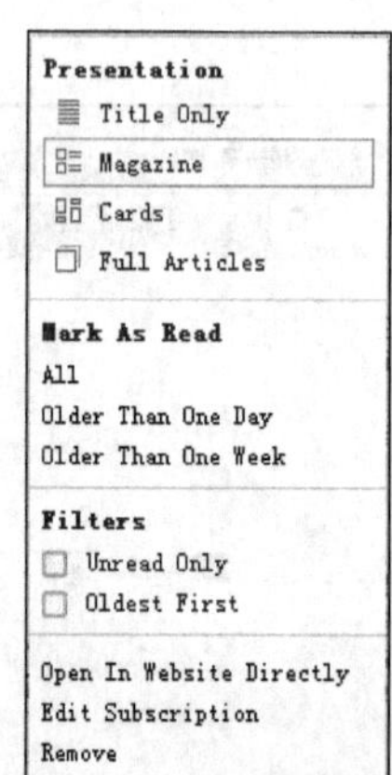

图 4.17 频道阅读选项配置

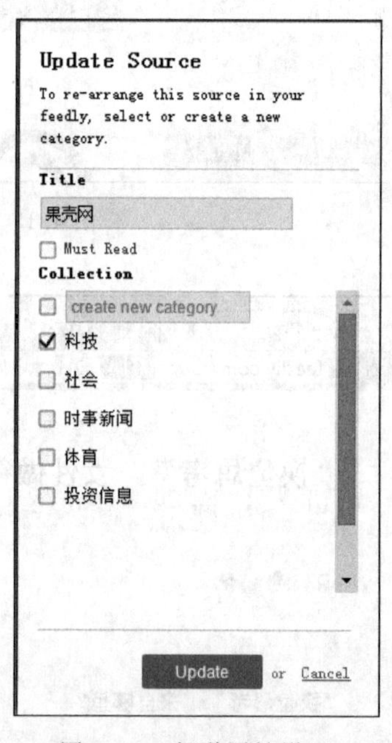

图 4.18 频道属性设置

2) 频道退订

如果要取消对某一个频道的订阅,只要选中该频道,在文章显示窗口中单击图标打开图 4.17 所示的下拉菜单,选择"Remove",此频道就不会再出现在订阅频道列表中了。

3) 订阅管理(Organize)

若对很多频道都要进行调整,逐个频道操作会比较烦琐。这时,可以使用 Feedly 的 Organize 功能进行批量调整。单击 Feedly 左侧导航栏中的"Organize"链接,打开 Organize 页面,如图 4.19 所示。

在图 4.19 窗口中可以对每个单独的订阅频道进行属性编辑或退订,也可以对

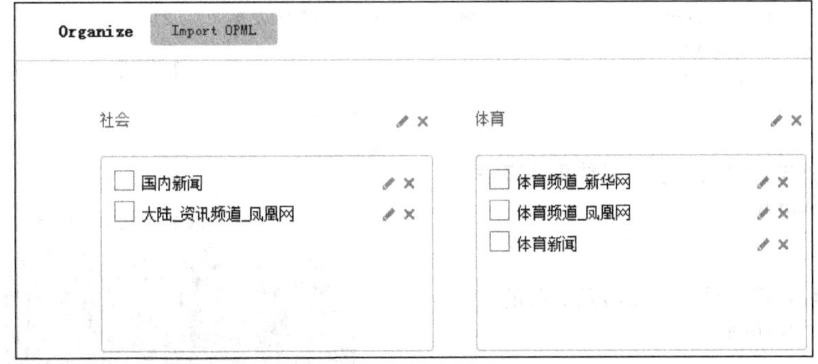

图 4.19　Feedly 阅读器的 Organize 页面

一个目录进行目录名称修改和整个目录内容统一退订操作。还可以通过鼠标拖动灵活调节订阅频道到新的分类目录中或者调整目录间的前后顺序。

4.2.5　多终端同步

除了通过登录网页进行在线频道订阅和阅读以外，Feedly 阅读器也支持在多种移动终端上的应用。在智能手机或者平板电脑上安装 Feedly 或者 FeeddlerRSS 等支持 Feedly 订阅的应用 APP，即可通过账号登录实现同一用户在多种终端设备上的同步订阅和阅读，充分利用用户的碎片化时间获取新的资讯，并保证用户订阅和阅读行为的连贯性和一致性。图 4.20 和图 4.21 为 FeeddlerRSS 阅读器的移动端 APP 的有关操作界面。

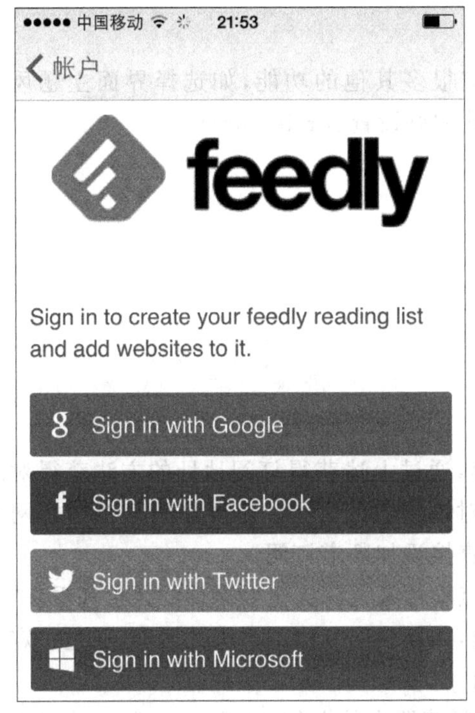

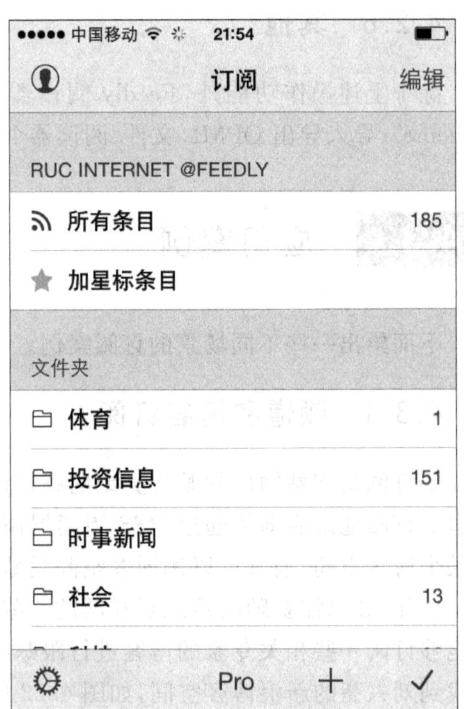

图 4.20　Feedly 阅读器移动端应用 1

图 4.21 Feedly 阅读器移动端应用 2

4.2.6 其他

除了上述操作功能外,Feedly 阅读器还有很多其他的功能,如选择界面主题风格(Theme)、导入导出 OPML 文件、阅读器个性化偏好设置(Preference)等。

4.3 应用案例

下面给出一些不同场景的订阅案例。

4.3.1 频道和博客订阅

要订阅某网站输出的某种类型的频道内容,通过上述获得订阅地址的方法获得对应频道的订阅地址后即可通过 RSS 阅读器添加对该频道的订阅。若要订阅某个博客网站的某个博客空间,通常可以用博客空间的地址直接添加频道订阅。

例如,如果需要随时跟踪互联网的一些热点事件及资深人士对事件的评价和看法,希望能够订阅一些相关专家的博客进行跟踪阅读,如互联网专家刘兴亮的博客,通过一定方式找到刘兴亮的新浪博客空间,如图 4.22 所示。

从博客空间的地址栏复制地址,在 Feedly 阅读器中单击“Add Content”,地址栏中直

接粘贴前面复制的博客地址，如图 4.23 所示。

图 4.22　博客空间地址

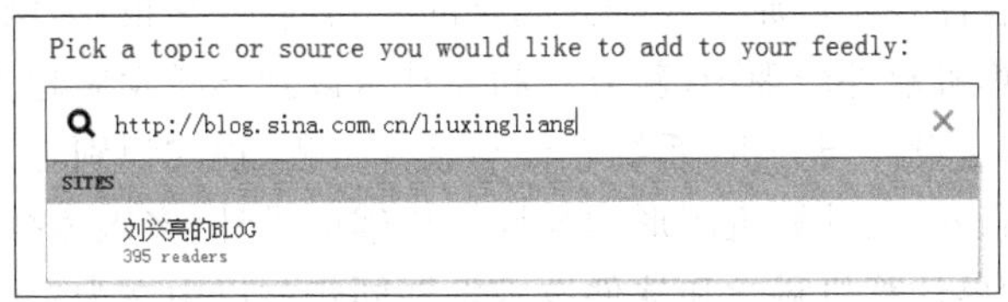

图 4.23　利用博客地址添加 RSS 频道订阅

提交订阅后，订阅列表中就会多出一个新的频道“刘兴亮的 BLOG”。选中此频道后，右侧窗口会列出该博客中最新的博文供用户阅读，如图 4.24 所示。

4.3.2　学术订阅

众所周知，对于众多的科技研究工作者而言，及时跟踪所研究方向的最新进展是非常必要的。科技成果最常见的体现方式包括学术论文、专利、图书等形式。其中，时效性最强的学术论文主要来源于期刊杂志、学术会议的论文集等。为了便于研究人员对不同研究方向、不同来源和不同形式的成果进行统一快捷检索，众多有实力的机构构建了各种针对不同领域、面向不同需求的综合信息数据库供特定用户使用。跟踪科技研究成果的最常见方法是访问并检索与研究领域直接相关的重要期刊和重要数据库。为了提高用户跟

图 4.24 Feedly阅读器中阅读订阅的博客频道

踪学术信息的效率，目前很多有实力的期刊杂志和数据库也都提供RSS订阅的方式，让用户通过RSS订阅来及时获取自己感兴趣领域的最新进展。

1) 期刊信息订阅

每种学术期刊通常都有自己针对的一个大的研究领域。对特定的用户而言，某一种期刊每一期录用的论文中，跟自己研究方向直接相关的信息可能不是特别多或者不一定包含。但是科技工作者可以通过跟踪某些相关期刊的完整录用信息来了解与自己研究方向有关的大领域的研究进展，从而拓展自己的研究视野，更好地规划自己的研究方向以及更高效地实施具体的研究活动。

以刊登计算机软件各领域原创性研究成果的期刊《软件学报》为例。期刊注重刊登反映计算机科学和计算机软件新理论、新方法和新技术以及学科发展趋势的文章，主要涉及理论计算机科学、算法设计与分析、系统软件与软件工程、模式识别与人工智能、数据库技术、计算机网络、信息安全、计算机图形学与计算机辅助设计、多媒体技术及其他相关的内容，致力于创办与世界计算机科学和软件技术发展同步的以中文为主的"中文国际软件学术期刊"，为计算机软件学者提供学术交流平台。在浏览器中访问《软件学报》网站主页http://www.jos.org.cn/ch/index.aspx，主页界面如图4.25所示。

在左侧导航栏中单击"RSS"对应的链接，进入《软件学报》RSS订阅页面，在RSS订阅功能说明的下方列出了可订阅频道的订阅地址和订阅接口，如图4.26所示。

复制某一个关注的栏目的订阅地址，在RSS阅读器中添加订阅频道即可。例如添加"当期目录"订阅后的结果，如图4.27所示。

这样就可以在Feedly阅读器中浏览期刊的最新录用信息，包括论文的标题、作者和摘要等。单击论文标题可进入《软件学报》网站查看论文的详细信息和执行其他操作，如下载等。

其他提供RSS订阅功能的期刊的订阅方式基本类似，具体参看相关网站。

2) 数据库检索订阅

各种学术数据库可以从更广阔的范围对学术信息进行汇集，并能够提供高效的检索

图 4.25 《软件学报》网站首页

现在，《软件学报》已经开通RSS订阅服务，包括最新录用文章、下期目录、当期目录和栏目。

名称	查看	URL地址
当期目录	RSS	http://www.jos.org.cn/rss/jos/cn/current.xml
下期目录	RSS	http://www.jos.org.cn/rss/jos/cn/next.xml
栏目		
综述文章	RSS	http://www.jos.org.cn/rss/jos/cn/01.xml
专刊文章	RSS	http://www.jos.org.cn/rss/jos/cn/02.xml
在线出版	RSS	http://www.jos.org.cn/rss/jos/cn/03.xml

图 4.26 《软件学报》RSS 订阅栏目

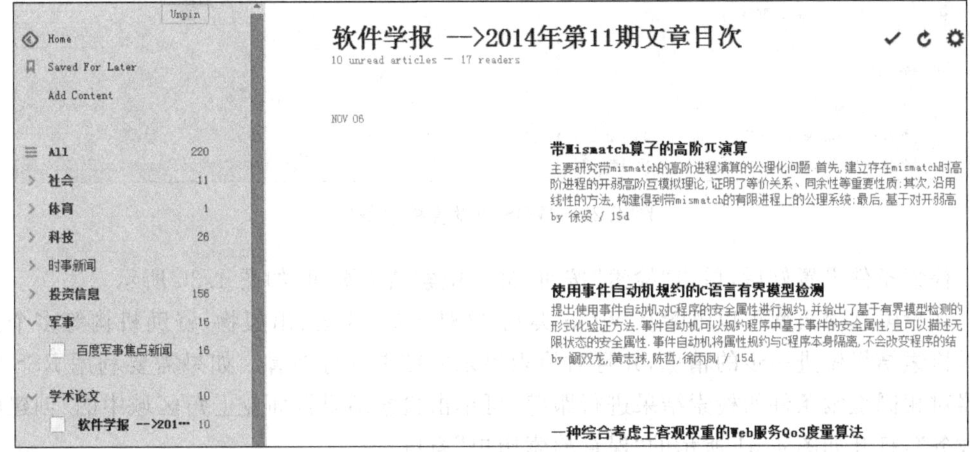

图 4.27 Feedly 阅读器中订阅《软件学报》“当期目录”栏目

方式帮助用户查找最符合自己需要的最有价值的学术资料。目前,国际上很多知名的学术数据库都能够提供 RSS 订阅功能。

以全球领先的专业信息服务提供商汤森路透集团推出的 WOS(Web of Science)数据库为例,该数据库收录了世界上最权威的影响力非常高的一万多种学术期刊和超过十一万个国际会议的学术期刊,内容涵盖自然科学、工程技术、生物医学、社会科学、艺术与人文等领域。WOS 数据库以提供引文索引的方式帮助用户快速了解某一领域最新的研究进展。如图 4.28 所示,以某种方式(如通过学校图书馆)注册并登录 WOK(Web of Knowledge)数据库网站,并选择 WOS 数据库。

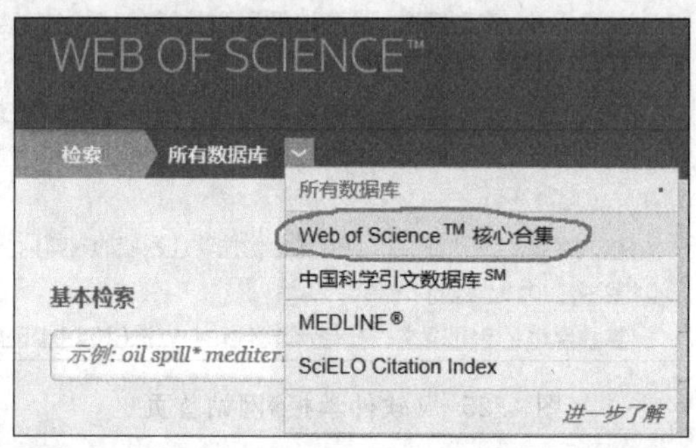

图 4.28 进入 WOS(Web of Science)数据库

在检索页面设置搜索关键词及其他筛选条件,如图 4.29 所示。

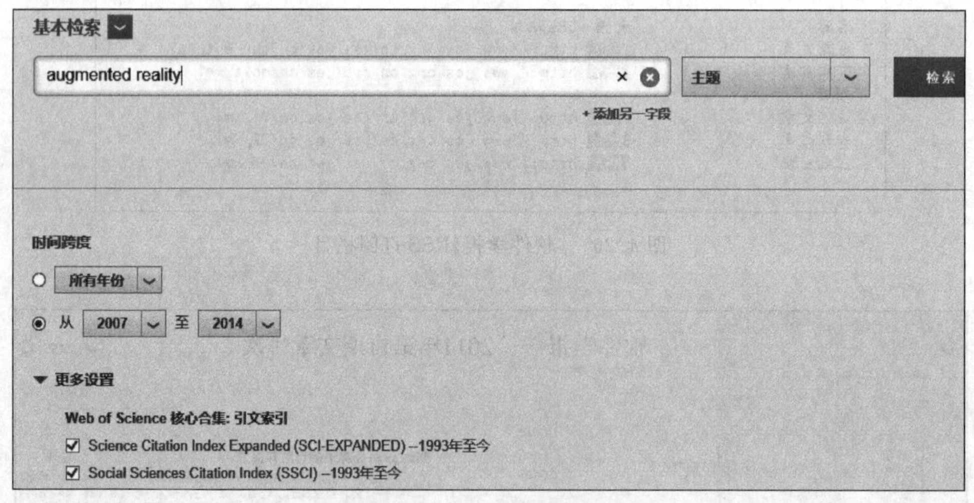

图 4.29 WOS 中设置检索条件

检索条件设置好后,单击“检索”按钮,进入检索结果页面,如图 4.30 所示。

在检索结果页面可以继续从 WOS 类别、文献类型、作者、出版物、资助机构等多个方面对检索结果做进一步的精炼,并且对检索出来的结果进行查看。如果需要利用 RSS 阅读器对相同检索条件的检索结果进行跟踪,可单击检索结果页面左上角区域中的“创建跟踪服务”,打开如图 4.31 所示的“保存检索历史”窗口。

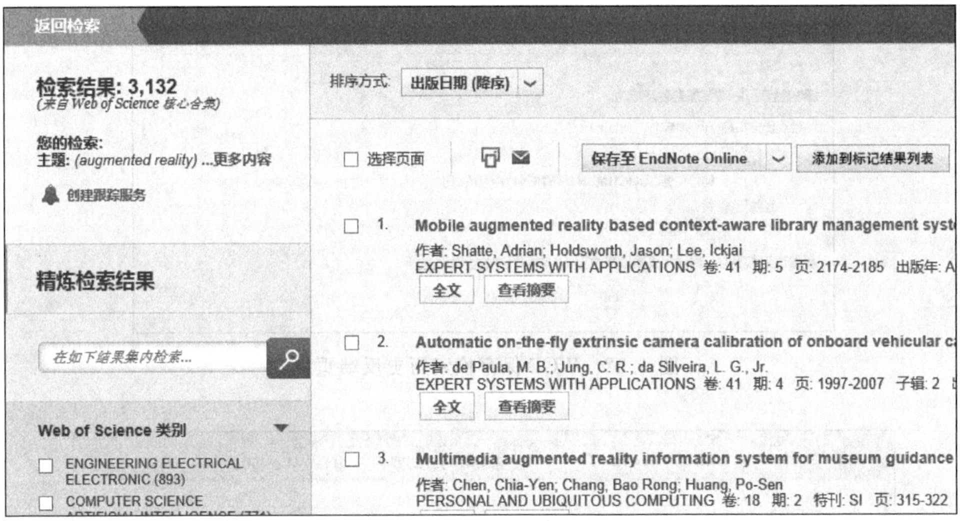

图 4.30　WOS 检索结果页面

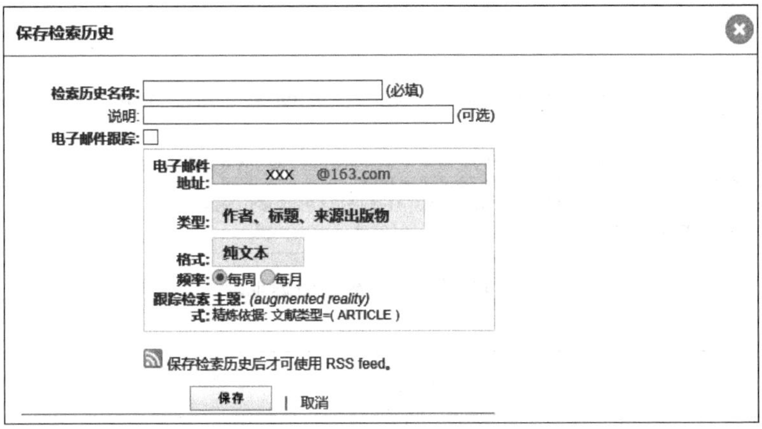

图 4.31　WOS 保存检索历史页面

在此窗口对当前的检索进行命名，设置是否进行电子邮件跟踪等设置。设置完成后单击“保存”按钮，出现如图 4.32 所示反馈页面。

单击“RSS 源”所对应的链接，进入如图 4.33 所示的页面。

将地址栏中的地址复制下来，在 RSS 阅读器中添加新的订阅频道，订阅成功后的结果如图 4.34 所示。

这样，以后用户不需要进入 WOS 数据库就可以在阅读器中跟踪 WOS 收录的满足用户搜索条件的新文献的基本信息了，如标题、作者、时间、来源等。用户单击某条信息的标题链接就可以进入 WOS 数据库查看详细信息。

对于不同的数据库，订阅方法和要求可能会略有不同。数据库能否正常使用取决于用户是否通过某种方式取得授权。

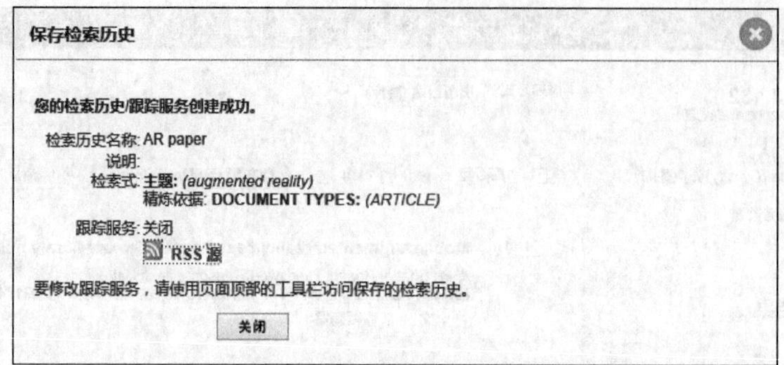

图 4.32　WOS 保存检索历史反馈页面

图 4.33　WOS 检索 RSS 源地址

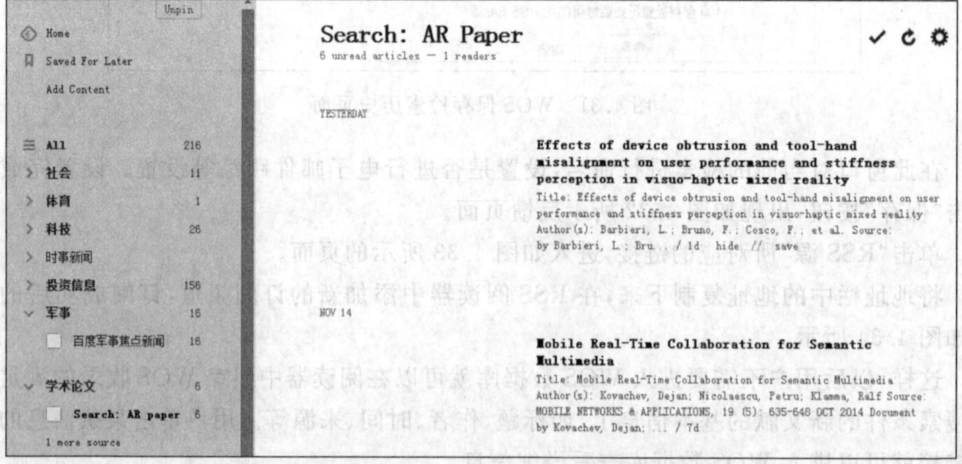

图 4.34　Feedly 阅读器中添加 WOS 检索的 RSS 订阅

4.4 思考与练习

1. 了解 RSS 技术的概况、原理和功能。
2. 掌握 RSS 阅读器的使用和 RSS 订阅的方法。
3. 练习 RSS 订阅的实例。
4. 培养利用 RSS 跟踪信息的习惯。

网络信息记录

在日常工作生活以及对互联网信息进行浏览的过程中，往往需要将看到的或者想到的有价值的信息以某种方式记录或保存下来，以便日后查阅或应用。用户养成随时随地收集和记录信息的习惯有助于知识和灵感的积累，提升自己的专业素质。本章将介绍几种典型的收藏和记录信息的方法。

5.1 浏览器收藏夹

正如第2章关于浏览器的使用中所介绍的，任何浏览器软件都会带有收藏夹的功能，以方便用户对正在浏览的感兴趣的网页进行收藏。浏览器收藏夹的基本原理是对收藏网页的网址进行记录，以便于用户以后重新对其浏览时无须再次查找其地址。

选择浏览器的“收藏夹”菜单中的“添加到收藏夹”命令或者单击收藏图标☆打开类似图5.1所示的IE收藏窗口。在此窗口中进行收藏名称和存放文件夹的设置即可成功收藏对应网页。

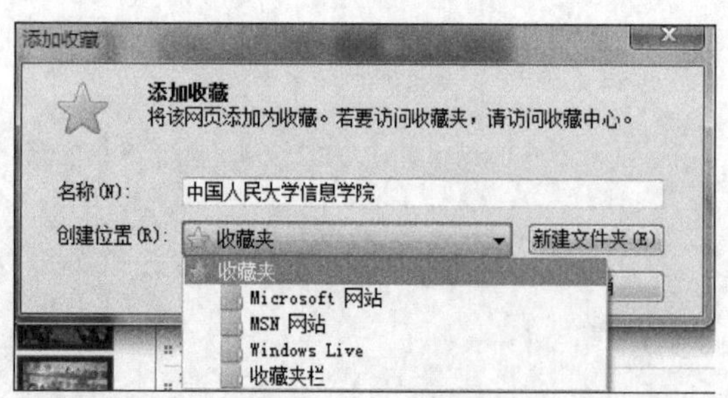

图5.1　利用浏览器收藏网页地址

浏览器的收藏夹通常都会提供“整理收藏夹”的功能，方便用户对收藏的网址数据进行新建文件夹、移动某一网址收藏到新的文件夹位置、对某一收藏进行重新命名以及删除某些收藏条目等处理操作。整理收藏夹的窗口类似如图5.2所示的界面。

目前某些浏览器能够支持收藏记录的导入和导出功能以便于用户在不同的浏览器程序间同步收藏内容。或者将收藏记录导出为文件后在其他设备中再将其导入从而实现在不同设备上的同步。例如图5.3所示的IE浏览器的“导入和导出设置”窗口，选择某种操

作类型，根据相应的向导提示进行对应操作。

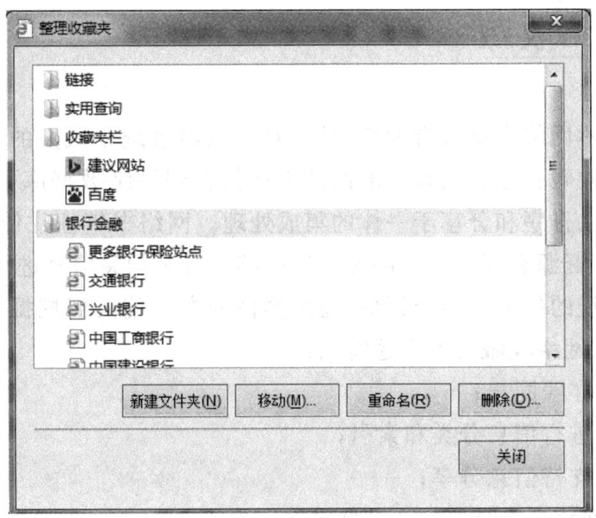

图 5.2 浏览器的整理收藏夹功能

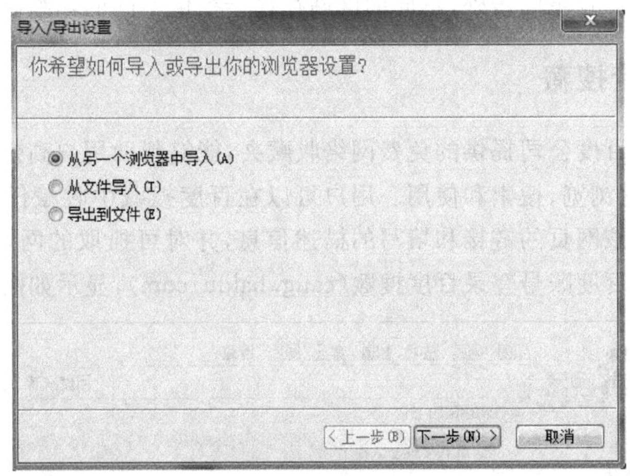

图 5.3 IE 浏览器导入/导出收藏夹内容

除了利用导入导出功能进行不同设备间的收藏同步外，现在很多浏览器软件还可以通过账户登录的方式保证同一用户在不同设备终端上的浏览属性同步，当然也包括收藏数据的同步。

利用浏览器软件进行网页收藏的优点是不需要安装其他的软件或者登录特定的网站，利用浏览器软件本身就可以实现对任何浏览网页的收藏，也提供一定方法和接口实现不同浏览器软件和不同设备间的同步。缺点是只能对网页地址进行记录，且功能比较单一，不能提供诸如评价、打标签、分享和对收藏内容进行重新编辑等功能。

5.2 网络收藏

网络收藏夹又称网络书签或者网摘,是针对浏览器系统收藏夹的不便应运而生的链接存储工具。网络收藏夹把自己喜欢的网址直接保存到网络数据库中,能够实现对互联网资源集收藏、分类、排序和分享于一体的集成处理。网络书签往往使用标签(Tag)对网址进行索引,使网址资源有序分类。网络书签能够支持对相关信息进行分享,在分享的人为参与的过程中网址的价值被给予评估,通过群体的参与使人们挖掘有效信息的成本得到控制。总体来讲,网络收藏具有下述特点:

- 基于账户的在线同步;
- 通过打标签进行信息分类和索引;
- 以多种形式支持信息分享;
- 通过收藏、推荐或者分享的次数体现网页价值。

能够提供网络收藏功能的网站有很多,由于针对的用户和各自的背景不同,除了最基本的网址收藏和账户登录同步外,不同的网站往往会提供不同的网络收藏功能。

5.2.1 百度搜藏

"百度搜藏"是百度公司提供的免费网络收藏夹,能够帮助用户高效地收藏、整理网络资源,可以随时随地浏览、搜索和使用。用户可以在百度搜藏中收藏任意网页,百度搜藏将为用户记录指向该网页的链接和填写的描述信息,并对可抓取的网页内容自动生成网页快照。访问并用百度账号登录百度搜藏(cang. baidu. com),显示如图 5.4 所示页面。

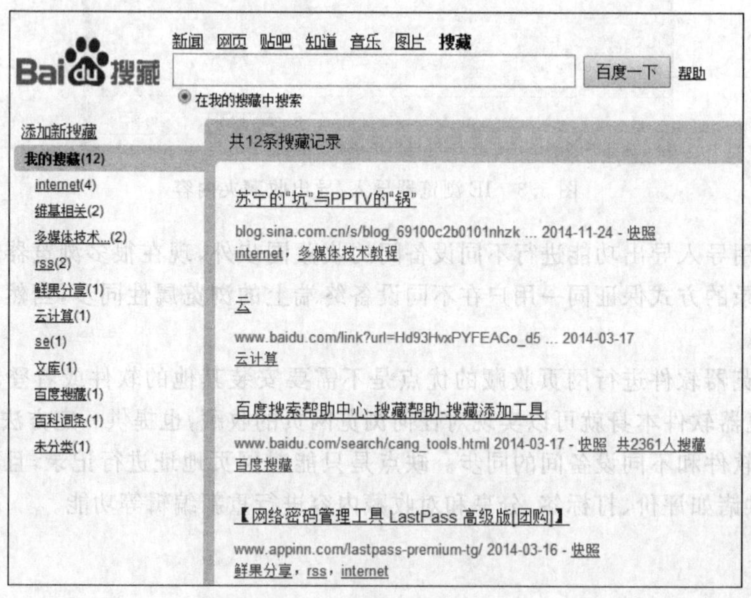

图 5.4 百度搜藏登录页面

百度搜藏的主要功能有：

1）网址收藏和标签分类

如果想将网络上某个网页的地址保存到百度搜藏中以便日后重新访问，可在如图 5.4 所示的百度搜藏页面单击左上方的“添加新搜藏”链接，在页面右侧会出现如图 5.5 所示的添加搜藏页面。

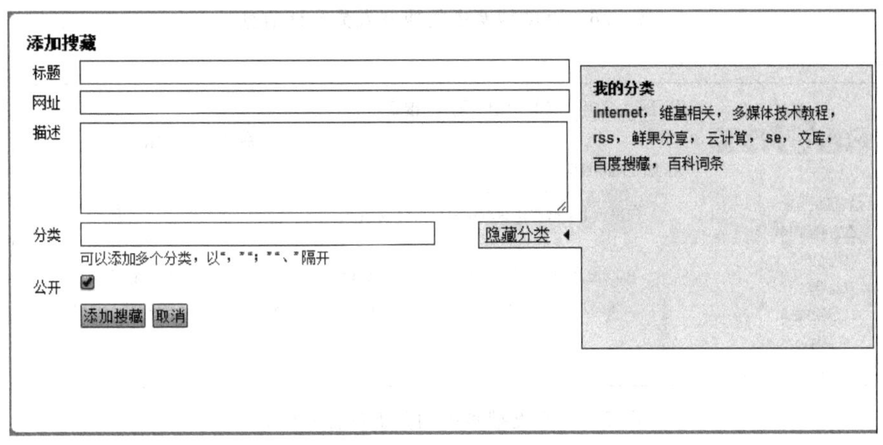

图 5.5　添加百度搜藏

在图 5.5 页面中设置标题(如“feedly 使用技巧”)、输入或者粘贴复制的网页地址(如“http://www.douban.com/group/topic/38832026/”)、进行网页描述、选择或设置分类标签(如“internet,rss,feedly”)、设置是否公开等信息，单击“添加搜藏”按钮即可。以后可以在 internet、rss 或者 feedly 中的任何一个标签类别中找到这篇关于 Feedly 阅读器使用技巧的网页。

除了上述直接输入或复制网址的方式添加百度搜藏外，还可以通过在鼠标右键菜单或工具栏中添加快捷链接，以及安装百度工具栏等方式实现对当前浏览网页的快捷收藏。安装鼠标右键菜单、工具栏快捷链接以及百度工具栏的具体方法请参看百度搜藏相应帮助文档(http://help.baidu.com/question? prod_en=collect&class=560)。

2）网页搜藏人员统计及交流

用户在对网页进行公开的百度搜藏后，对应网页条目下方的搜藏人数就会增加 1 个，删除搜藏或设置为私密搜藏后搜藏人数会减 1，如图 5.6 所示。此统计数字代表了所有百度搜藏用户对此网页的喜爱程度，数字越大说明网页中的信息越有价值。用户可以通过此数字的大小对网页的价值进行考量。单击数字区域的链接还可以查看到哪些用户搜藏了此网页，单击某个搜藏者的链接可以查看此用户的百度资料或者给他发送消息进行交流。

3）搜索和管理

对于收藏到百度搜藏的信息，可以通过标签类别来查找定位。当收藏的信息特别多时，百度搜藏还提供了全文检索功能帮助用户快速定位目标信息。在百度搜藏页面上方的搜索栏中输入搜索关键词，单击“百度一下”按钮就可以将用户搜藏的所有包含此关键词的信息抽取出来,如图 5.7 所示。

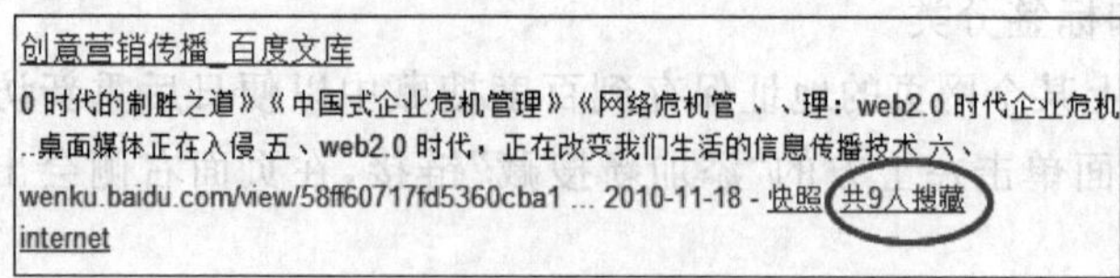

图 5.6　百度搜藏中的搜藏人员统计信息

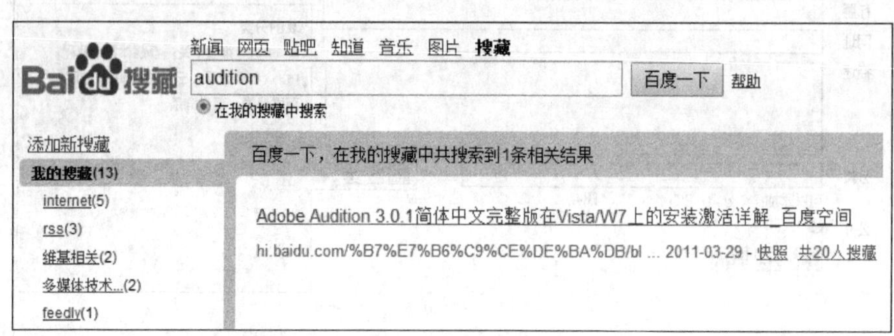

图 5.7　百度搜藏中的关键词搜索结果

对于收藏到百度搜藏中的信息,用户可以根据需要随时修改其相关信息或者删除对此信息的收藏。将鼠标移动到某一收藏信息区域,信息标题的右侧会出现编辑和删除的图标。单击编辑,在信息对应区域显示如图 5.8 所示的收藏信息编辑界面,用户可以重新设置收藏信息的标题、描述、分类和是否公开等数据。修改完成后单击右上角的"关闭"按钮即可。单击删除,会出现"你确认要删除此信息么?"的提示,单击"确定"按钮就可以成功取消对此条信息的收藏。

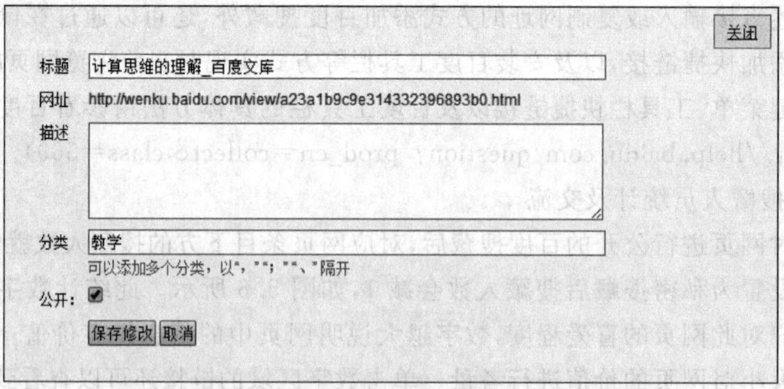

关闭
标题 计算思维的理解_百度文库
网址 http://wenku.baidu.com/view/a23a1b9c9e314332396893b0.html
描述
分类 教学
可以添加多个分类,以","";"""、"隔开
公开:
保存修改 取消

图 5.8　百度搜藏中编辑收藏信息

5.2.2　专业网络收藏网站

目前,互联网上也有一些专门为用户提供网络收藏功能的网站,下面我们以易集网为例进行说明。

易集是一款非常受欢迎的网络收藏夹，你可以在任意浏览器、平板电脑、iPhone 上使用易集，并保持书签同步，随时随地看我所想。还可以将网络收藏分享给好友们。其网站主页所介绍的典型功能如图 5.9 所示。

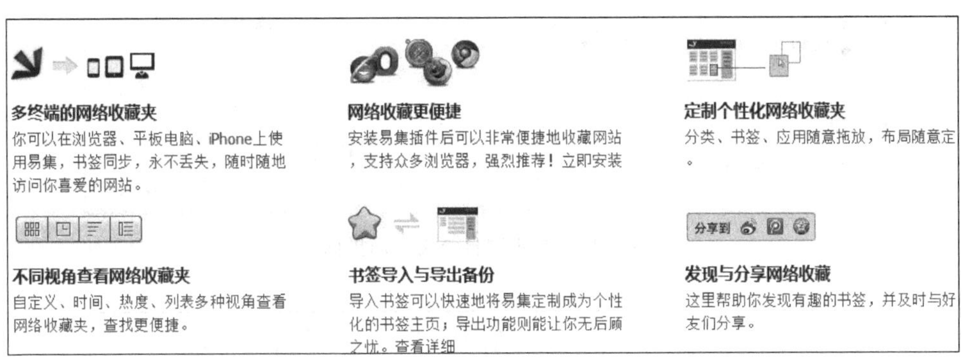

图 5.9 易集网功能列表

1）易集网及显示模式

访问易集网 http://www.yijee.com，利用易集账号登录。没有账号的用户需提前注册，或者用微博、用 QQ 号登录。登录后会进入“我的易集”界面，如图 5.10 所示。

图 5.10 易集网登录界面

“我的易集”界面中会列出用户收藏的网页信息，网页信息按照用户设置的类别分类显示。在此界面，用户可以选择显示信息的方式，四种可选的方式有：自定义布局、按时间顺序、按使用次数排序和显示列表布局。最常用的是自定义布局和显示列表布局。

自定义布局的显示界面如图 5.11 所示。在此界面用户可以随意拖动某一类别到不同的位置、删除类别、编辑类别名称以及对收藏的某一书签执行编辑属性（地址、名称、类别等）、分享（微博、QQ 空间）和删除收藏等操作。

显示列表布局的显示界面如图 5.12 所示。在此模式下可以对某一书签执行编辑属性、分享和删除收藏等操作。

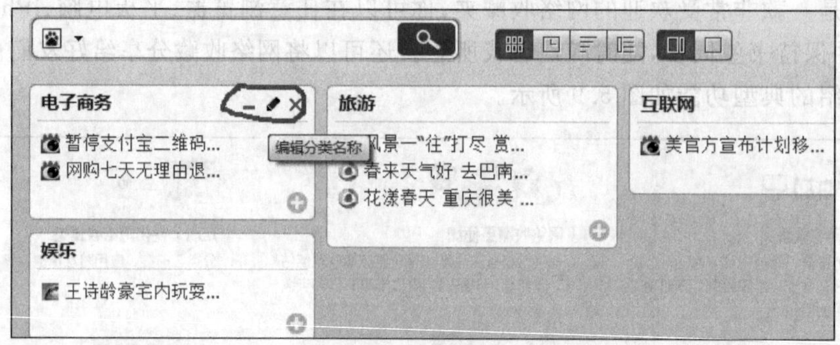

图 5.11　易集网自定义布局界面

图 5.12　易集网显示列表布局界面

2）添加收藏

易集可以对浏览器中浏览的任何网页进行收藏。最简单的收藏方法是在易集网站中单击"添加书签"按钮来手动添加收藏，设置窗口如图 5.13 所示。

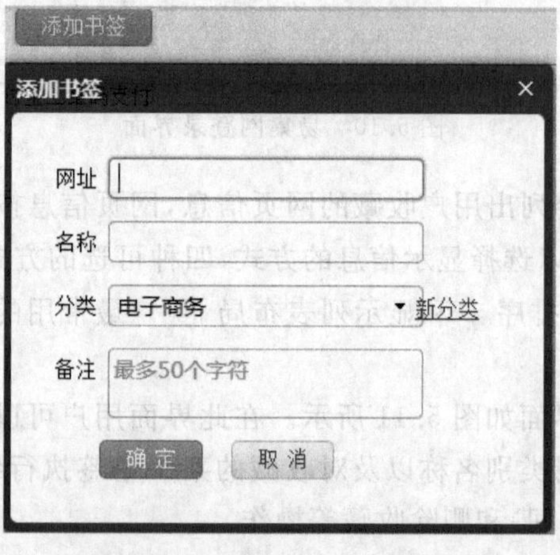

图 5.13　易集网中添加收藏书签

更高效的方法则是通过安装对应浏览器的易集插件来实现。安装插件后可以在浏览页面中快速收藏当前访问页面到易集网，十分便捷。易集网能够提供多种主流浏览器插件，如 IE、Chrome、Firefox、Opera 和 Safari。单击网站上方菜单栏中的“收藏插件”，打开如图 5.14 所示的插件安装页面。

图 5.14　易集网浏览器插件安装页面

按照提示安装相应浏览器插件后就可以在浏览器的右键菜单中出现“收藏到易集”菜单，或者在浏览器地址栏中出现易集网图标，利用右键菜单和易集网图标都可以打开类似图 5.13 的添加易集收藏书签的窗口来添加收藏。

3）导入/导出

易集支持收藏书签的导入和导出功能。利用导入功能可以将其他浏览器中收藏的书签导入到易集，利用导出功能可以将易集中收藏的书签导出为网页文件，以便于在其他浏览器软件或用户之间进行共享。

要执行导入和导出，打开网站下方“关于易集”的链接页面，如图 5.15 所示。右侧列表中选择“导入收藏夹”或者“导出收藏备份”，根据显示的向导逐步进行即可。

4）多终端

易集手机版是专门为手机用户设计的网页版易集。手机用户无需安装移动客户端应用，直接通过浏览器访问 m. yijee. com 即可实现多种移动终端的书签同步访问，如图 5.16 所示。

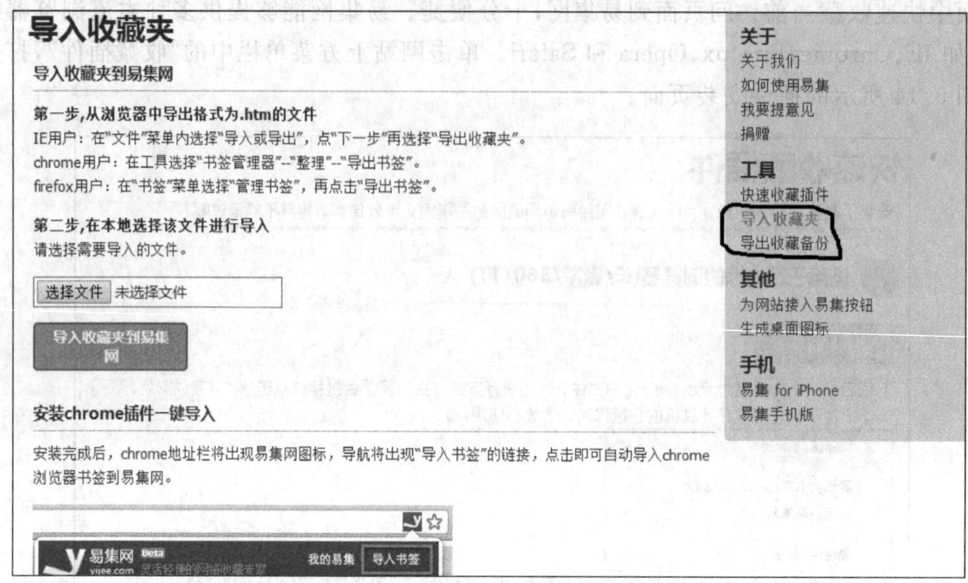

图 5.15 "关于易集"页面中的导入/导出功能

图 5.16 易集手机版应用

5.3 网络云笔记——为知笔记(Wiz Note)

网络云笔记是一种基于云技术实现的用来随时随地记录、收藏、整理、阅读和分享数据信息的跨平台的软件工具，是一些高知人群用来实现个人知识管理的互联网工具。目前比较成熟的产品有印象笔记(Evernote)、为知笔记(Wiz)、微软 Onenote、有道云笔记、

Google Keep 等。本节我们以功能强大的“为知笔记”为例进行说明。

“为知笔记”(Wiz)是一款基于互联网的知识管理软件产品，是深受广大用户喜爱的笔记记录工具。“为知笔记”致力于移动互联网时代的资料管理服务，适合个人、小微企业、项目团队等用来进行工作记录、知识积累、资料共享等应用。摒弃复杂的处理流程，让用户通过最简单高效的方式实现各种信息资料的记录、收集、分发和共享。同时提供多种方式对信息进行整理和查找，让用户能够通过多个不同的维度快速定位想要的信息。

“为知笔记”具有使用快捷、存储可靠、功能完整的特性，目前已在国内外树立了良好的口碑。作为个人知识管理(Personal Knowledge Management，PKM)的得力助手，对个人知识管理的五个环节——学习、保存、共享、利用和创新——进行辅助，可以有效地提升用户知识管理能力，如图 5.17 所示。

图 5.17　个人知识管理(PKM)五大环节

- 学习知识：随手记录个人所思所想、外界所听所看，快速收藏网页内容、导入工作文档、转存邮件和微博。
- 保存知识：本地和云端存储双重可靠存储，家里、办公室多机同步两不误，把各种来源的知识通过组织形成知识地图，全文检索，不放过任何一篇相关文档。
- 共享知识：群组共享实现小范围私密共享，分享到微博、博客和邮件实现公开分享。
- 利用知识：多平台多方式随时搜索、随处阅读。
- 创新知识：各种插件扩展、编辑器更方便地实现多格式文件导入、图文编辑等功能。

另外，“为知笔记”对个人用户永久免费，针对不同级别的用户限制每月流量，目前最低级别用户每月流量上限为 500MB。

5.3.1　下载安装

要充分利用“为知笔记”的各种功能，通常要在不同的终端上安装相应的客户端软件。以 PC 端为例，登录为知笔记的网站主页 www.wiz.cn，下载 Windows 系统的安装程序，进行安装。安装过程中注意勾选在 IE 浏览器右键菜单和工具栏中添加保存按钮的选项，如图 5.18 所示。

安装完成后就可以启动软件，初始界面要求用户登录，没有 wiz 账号的用户需要注册，或者使用新浪微博和 QQ 号登录，如图 5.19 所示。

登录成功后的初始窗口如图 5.20 所示。窗口标题栏中包含账户管理、新建笔记、窗口布局设置、应用管理等菜单和快捷按钮。窗口下方默认情况分三列显示，左边一列包含一些常用功能菜单、个人笔记目录和群组管理，中间列为选中目录下的内容列表；右边列显示选中笔记的阅读和编辑窗口。

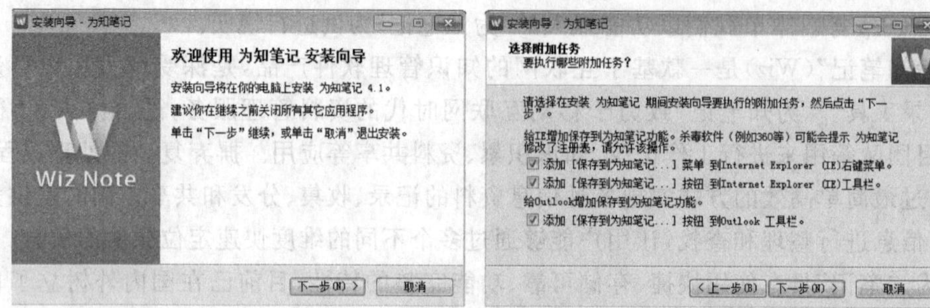

图 5.18　安装“为知笔记”软件

图 5.19　“为知笔记”登录入口

图 5.20　“为知笔记”功能界面

5.3.2 信息记录和收集

“为知笔记”几乎可以记录和存储任何类型的信息：正在浏览的网页文件、临时想起的一些灵感和想法、各种类型的数据文档、照片、声音、视频等。

1）用户自己生成的知识

对用户自己生成的各类信息进行记录是通过“新建笔记”功能实现的。单击为知笔记窗口上方的“新建笔记”按钮旁边的下箭头，用户可以根据要记录的信息的类型在下拉菜单中选择合适的模板，如图 5.21 所示。

图 5.21 “为知笔记”的新建笔记功能

例如，用户如果想要进行会议信息的记录，可以选择“会议记录”模板，会打开如图 5.22 所示的会议记录模板，用户只要在相应区域填上对应内容就可以了。

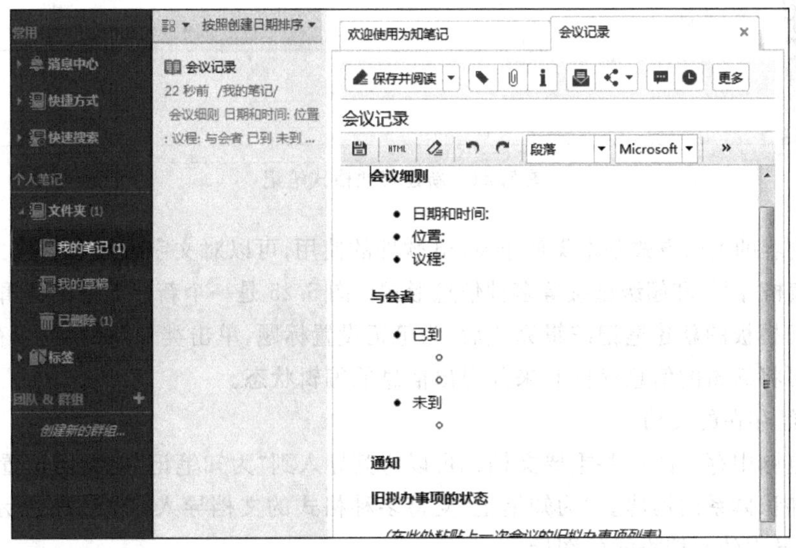

图 5.22 新建笔记中“会议记录”的模板格式

如果要保存某个人的联系方式,则可以选择“新建联系人”模板打开如图5.23所示的编辑窗口,输入相关信息即可。

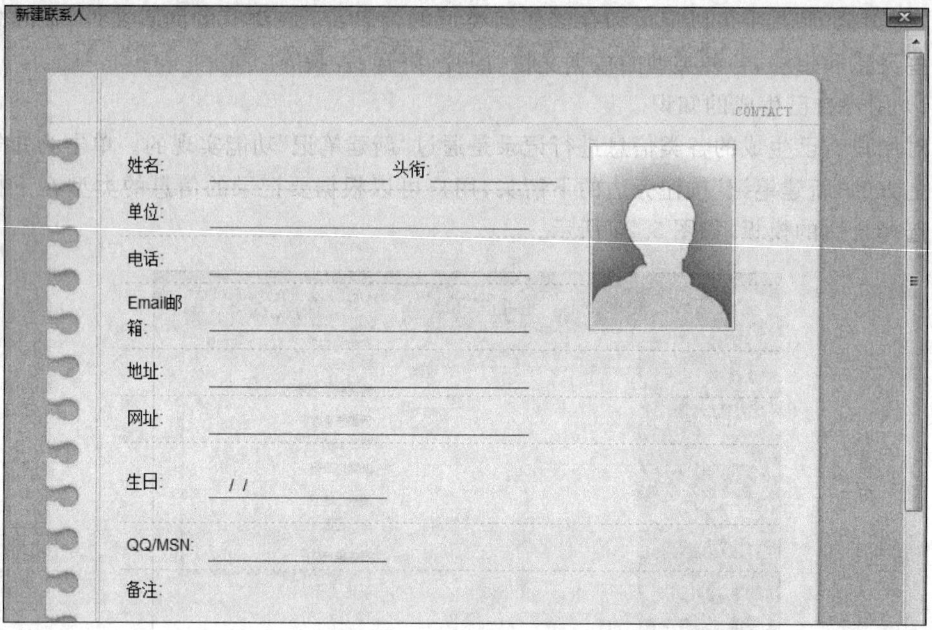

图5.23 新建笔记中“新建联系人”的模板格式

而直接单击“新建笔记”则可以打开一个如图5.24所示的类似于word文档的编辑窗口,让用户在其中以多种样式和格式编辑文档存储图片文字信息。

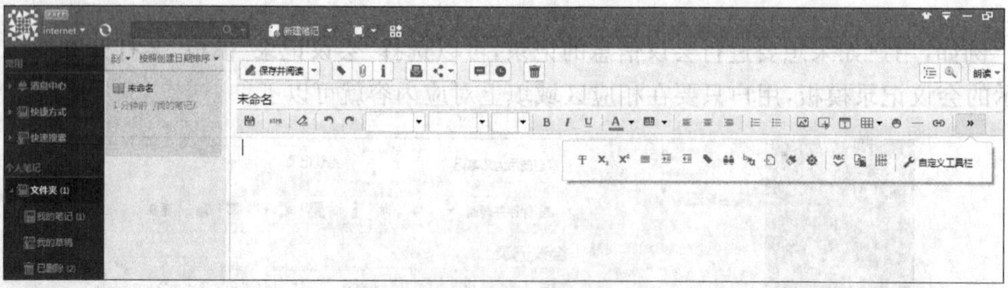

图5.24 新建普通格式笔记

笔记内容的编辑方式基本类似于word软件的使用,可以对文字设置各种样式的属性,可以插入表格、图片和超级链接等多种信息形式。图5.25是一个新建笔记的编辑样例。

对任何模板的新建笔记编辑完成后,为笔记设置标题,单击类似“保存”“保存并阅读”等按钮就可将编辑的信息存储起来并退出信息的编辑状态。

2) 已经存在的文档

对于电脑中存放的一些重要文档也可以将其导入到“为知笔记”的特定位置使其参与某一完整知识体系的构建。“为知笔记”支持多种格式的文档导入,图5.26所示是“为知笔记”支持导入的文档格式的图标。

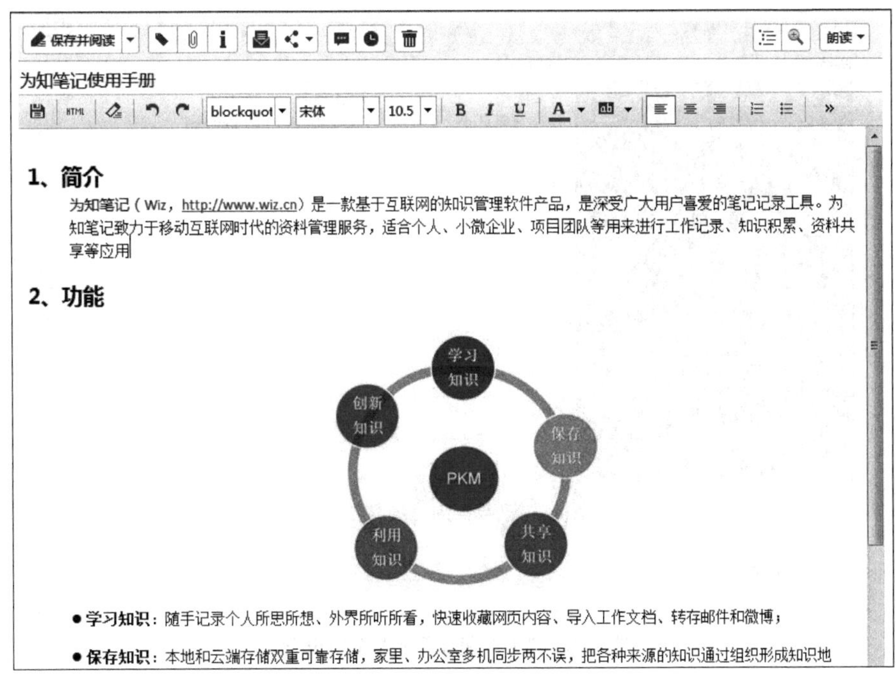

图 5.25　新建笔记编辑样例

图 5.26　"为知笔记"支持导入的文档格式

要将某一文档导入到"为知笔记"中，可直接选中此文档。鼠标右键菜单中选择"发送到→为知笔记"子菜单，打开如图 5.27 所示的"发送到为知笔记"窗口，这里选择导入文档存放的文件夹(或者创建新文件夹)并设置是否要转换为 HTML 文件选项。单击"确定"按钮后即可将选择文档导入到指定文件夹下。

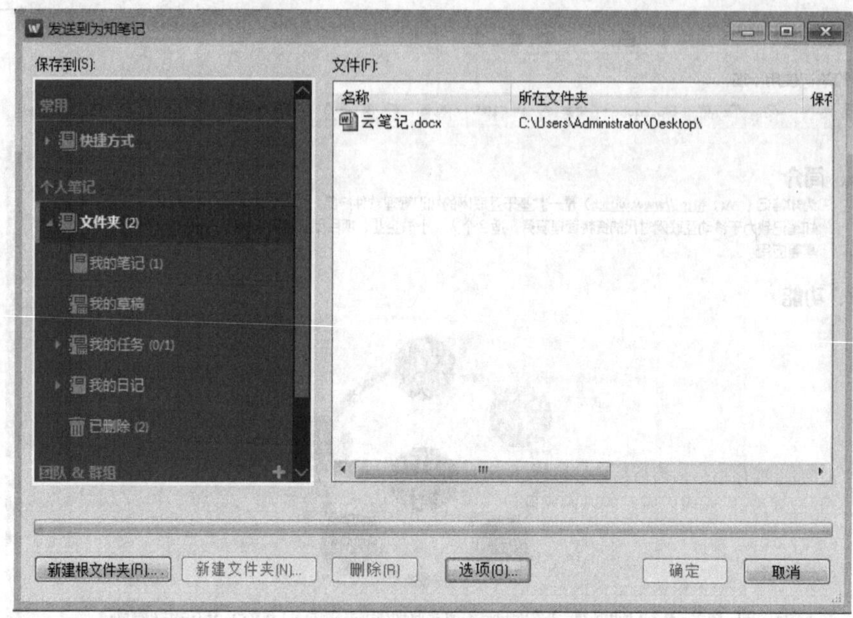

图 5.27 “为知笔记”导入文档设置

“为知笔记”能够实现批量导入来提高导入效率，可以将选定的多个文档或者整个目录中的所有文件一起导入到“为知笔记”中。例如选择某一个文件夹，右键菜单中选择“发送到→为知笔记”，在“发送到为知笔记”窗口中可以将文件夹中的某些个别文件从导入列表中删除后将剩下的所有文件进行导入。文件夹导入时，文件会被导入到指定为知文件夹下与导入原文件夹同名的子文件夹下，图 5.28 是将主机电脑中文件夹“internet 课件”中的文件进行导入后的结果。

图 5.28 “为知笔记”中批量导入文件夹内容

导入文档通常都会以附件的形式存在，在选择了“将 office 文档或者 pdf 文档转换为

html 文件"选项后，除了以原文档格式保存的附件外，还会为每个导入的 office 文档和 pdf 文档转换出一个 html 网页文件。

3）来自网络的信息

用户在使用浏览器浏览网络页面时，如果对某个页面、页面中的某段文字或者图片感兴趣的话，可以使用"为知笔记"方便地将其收藏起来。"为知笔记"通常利用浏览器插件来实现简便快捷的网页内容收藏。如前面所介绍，在"为知笔记"的安装过程中会提示用户安装 IE 浏览器插件。其他浏览器插件的安装可以在"为知笔记"登录后的初始界面中选择安装，或者通过如图 5.29 所示的"为知笔记"的选项设置窗口中的"网页剪辑器"页面进行设置。

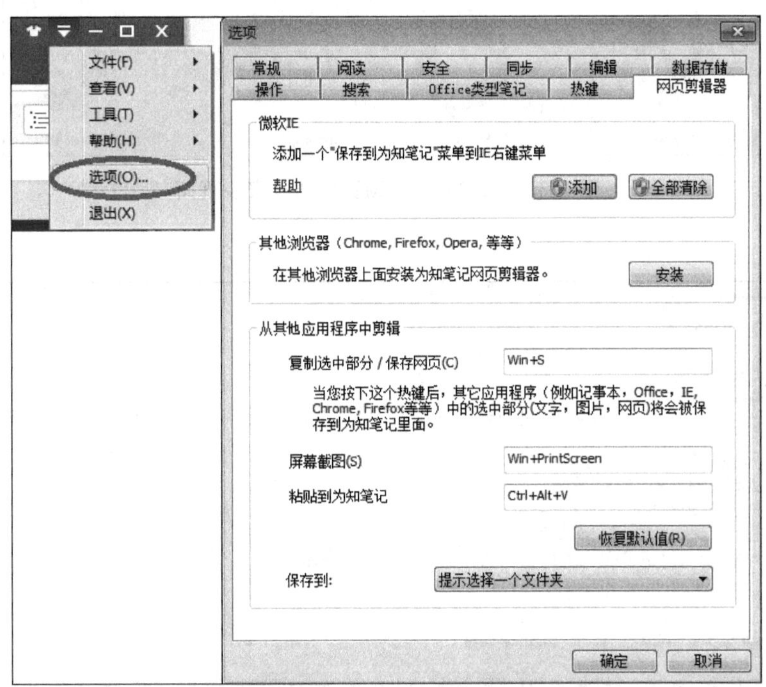

图 5.29 "为知笔记"的"网页剪辑器"选项页

"网页剪辑器"页面中可以直接在 IE 浏览器中添加一个"保存到为知笔记"的右键菜单。其他浏览器的"为知笔记"插件通过单击"其他浏览器..."区域的"安装"按钮安装。单击"安装"按钮后的打开窗口如图 5.30 所示。

单击每个浏览器插件对应的链接，在打开的页面中会显示如何安装对应浏览器插件以及如何使用该插件实现对浏览页面信息的收藏。图 5.31 是关于 Google Chrome 浏览器插件的安装方法和使用方法介绍。

成功安装浏览器插件后，即可方便地对正在浏览的网页内容进行收藏。如图 5.32 所示，在浏览页面的鼠标右键菜单中或者浏览器工具菜单中选择"保存到为知笔记"，即可打开图 5.33 所示的"为知笔记"收藏窗口。在"为知笔记"的添加收藏窗口中，设置收藏信息存放的位置、标签后，选择保存的内容形式(整个网页、正文、图片等)后即可完成对应网页信息的保存。

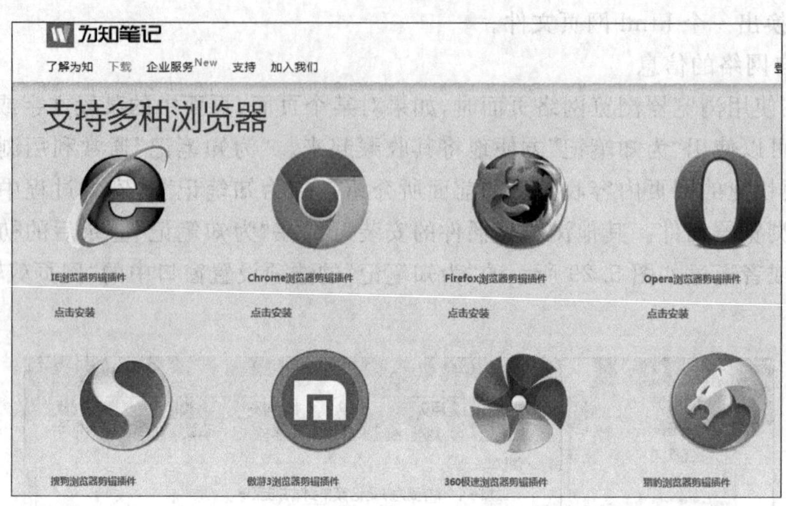

图 5.30 “为知笔记”浏览器插件安装页面

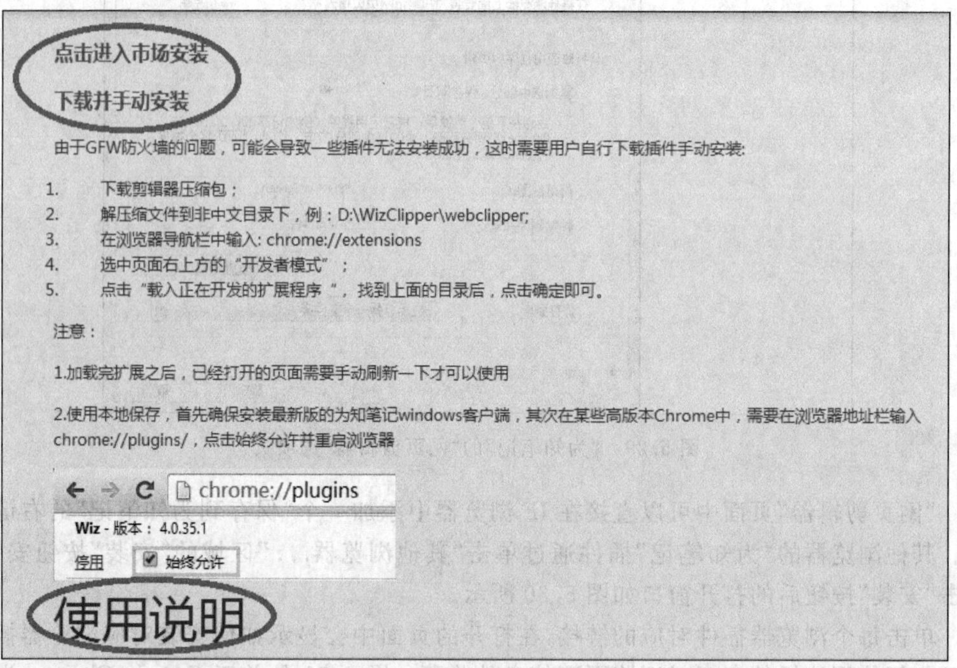

图 5.31 Chrome 浏览器中安装和使用“为知笔记”插件的说明

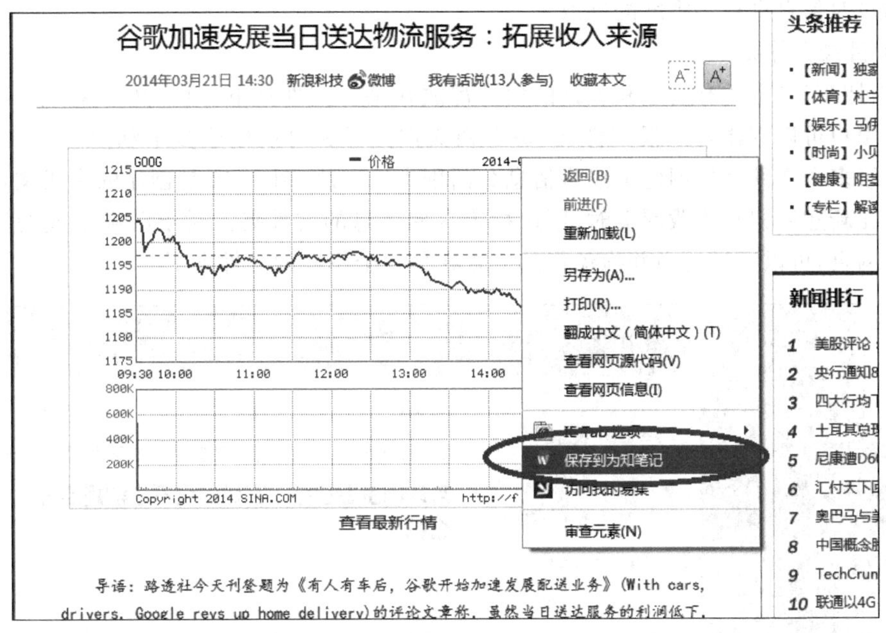

图 5.32　浏览器中使用右键菜单保存网页到“为知笔记”

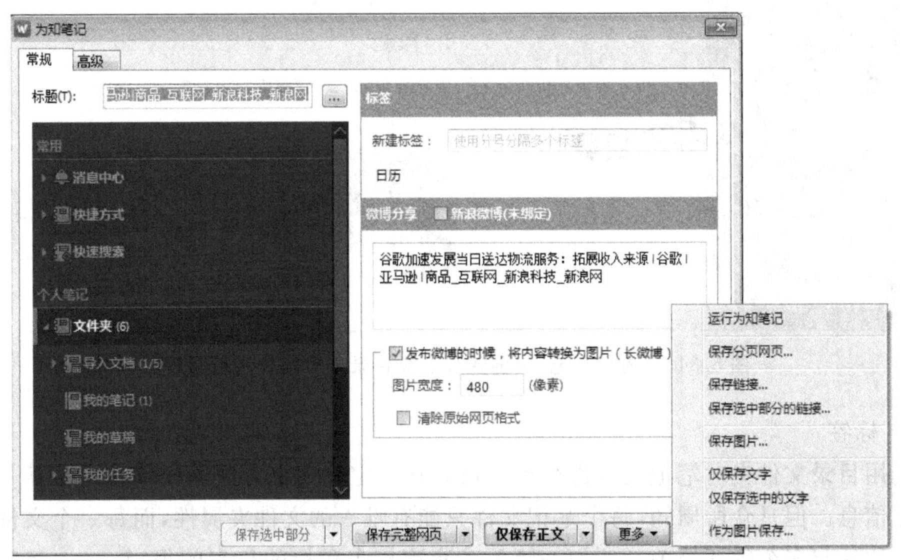

图 5.33　“为知笔记”收藏窗口

除了利用“保存到为知笔记”右键菜单外，有些浏览器还可以通过直接单击“为知笔记”插件图标 W 来打开收藏窗口进行设置。

5.3.3　信息整理

“为知笔记”以目录文件夹为整理笔记文档的基本方法，并提供标签和查找两种方式方便用户对信息进行多维度的提取。

1）目录文件夹

“为知笔记”中所有新建和收藏的信息都放在某一文件夹下。在“文件夹”下，通过右键菜单用户可以创建多个根文件夹，每个根文件夹下又可以创建多个和多级子文件夹。通过多级多个文件夹的创建可以将信息分门别类地存放，图 5.34 是创建的多级文件夹的示例。在新建笔记和收藏网页时，用户指定存储信息的文件夹。对于已经生成的笔记和收藏的网页，可以通过选中并拖动将其放置在另一个不同的文件夹下。

图 5.34 “为知笔记”中创建多层级目录来对信息进行整理

2）标签

利用目录文件夹对笔记文件进行整理可以在一定程度上方便用户快速定位某一类型的笔记信息。但是众所周知，每个笔记文件只能有唯一的文件夹属性，而每一个文件中的信息则往往与多个特征相关。例如一篇关于滴滴打车和快的打车的报道，一方面反映了移动电商的新应用，另一方面则体现了移动网络支付入口之争的发展状况，甚至还能体现腾讯和阿里两家知名互联网企业的发展动态以及它们二者之间的竞争关系。这样，如果我们把这个网页收藏到电子商务下的某一个子文件夹，如移动应用，则不能完整地体现网页内容所涵盖的所有属性特征。如果用户想要提取关于网络支付的相关信息，在网络支付文件夹中则找不到这篇报道。

“为知笔记”通过给笔记文件设置多个标签并通过标签进行相关信息索引来解决这个问题。一个笔记文件只能有一个文件夹属性，但可以为其设置多个标签属性。对位于不同文件夹下具有某一共同特性的笔记可以为它们设置一个代表此共性的相同的标签。在需要查找此类信息时，在“为知笔记”左侧打开标签列表，选择代表此类信息的标签即可抽取出包含此标签的所有笔记文件。

可以在收藏、阅读和编辑笔记等任何时候进行标签的设置。多个不同标签用分号分割。图 5.35 为收藏上述打车软件报道时为其设置多个标签后的方法，图 5.36 为在阅读窗口中对标签进行调整的方法。

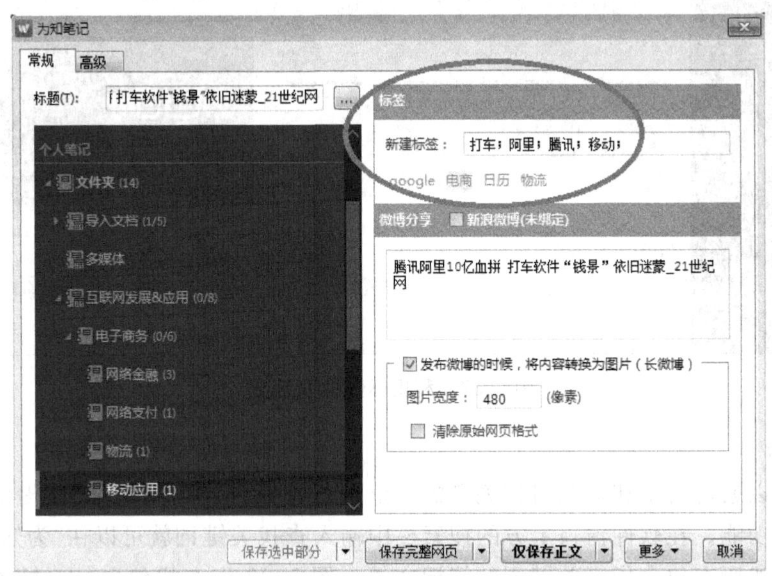

图 5.35　收藏笔记时设置标签

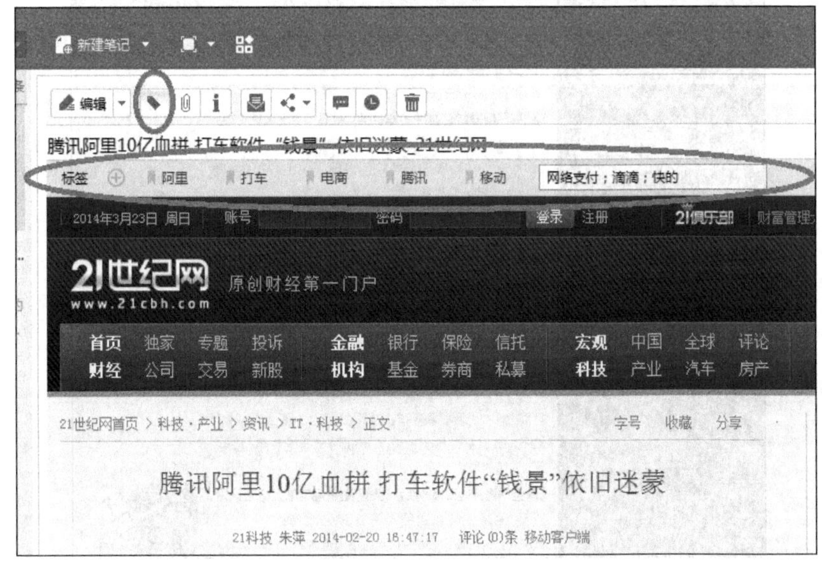

图 5.36　阅读笔记时设置标签

“为知笔记”的“标签”栏中列出了用户设定的所有标签，以及每个标签所对应笔记的数量。单击某一标签就可以将包含此标签的所有笔记文件都抽取出来显示在中间的笔记列表窗口中。例如选择“网络支付”标签后的结果如图 5.37 所示。从两个抽取出来的笔记的路径可以看出它们并不在同一文件夹下。

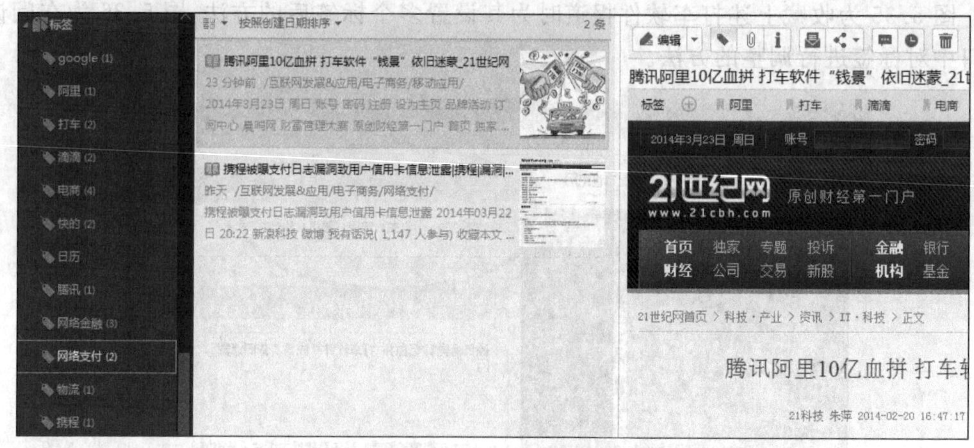

图 5.37 利用标签抽取笔记

3) 搜索

除了可以通过目录和标签对相关联的笔记进行检索外，“为知笔记”还提供了最常见的笔记查找功能。在软件窗口上方的搜索栏中输入查找关键词就可以在“为知笔记”个人数据集中查找所有包含指定关键词的笔记文档。图 5.38 为查找包含“支付”关键词的结果列表。

图 5.38 利用关键词搜索方式查找相关笔记

5.3.4　信息的编辑

“为知笔记”提供强大的编辑功能方便用户对自己创建的数据集中的任何来源的笔记文件进行重新的编辑和修改。选中某一个笔记文件，在右侧的阅读窗口中单击“编辑”按钮，即可进入编辑状态。编辑模式下提供很多编辑功能对笔记内容和格式进行重新的调整和修改。编辑方式和新建笔记的编辑方式相同，可以删除不需要的内容、添加新内容、为已有文本内容重新设定样式，编辑图片和表格等。图 5.39 中演示了对文档进行改变字体样式、修改内容和利用外部工具(Photoshop)编辑网页中图片的编辑效果。编辑完成后单击“保存并阅读”保存修改。

图 5.39　编辑笔记内容和格式

5.3.5　信息共享

“为知笔记”除了能够满足用户自己的知识管理外，还支持面向不同群体的信息分享功能。共享功能可以根据分享范围的不同分为三种：邮件共享、群组内共享和公开共享。

1) 邮件共享

选择共享笔记，单击阅读窗口中的邮件共享图标将信息发送到某个电子邮箱中。

2) 群组共享

群组共享以创建群组为基础，通过为不同的群组成员设定不同的权限来对群组内共享的信息进行维护。利用群组共享可以方便地实现团队、家庭以及朋友之间的知识共建、信息共享等功能，同时利用“评论”功能可以就某一共享内容展开讨论。

目前普通个人用户最多允许自己创建两个群组。如图 5.40 所示，单击“团队 & 群组”旁边的＋号打开“创建群组”窗口，选择“新建个人群组”。

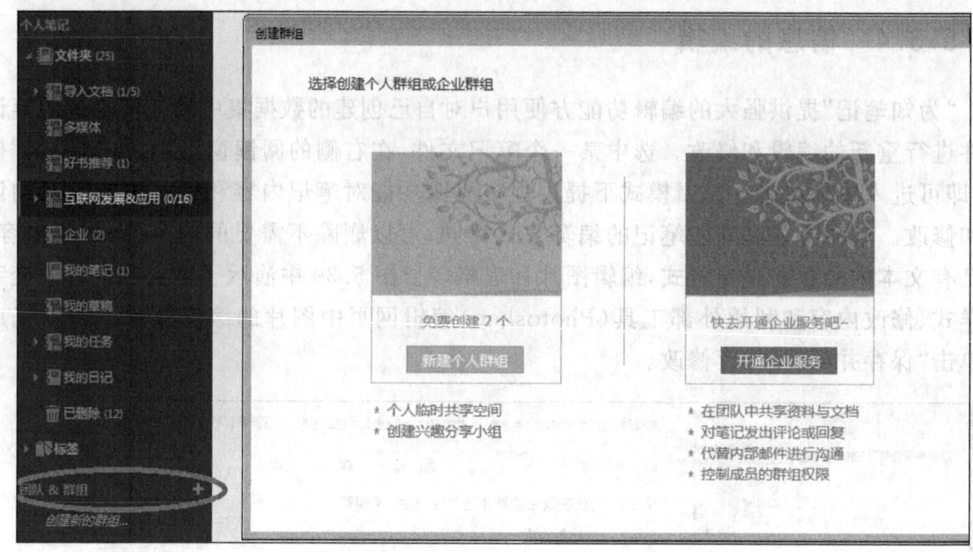

图 5.40　在“为知笔记”中创建群组

在图 5.41 所示的新建群组设置窗口中设置创建群组的名称和备注信息，并且输入“为知笔记”的账号(E-mail 地址)添加群组成员，单击“创建”按钮即可成功创建群组。

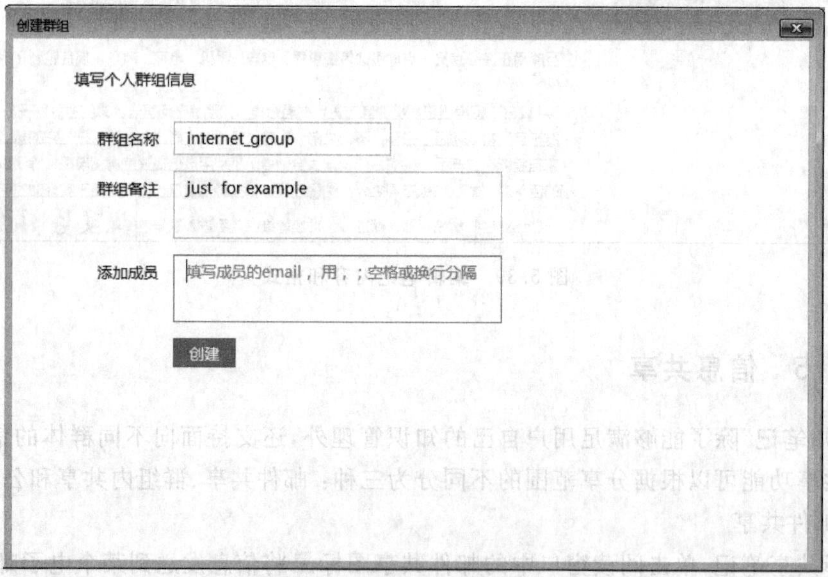

创建群组
填写个人群组信息
群组名称　internet_group
群组备注　just for example
添加成员　填写成员的email，用，；空格或换行分隔
创建

图 5.41　新建个人群组设置窗口

成功创建的群组名称会显示在“我的群组”中。群组的创建者默认享有群组的最高管理权限(管理员)，享有群组管理员权限的用户可以通过右键单击群组名称在右键菜单中选择“管理群组”打开群组管理窗口对群组进行管理，如删除群组(如图 5.42 所示)、添加/删除成员、为群组中的成员设置不同的权限(如图 5.43 所示)等。管理员可以将其他用户设置为从最高权限的管理员到最低权限的读者之间不等的权限。

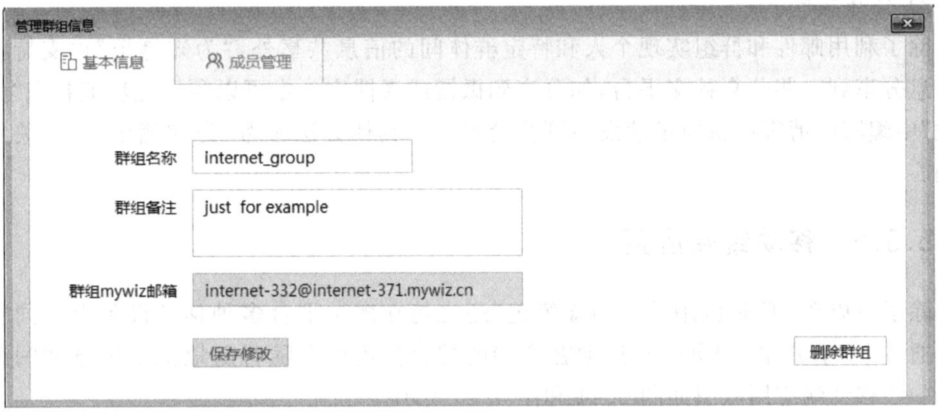

管理群组信息
基本信息
成员管理
群组名称
internet_group
群组备注
just for example
群组mywiz邮箱
internet-332@internet-371.mywiz.cn
保存修改
删除群组

图 5.42　群组管理中的基本信息管理和删除群组功能

管理群组信息
基本信息
成员管理
搜索成员昵称或邮箱
群组管理员 （不能修改 团队创建者 的默认权限）
internet
添加成员
读者
zhangjinling.ruc
zhangjinling_li
添加成员
超级用户
群组管理员
超级用户
编辑
作者
读者
已选1个成员
取消选择
更改成员角色
删除

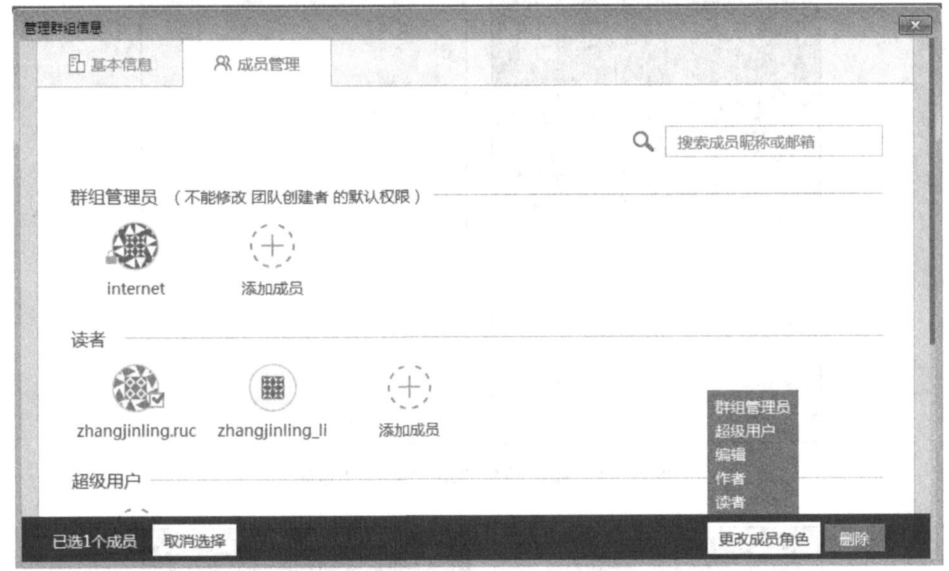

图 5.43　群组管理中的成员管理

具有“作者”以上权限的用户可以在群组中发布共享信息，根据不同的场景主要有下面三种方式：

- 收藏网页时，将网页的存放位置选择为现有的一个群组名称；
- 对已收藏的网页笔记，在其阅读窗口中单击分享图标，下拉菜单中选择“分享到现有群组”或者“新建群组分享”；
- 右键单击群组名称选择“新建笔记”，或者选中群组名称后单击“为知笔记”窗口上方的“新建笔记”相关功能，在选定群组中创建新的笔记文档。

群组中所有成员都可以阅读群组共享的所有笔记，“作者”成员可以发布共享信息并维护自己发布的共享笔记。而具有“编辑”以上权限的用户除了可以发布和维护自己共享的笔记外，还可以对群组中共享的所有信息进行维护，如修改、删除等。

3) 公开共享

除了利用邮件和群组实现个人和特定群体间的信息共享外,"为知笔记"也支持将笔记信息分享到一些公众社交平台,如分享到微博或者博客。也可以利用此功能将在"为知笔记"中编写的博客或微博迅速发布到社交平台。具体方法参考"为知笔记"的相关帮助文档。

5.3.6 移动终端应用

除了可以在PC端应用外,"为知笔记"还支持在多种平台多种移动设备上的同步应用。通过PC客户端、网页版和移动客户端的配合使用可以随时随地记录信息和阅读信息。一些移动端应用截图如图5.44和图5.45所示。

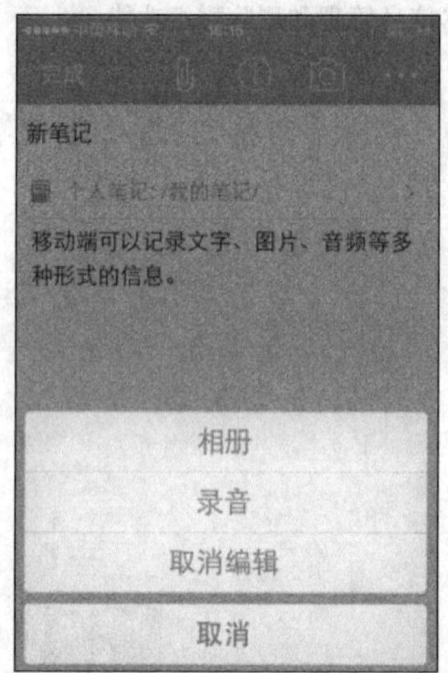

图5.44 移动端新建笔记和目录界面

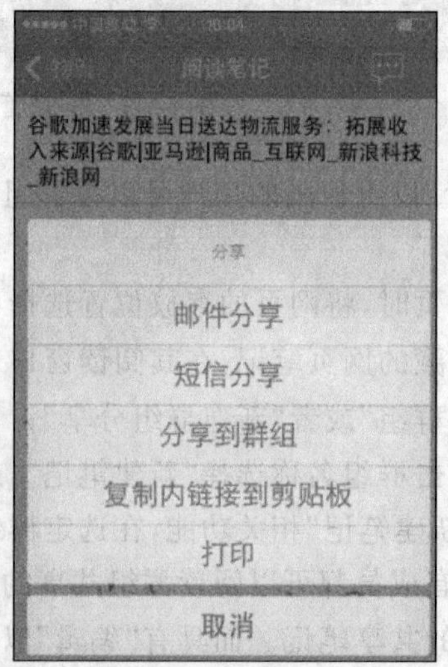

图5.45 移动端阅读和分享界面

5.4　思考与练习

1. 了解浏览器收藏夹的功能特点，掌握利用浏览器收藏夹收藏信息的基本方法。

2. 了解网络收藏的功能特点，掌握网络收藏的基本方法。

3. 了解网络云笔记的功能特点，练习使用一款网络云笔记软件收藏和记录信息，构建自己的知识体系。

4. 讨论还有没有其他收藏和记录信息的工具和方法。

5. 养成记录和收藏信息的习惯。

第6章

文件传输与下载

针对 Internet 上庞大数量的信息和数据，除了在线查阅外，在很多时候我们需要将信息下载到本地离线研究和使用它们，或者将自己的信息上传到网络与他人分享。因此，我们需要了解与信息网络传输有关的文件格式、压缩、下载和存储等技术。

6.1 计算机数据压缩

对各种信息数据进行压缩可以起到节约硬盘空间、降低网络传送带宽消耗以及对文件进行打包整理等功效。在介绍网络上常用的文件下载与云存储技术之前，首先向读者介绍一些有关计算机数据压缩有关的知识。

6.1.1 有损压缩和无损压缩

计算机的数据压缩，可以分为有损压缩和无损压缩两类。

有损压缩在数据压缩的过程中会将部分次要数据丢弃，将压缩后的数据还原后，质量会有不同程度的损失。但由于人类感官系统的分辨能力有限，因此即便不能完全恢复原始数据，但仍可基本满足用户的要求。有损压缩通常都具有比较高的压缩比，并且多用于多媒体数据的压缩中，如常见的三个媒体文件格式 JPG、MP3、MPG 就分别是采用不同的压缩标准对图像、声音和视频文件进行压缩后得到的文件格式。

无损压缩是指把数据压缩再还原后得到的数据与未压缩前的数据完全一样的压缩技术。无损压缩的压缩比依赖原始数据中固有冗余的多少，通常会大大低于有损压缩。但由于具有 100%的数据保真度，因此可应用于任何类型的数据压缩，如文本、程序以及指纹等高保真度要求的媒体数据等。

6.1.2 文件的压缩与传输

为了能够高效快速地传输文件，一般在文件传输前进行打包和压缩，在接收后再解压缩。对于普通文件，由于还原的文件必须与源文件完全一样，压缩和传输必须是无损地进行的。

压缩与解压缩程序的目的就是帮助用户将源文件压缩成目标文件，以及把压缩后的文件还原成源文件。常用的压缩与解压缩程序有很多，例如 WinRAR、WinZIP 等。下面以 WinRAR 程序为例说明这类软件的使用过程。

WinRAR 是一款非常流行的压缩工具，使用简单方便，能够完美支持 ZIP 档案，内置程序可以解开 7Z、ACE、ARJ、BZ2 、CAB、GZ、ISO、JAR、LZH、TAR、 UUE、Z 等多种类型的压缩文件；具有估计压缩比、历史记录和收藏夹功能；压缩率相当高，而资源占用相对较少。

1) 基本应用——文件压缩与解压缩

WinRAR 安装成功后，要对某个或某些文件进行压缩时，只需在资源管理器中选中要压缩的文件，单击右键，选择“添加到压缩文件”，如图 6.1 所示。

在图 6.2 所示的“压缩文件名和参数”设置窗口中为压缩文件设置文件名称和其他参数，然后单击“确定”按钮。

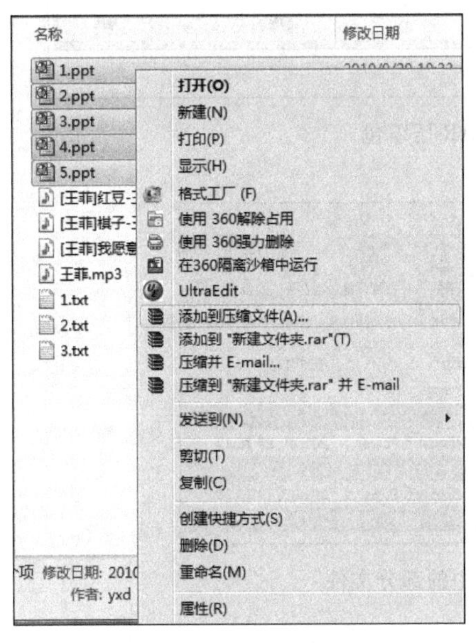

图 6.1　添加文件到 WinRAR 进行压缩

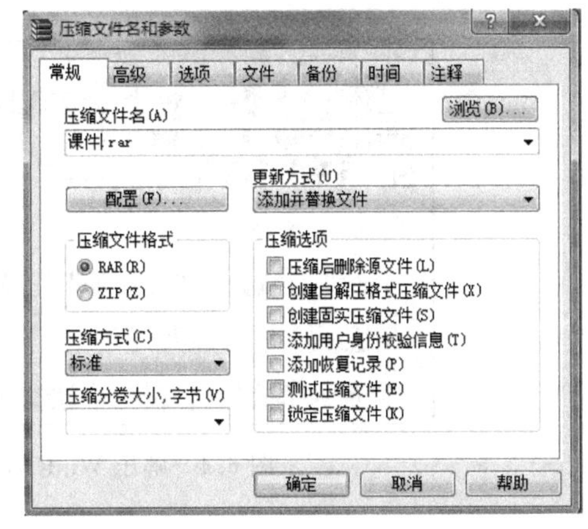

图 6.2　设置 WinRAR 压缩文件的文件名和压缩参数

要对某个压缩文件进行解压缩时，在资源管理器中选中要解压的文件，直接单击右键，菜单中选择“解压文件”，在“解压路径和选项”窗口中重新设定解压路径，单击“确定”按钮即可将压缩文件中包含的所有文件解压到指定路径下，如图 6.3 所示。

或者双击选中的待解压文件，WinRAR 窗口中选中某几个文件，如图 6.4 所示。然后单击“解压到”图标按钮，在“解压路径和选项”窗口中重新设定解压路径，单击“确定”按钮即可将选中的某几个文件解压到指定路径下。

2) 设置密码

WinRAR 支持加密功能，通过给压缩包设置密码来保证压缩数据包的私密性。在对选定的文件使用 WinRAR 压缩时，在“压缩文件名和参数”窗口中除了图 6.2 所示设置压缩文件名和路径外，还可在图 6.5 中选中“高级”选项卡，单击“设置密码”按钮，在打开的窗口中设置密码，然后单击“确定”按钮对文件进行压缩。

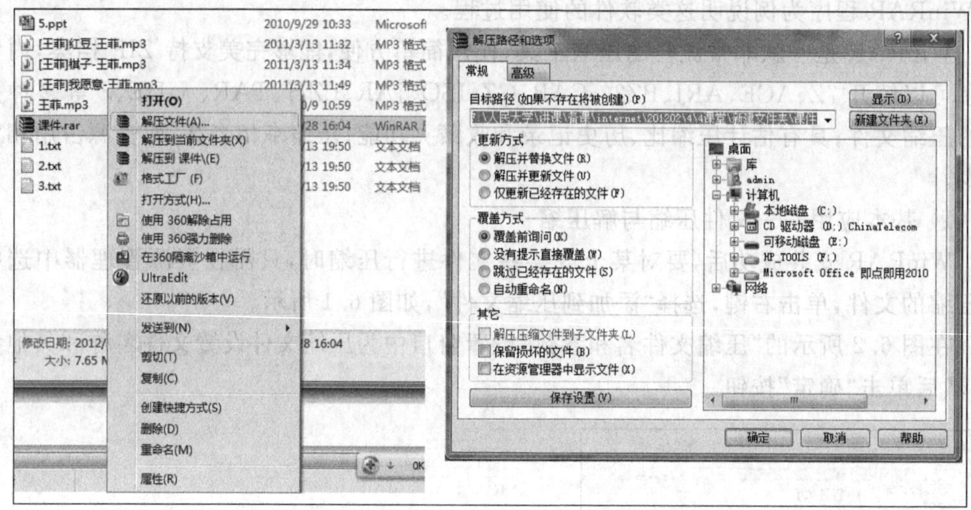

图 6.3 设置并解压 WinRAR 压缩包

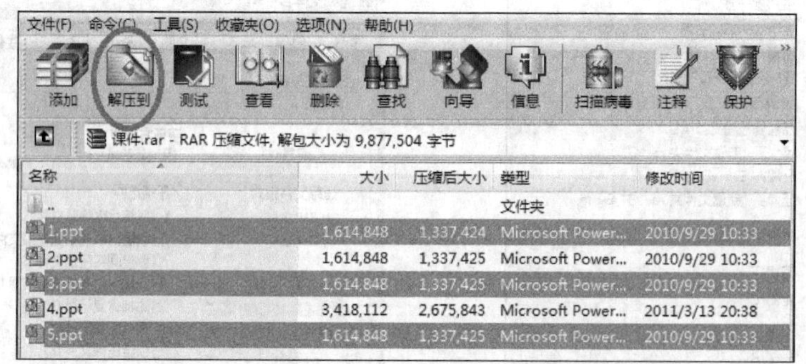

图 6.4 解压 WinRAR 压缩包中的部分文件

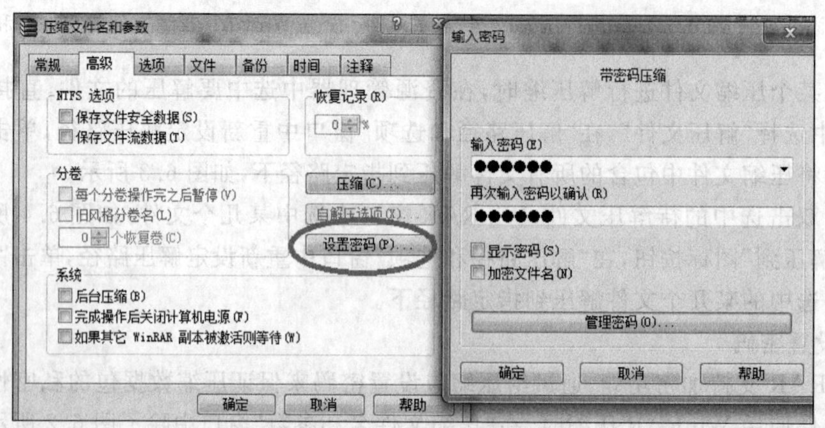

图 6.5 设置 WinRAR 压缩密码

双击压缩文件进行解压缩时,如图 6.6 所示,在 WinRAR 窗口中的文件列表中,文件名右边都带有“＊”标记，代表文件经过加密。解压这些文件时，会出现密码输入窗口。只有输入正确的密码才可以正确解压相应的文件。

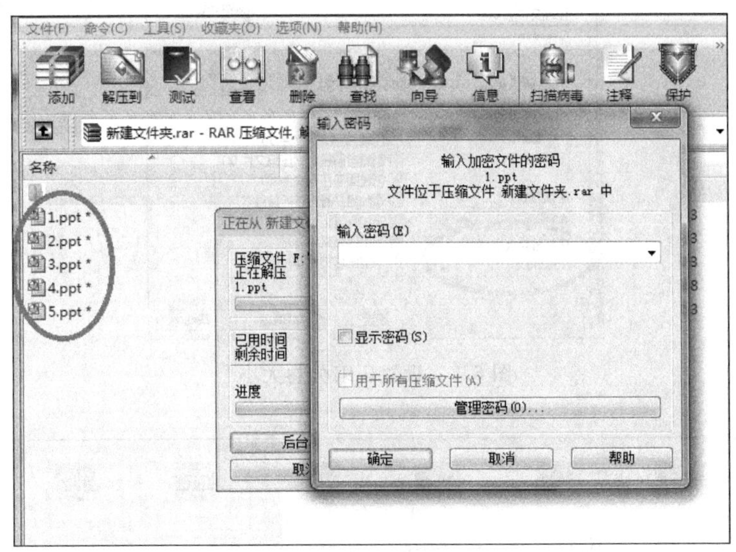

图 6.6 解压加密压缩包

如果不希望压缩包中的文件名称等属性内容被他人获悉，可在图 6.5 所示的设置密码窗口中勾选“加密文件名”选项。双击以此方式压缩的文件包进行解压时，首先会出现“输入密码”窗口要求用户输入密码，密码输入正确后才可以看到压缩包中的文件列表，进行文件的解压缩。否则 WinRAR 直接提示错误并关闭程序，用户不能看到压缩包中的文件列表，亦不能解压其中的文件。

＊请记住，如果遗失密码，将无法取出加密的文件，就算是 WinRAR 软件的作者本身也无法解压加密过的文件。

3）分卷压缩

WinRAR 的分卷压缩技术可以将一个大型的压缩文件包以多个小型分卷的形式保存，从而方便将大型压缩包通过多个小型容量移动磁盘存储或通过 E-mail 传输。

选中要压缩的所有文件，单击鼠标右键，菜单中选择“添加到压缩文件(A)”，在“压缩文件名和参数”窗口中设置压缩文件名称和存放路径。如图 6.7 所示，在压缩分卷大小设置区域设定每一个分卷的大小限制，可以选择预设大小，也可以自己输入任意数值。

单击“确定”压缩完成后的结果如图 6.8 所示。每个分卷按照 WinRAR 默认格式“volname. partNNN. rar”命名，“volname”是用户设置的压缩包的名称，“NNN”是分卷序号，用以表示分卷之间的顺序关系。

如果要对属于同一个压缩文件的多个分卷进行解压缩时，必须保证分卷完整(不能缺少某一个或几个分卷)，且每个分卷文件名中必须包含相同的压缩文件名称和按正确顺序排列的序号。在此情况下双击第一个分卷就可以对整个压缩文件进行解压。

4）批量压缩和解压缩

WinRAR 支持批量压缩和解压缩的功能。当有多个文件都需要压缩时，选中全部或

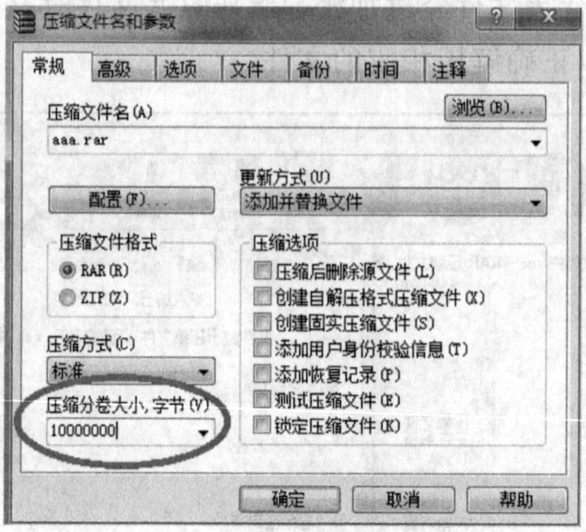

压缩文件名和参数
常规 高级 选项 文件 备份 时间 注释
压缩文件名(A) 浏览(B)...
aaa.rar
更新方式(U)
配置(F)... 添加并替换文件
压缩文件格式
RAR(R)
ZIP(Z)
压缩选项
压缩后删除源文件(L)
创建自解压格式压缩文件(X)
创建固实压缩文件(S)
添加用户身份校验信息(T)
添加恢复记录(P)
测试压缩文件(E)
锁定压缩文件(K)
压缩方式(C)
标准
压缩分卷大小，字节(V)
10000000
确定 取消 帮助

图 6.7　设置压缩分卷大小

图 6.8　分卷压缩结果

部分要压缩的文件，右键菜单中选择“添加到压缩文件(A)”。如图 6.9 所示，在“压缩文件名和参数”窗口中打开“文件”选项卡，添加其他要压缩的文件。勾选“把每个文件放到单独的压缩文件中”，单击“确定”按钮进行压缩。

WinRAR 会自动将选择的所有文件压缩成各自独立的压缩文件，结果如图 6.10 所示。

如果要对已有的多个压缩文件解压缩，如图 6.11 所示，选中所有要解压的压缩文件，右键菜单中选择“解压每个压缩文件到单独的文件夹(S)”，就可以将选择的所有压缩文件批量解压出来。

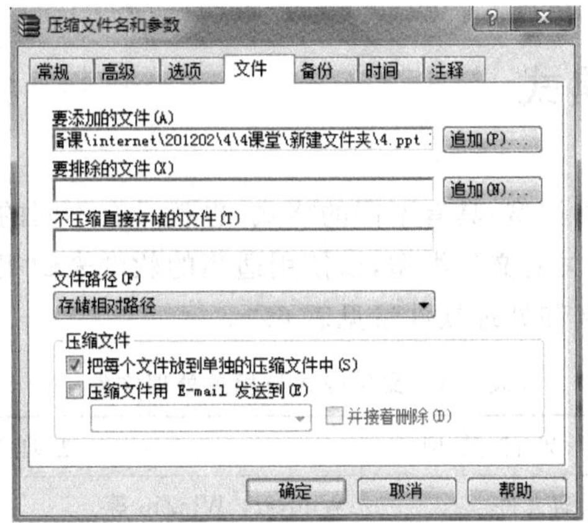

图 6.9 WinRAR 批量压缩设置

名称	修改日期	类型	大小
1.ppt	2010/9/29 10:33	Microsoft Power...	1,577 KB
2.ppt	2010/9/29 10:33	Microsoft Power...	1,577 KB
3.ppt	2010/9/29 10:33	Microsoft Power...	1,577 KB
4.ppt	2011/3/13 20:38	Microsoft Power...	3,338 KB
5.ppt	2010/9/29 10:33	Microsoft Power...	1,577 KB
1.rar	2012/4/10 14:13	WinRAR 压缩文件	1,307 KB
2.rar	2012/4/10 14:13	WinRAR 压缩文件	1,307 KB
3.rar	2012/4/10 14:13	WinRAR 压缩文件	1,307 KB
4.rar	2012/4/10 14:13	WinRAR 压缩文件	2,614 KB
5.rar	2012/4/10 14:13	WinRAR 压缩文件	1,307 KB

图 6.10 批量压缩结果

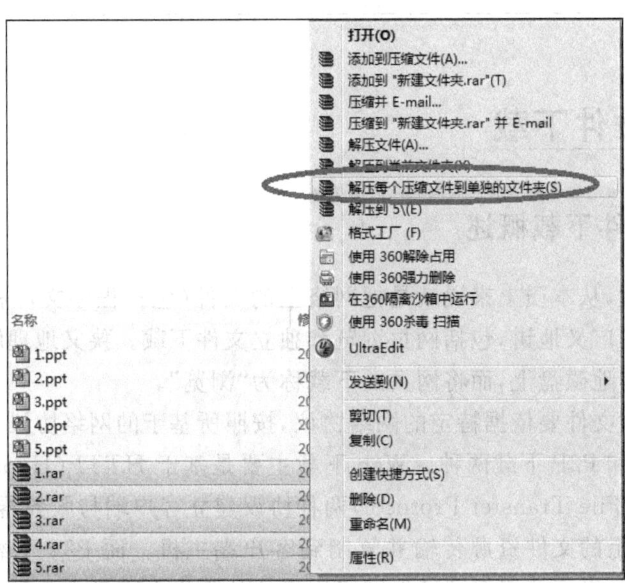

图 6.11 WinRAR 批量解压缩

6.2 文件格式

计算机上不同的文件类型,具有不同的格式,也就具有不同的文件扩展名。要从网上下载有关文件,应了解相关的文件类型,以便用适当的软件来做相关处理。网络上常见的文件类型及对应的扩展名和处理软件参见表6.1。

表6.1 文件格式与相关处理文件

文件扩展名	文件类型	处理文件
.rar, .zip	压缩文件	WinRar, WinZip 等
.gif, .jpg,.bmp	图像文件格式	画笔,PhotoShop 等
.mp3	音频文件格式	Windows Media Player、千千静听、酷狗音乐等
.com, .exe	执行文件	直接执行。不少软件直接以.EXE压缩自解安装文件的格式发行
.doc, .docx	Word文档	Microsoft Word
.xls, .xlsx	电子表格文档	Microsoft Excel
.ppt, .pptx	演示文稿	Microsoft PowerPoint
.txt	文本文件	记事本及几乎所有编辑器
.pdf	Adobe电子书格式	Adobe Reader
.mp4, .swf, .flv, .f4v	视频动画文件格式	暴风影音、迅雷看看等

6.3 文件下载

6.3.1 文件下载概述

所谓文件下载,从本质上来说就是把网络上的文件(包括程序文件和网站页面)保存到本地的磁盘上。广义地讲,包括网页浏览和独立文件下载。狭义地理解,一般特指将独立的文件保存到本地磁盘上,而将网页的下载称为“浏览”。

从网络上下载文件要依据特定的网络协议,按照所基于的网络协议不同,文件下载可以分为Web下载和P2P下载两种。Web下载主要是基于HTTP(Hyper Text Transfer Protocol)和FTP(File Transfer Protocol)两种协议建立客户端与服务器之间的网络连接和传输,将服务器上的文件资源传输并复制到客户端主机。而P2P下载方式与Web下载方式不同,用户可以直接连接到其他网络用户的计算机上交换文件,而并不依赖特定的服务器来提供数据资源。图6.12和图6.13分别展示了两种下载模式的原理。

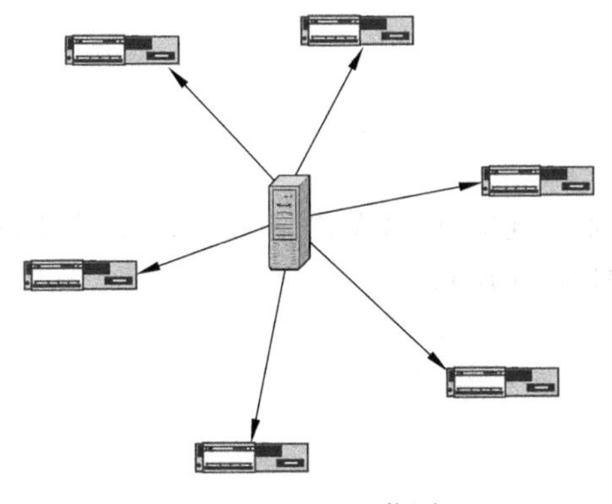

图 6.12　Web 下载原理

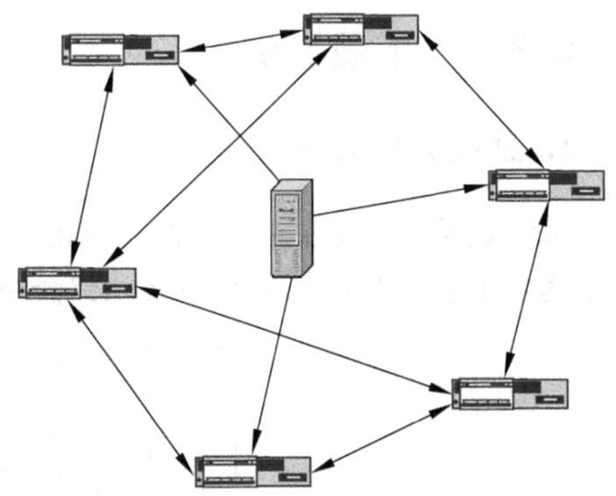

图 6.13　P2P 下载原理

因此在以服务器为中心的 Web 下载模式中，下载的用户越多，服务器的负载越大，下载速度越慢；而在 P2P 下载模式中，下载用户越多，网络上可下载的资源越多，下载速度反而越快。

常见的下载方式主要有直接保存和通过客户端软件下载两种方式。

直接下载的方式比较方便，不需要专门的软件。但对于较大的文件和网络状态不好的情况，这种办法不太理想。因为对于大型的文件，下载时间可能会很长，一次下载完可能会有困难；而对于网络状态不好的情况，如果经常断线，则需要重新下载，这也会浪费很多时间。

为了更好地下载和管理网络文件，人们开发出了专用的客户端下载软件。这类软件通常采用断点续传和多片段下载等技术，来保证软件可以安全、高效地执行下载活动。断点续传是指把一个文件的下载划分为几个下载阶段（可以人为划分，也可以是因网络故障而强制划分），完成一个阶段的下载后软件会做相应的记录，下一次继续下载时会在上一次已经完成处继续进行，而不必重新开始。多片段下载是指把一个文件分成几个部分（片段），同时下载，全部下载完后再把各个片段拼接成一个完整的文件。

每一款客户端下载软件都有自己的特点并适用于特定的下载应用中。如 CuteFTP 和 FlashGet 等软件主要用于基于 HTTP 协议和 FTP 协议的 Web 文件下载中；BitComet 和 eMule 等软件主要应用于 P2P 模式下的文件下载；硕鼠（FLVCD）和维棠（ViDown）等则主要是用于下载网页中的视频等流媒体文件。但值得注意的是目前的下载软件有朝着综合性方向发展的趋势，典型的代表是迅雷。迅雷可以支持 HTTP、FTP、RTSP、MMS、PNM 等多种协议的文件下载，极大地方便了用户。另外，目前的多数下载软件除了提供基本的下载功能之外，通常还都具备资源整合和文件管理的功能。资源整合功能可以使得很多初级用户可以很方便地找到自己感兴趣的各种资源，如软件、电影、音乐等，找到资源之后，他们可以利用相应的下载软件直接下载到硬盘中。而文件管理功能则能够方便用户对下载的各种数据和资源进行分类和管理。

下面通过几个实例来介绍典型的下载应用类型和不同的下载工具。

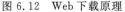

6.3.2 下载实例

1. 直接保存文件

所谓直接保存方式,是指直接单击要下载的文件链接,或者单击鼠标右键,在出现的快捷菜单中选择“目标另存为(A)...”命令项,如图 6.14 所示。

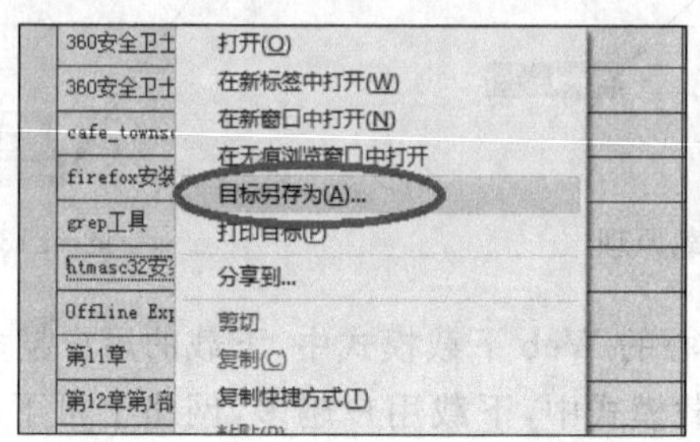

图 6.14 右击鼠标键,保存文件

这时,将会显示一个“文件下载”信息框,搜索相关的文件信息。在随后出现的“另存为”对话框中,指定要将目标文件保存到的目录和文件名,如图 6.15 所示。

图 6.15 指定要下载的文件保存到的目录名和文件名

在下载的过程中,系统将会动态地显示下载信息直至下载完成,如图 6.16 所示。

2. 客户端 Web 下载

FlashGet(网际快车,简称快车)最早是由加拿大华人侯延堂设计,其特点是在高速下载的同时,维持超低资源占用,不干扰用户其他操作,通过 UDCT(Ultra Disk Cache Technology)超磁盘缓存技术优化硬盘读写。安装“快车”后即可用其进行单个文件下载

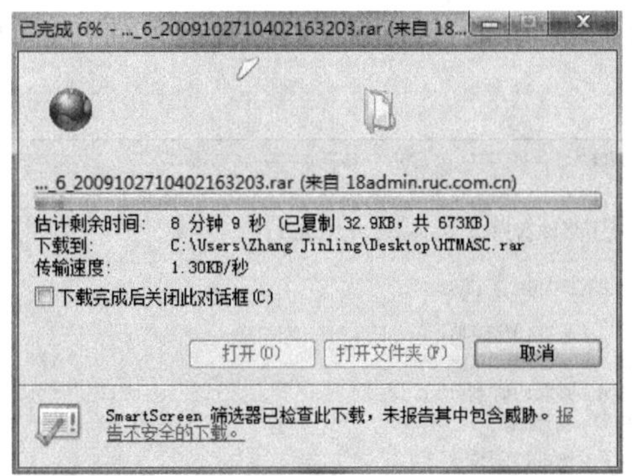

图 6.16 开始下载时的指示信息

或者批量下载。

1）单个文件下载

以下载邮件客户端软件 FoxMail 为例。登录“新浪下载”频道，搜索“foxmail”得到如图 6.17 所示的结果列表。

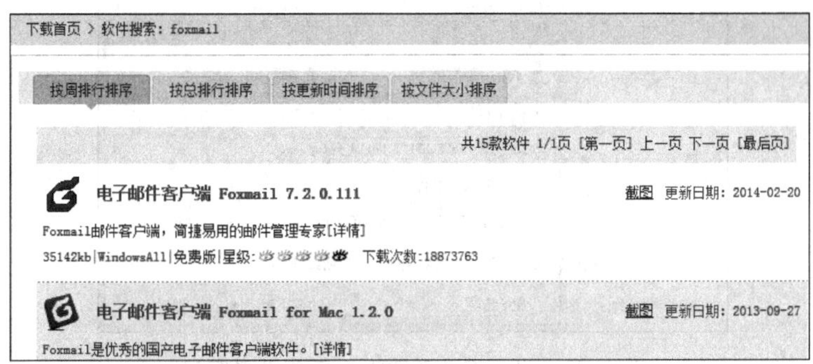

图 6.17 搜索到的下载资源

单击“电子邮件客户端 Foxmail 7.2.0.111”查看该版本 Foxmail 的介绍和网友评论，如图 6.18 所示。

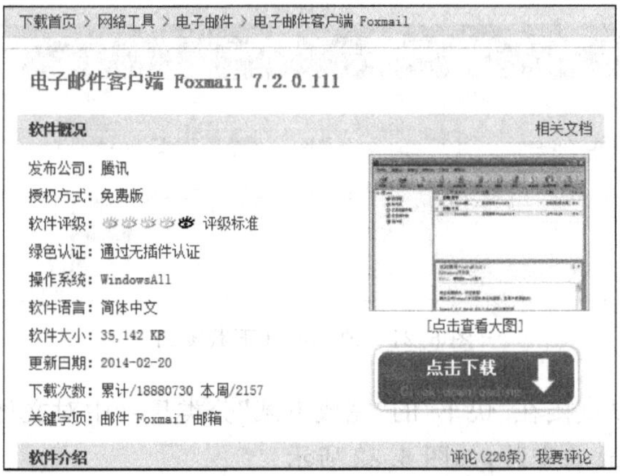

下载首页 > 网络工具 > 电子邮件 > 电子邮件客户端 Foxmail

电子邮件客户端 Foxmail 7.2.0.111

软件概况 相关文档

发布公司：腾讯
授权方式：免费版
软件评级： 评级标准
绿色认证：通过无插件认证
操作系统：WindowsAll
软件语言：简体中文
软件大小：35,142 KB
更新日期：2014-02-20
下载次数：累计/18880730 本周/2157
关键字项：邮件 Foxmail 邮箱

[点击查看大图]
点击下载

软件介绍 评论(226条) 我要评论

图 6.18 下载资源信息介绍

单击页面上的"单击下载"图标,进入图 6.19 所示页面,页面中列出了多个可以下载对应软件资源的地址。

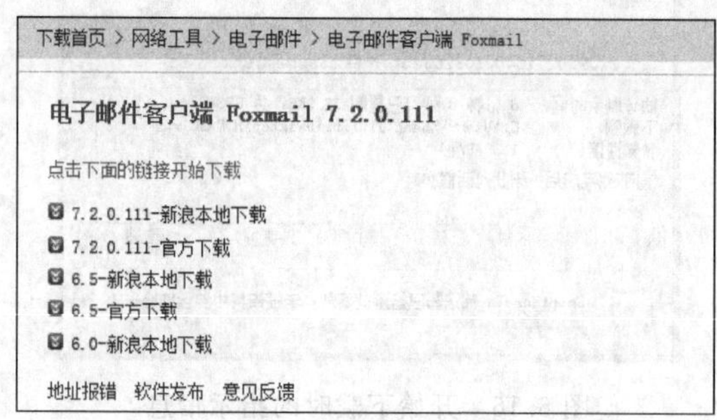

图 6.19 资源下载地址列表

选择一个下载地址,单击右键,右键菜单中选择"使用快车 3 下载",出现如图 6.20 所示的"新建任务"窗口,在这里对一些下载参数进行设置,如文件存放路径等。

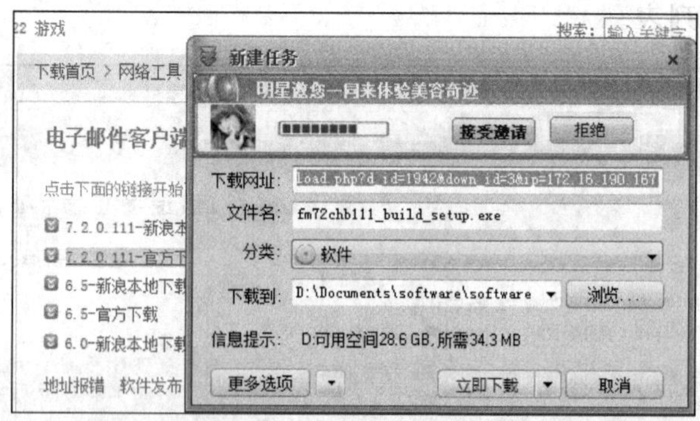

图 6.20 FlashGet 新建下载任务设置窗口

设置好参数后,单击"立即下载"按钮,进入如图 6.21 所示的下载窗口。在此窗口中,动态显示所选下载任务的下载情况,如下载进度、下载速度、任务信息、连接信息以及下载分块动态图示等内容。

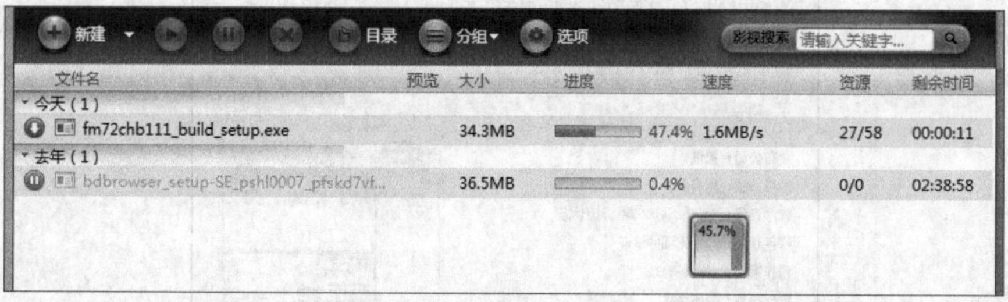

图 6.21 FlashGet 下载窗口

下载完成后,可以直接在"快车"的"完成下载"分类目录中对文件进行管理,如可直接双击文件运行 Foxmail 的安装,如图 6.22 所示。

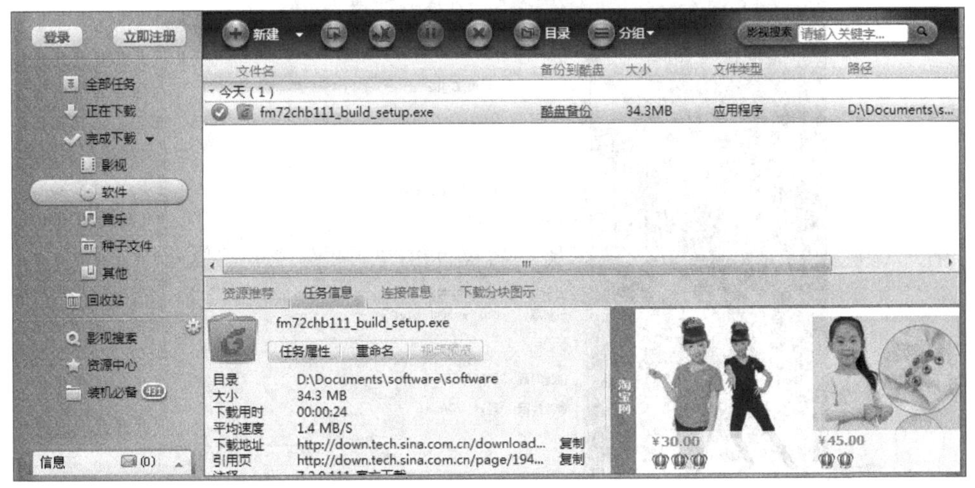

图 6.22 FlashGet 的“完成下载”目录下管理下载文件

2) 批量下载

如果要下载网站上的多个地址属性相似的文档资源,可以使用批量下载来提高下载效率,例如下载图 6.23 所示网页中的 200 张 Photoshop 素材图片(http://www.photoshop.org.cn/1/html/contents/vol/007_e.htm)。

图 6.23 Photoshop 素材图片列表页面

单击每张小图,在打开的页面中鼠标右键单击显示的大图,右键菜单中选择“属性”,在属性窗口中查看大图资源的网络地址,如图 6.24 所示。

对多幅图片验证会发现每张大图的地址具有相似性,所有对应大图的网址每 50 张为一组,每组大图的地址除了图片文件名中的序号不同外,其他部分均相同,如第一组 50 张图片的地址均为 http://www.photoshop.org.cn/1/JPEG640/007/001_050/SGxxx_L.jpg 的格式,“×××”代表不同的图片编号。

利用“网际快车”批量下载这 50 张素材图片。启动“网际快车”下载软件,单击“新建下载任务”右侧的下三角,在下拉菜单中选择“新建批量任务”,如图 6.25 所示。

在“添加批量任务”窗口中输入下载地址“http://www.photoshop.org.cn/1/

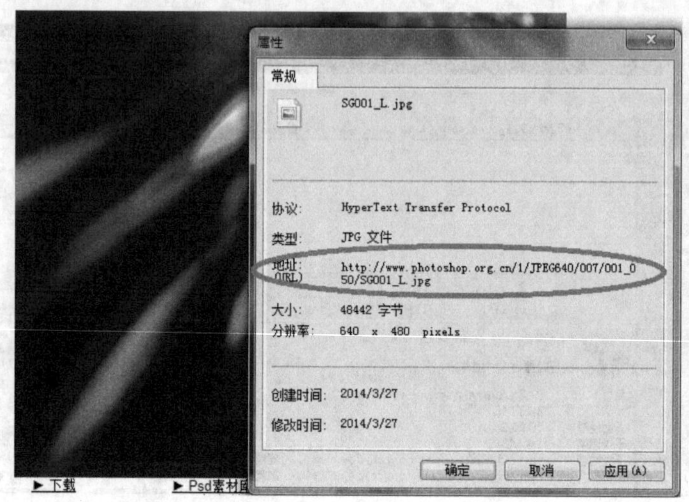

图 6.24　查看图片资源的网址

JPEG640/007/001_050/SG(＊)_L.jpg”,通配符设置为“从 1 到 50”,长度设置为“3”。参数设置好后,任务列表中会自动匹配下载任务的下载地址列表,如图 6.26 所示。

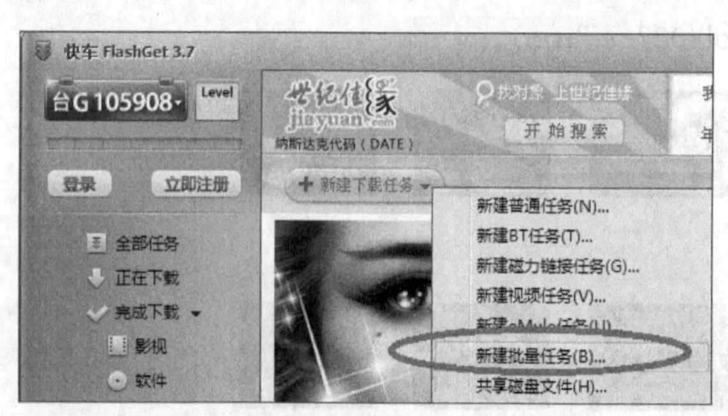

图 6.25　FlashGet 中新建批量下载任务

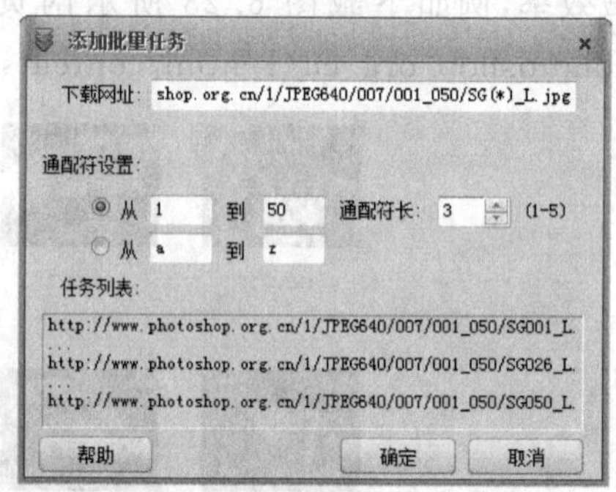

图 6.26　设置 FlashGet 批量下载任务

单击“确定”按钮后,在“新建任务”窗口中设置存放路径后单击“立即下载”并确认“使用相同配置”。“快车”会将匹配的所有下载任务,同时添加到下载窗口并依此进行下载,如图 6.27 所示。

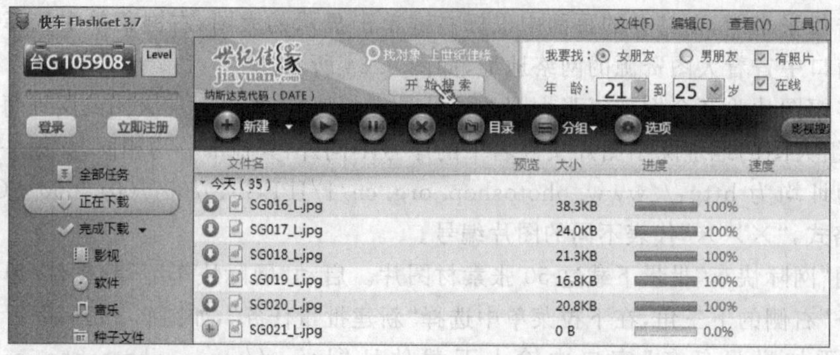

图 6.27　FlashGet 中添加的批量下载任务

3. 网络视频下载

视频是互联网上非常重要的信息资源，是由网络视频服务商提供的、以流媒体为播放格式的、可以在线直播或点播的声像文件。其文件多以 MP4、RM、WMV、FLV、SWF 等格式为主，而能够有效隐藏原始地址对版权进行保护的 FLV 和 F4V 格式更是被众多主流视频网站所采用。这种类型的视频文件由于原始地址被隐藏，很难使用普通下载软件下载，必须使用具备原始地址解析或视频监视功能的下载工具才能够成功下载。专业的视频下载软件有维棠（ViDown）、硕鼠以及各视频网站自己推出的视频下载客户端等。迅雷也支持一定的网页视频监视功能，能够识别网页中播放的视频并提供快捷下载接口。这里以硕鼠为例介绍网络视频下载的方法和流程。

硕鼠是一款在线视频专业下载平台，官网地址为 www.flvcd.com。其特点是能从视频播放页面地址中解析出视频资源的地址，并通过硕鼠客户端下载软件支持对相应视频的下载。硕鼠支持对几十个网站的视频资源进行地址解析和下载，支持的网站列表如图 6.28 所示。硕鼠能够支持单个网络视频和专辑两种下载方式。

主流视频网站(18)：			
优酷网	土豆网	奇艺网	搜狐视频
乐视网	腾讯视频	酷6网	56网
迅雷看看	PPTV	风行网	PPS
新浪视频	网易视频	激动网	糖豆网
百度贴吧视频	华数TV		
网络电视台(15)：			
中国网络电视台	CCTV	电影网(M1905)	凤凰宽频
江苏网络电视台	湖南卫视	芒果TV	齐鲁网
北京网络广播电视台	浙江网络电视台	TVS南方电视台	台海宽频
广州电视台	中国时刻网	城市联合网络电视台	
综合视频网站(28)：			
优米网	时光网	播视网	淘米视频
豆瓣预告片	新华网	第一视频	中关村在线
TOM视频酷	搜房网	华录坞	爆米花
琥珀网	偶偶网	CC视频	中经播客
11688	视友网	艺术中国	知音视频网
MSN直播频道	一一影院	ACFUN	哩哩哩哩
看看新闻网	酷米网	6平米	品善网
教程视频网站(4)：			
超星大讲堂	网易公开课	火星视频教育	星火视频教程
游戏视频网站(7)：			
17173游戏视频	Replays.Net	星际视频网	太平洋游戏网
爱拍游戏	PLU游戏	4399游戏视频	
音乐MV网站(10)：			
音悦台	百度音乐掌门人	巨鲸MV	谷歌音乐
一听音乐	虾米网	巨鲸音乐	SoGua
5721儿歌	酷狗MV		
国外视频网站(5)：			
YouTube	WAT TV	ESL TV	5min

图 6.28　硕鼠支持的视频下载网站

1）单个视频下载

要下载图 6.28 网站上的某一单个视频资源，首先要打开视频播放页面，从地址栏中复制网页地址。如图 6.29 所示是网易公开课网站上的一个视频播放页面。

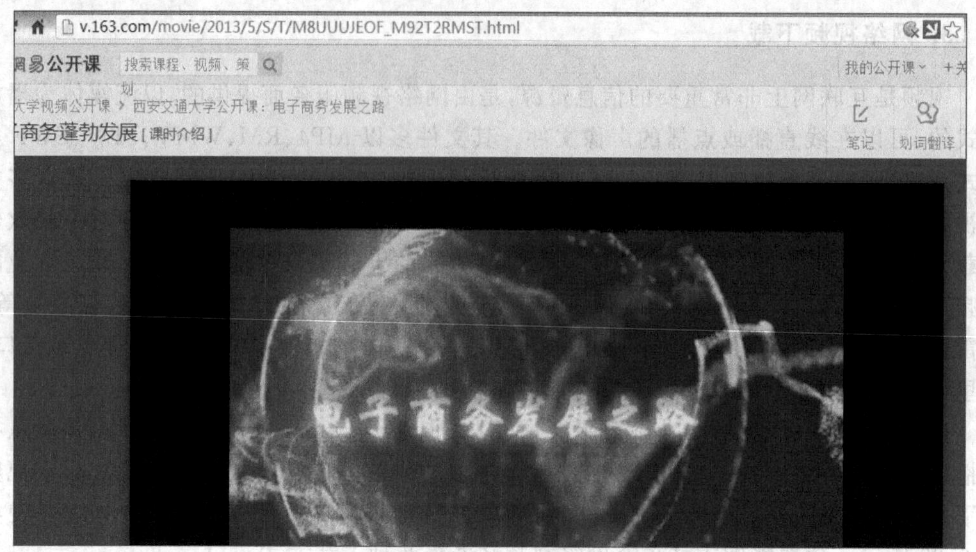

图 6.29 网易公开课视频播放页面

复制浏览器地址栏中的页面地址,并启动硕鼠客户端程序。在如图 6.30 所示的硕鼠客户端启动界面中的地址栏中粘贴复制的地址。

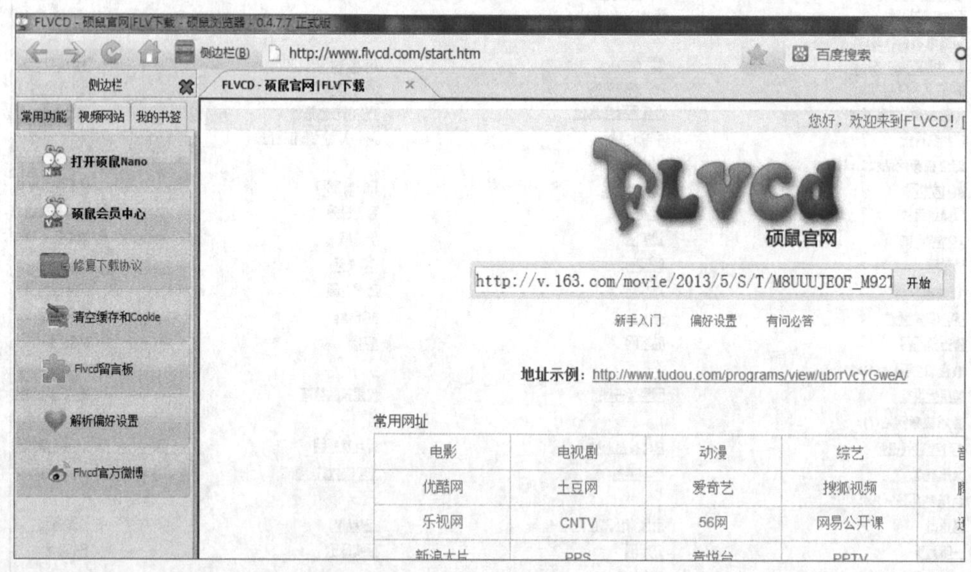

图 6.30 硕鼠客户端软件启动页面中输入视频播放页面网址

单击“开始”按钮,出现图 6.31 中的解析结果。

单击下载地址右侧的“复制地址”按钮可以使用其他下载工具来下载视频,或者直接单击下载地址下面的“用硕鼠下载该视频”,在出现的图 6.32 所示窗口中单击“硕鼠专用链下载”按钮。

选择推荐下载方式(硕鼠 Nano)。在打开的新建任务窗口中设置下载选项(如设置存

图 6.31　硕鼠客户端软件解析视频资源网址

图 6.32　硕鼠客户端软件下载入口

储地址等)，如图 6.33 所示。

设置完成后，单击“确定”按钮，软件就可以开始对视频资源下载，如图 6.34 所示。

2) 专辑下载

硕鼠也支持对视频集的批量下载，如下载电视剧的所有剧集。要下载视频集中的所有视频，首先要找到视频集页面。方法是：在视频集中任意一集的播放页面中单击视频集名称所对应的链接，就可以打开视频集页面。如在图 6.35 中单击“来自星星的你”所对应链接。

在打开的电视剧集页面中复制地址栏中的地址，如图 6.36 所示。

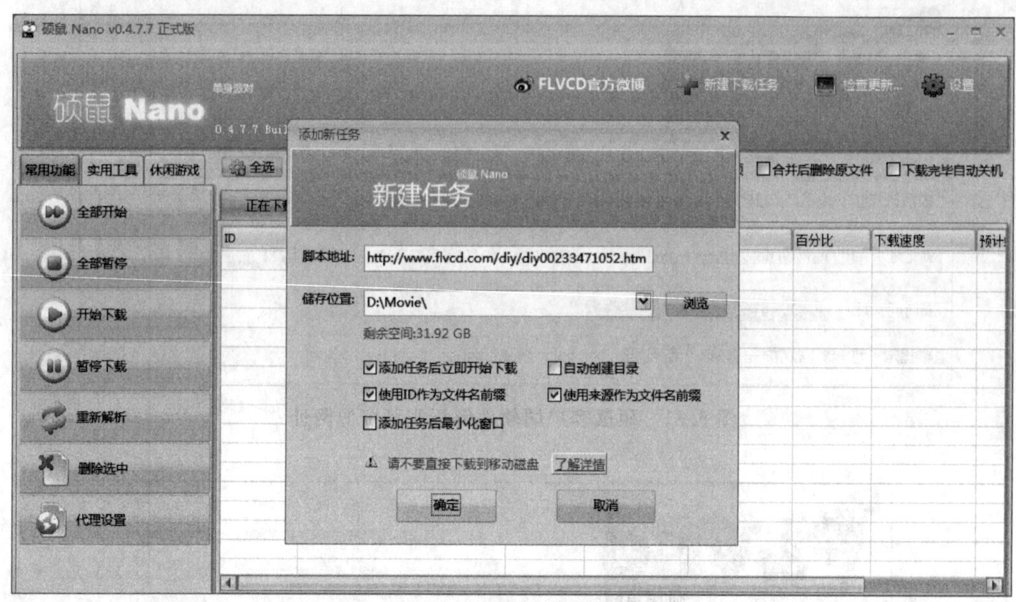

图 6.33 硕鼠新建下载任务设置窗口

图 6.34 硕鼠客户端软件下载窗口

图 6.35　单击视频集名称打开视频集页面

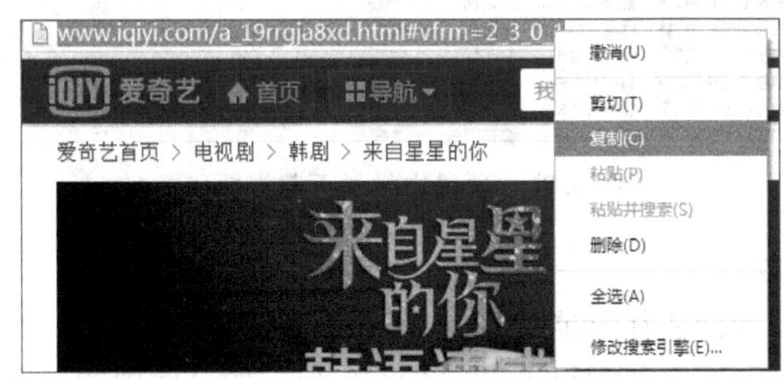

图 6.36　复制视频集页面地址

在硕鼠客户端软件中打开首页界面，在地址栏中粘贴复制的剧集页面的地址，单击“开始”按钮后会得到如图 6.37 所示的专辑解析结果窗口。

图 6.37　硕鼠客户端软件解析视频集资源下载地址

在图 6.37 窗口中单击“用硕鼠批量下载此专辑”,并依次选择“硕鼠专用链下载”方式和“硕鼠 Touch 下载”后会打开硕鼠 Touch 新建任务窗口。在新建任务窗口中设置下载相关选项(如合并片段等)后单击“确定”按钮,将所有下载任务全部选中,右键菜单中选择“开始下载”,就可以开始对专辑中所有视频进行批量依次下载,如图 6.38 所示。

下载的文件保存在: D:\Movie\星你\ 浏览目录 显示更多设置

全选 反选 选中 取消 ☑自动合并分段视频 ☑自动合并后删除原文件

下载列表 常见问题

ID	名称	来源	大小	已完成	百分比	下载速度
1	来自星星的你第1集 - 丢脸丢到太...	奇艺网	14.16 MB	5.55 MB	39%	412.50 KB/s
2	来自星星的你第1集 - 丢脸丢到太...	奇艺网	14.20 MB	6.84 MB	48%	378.08 KB/s
3	来自星星的你第1集 - 丢脸丢到太...	奇艺网	14.21 MB	4.03 MB	28%	316.40 KB/s
4	来自星星的你第1集 - 丢脸丢到太...	奇艺网	14.23 MB	6.03 MB	42%	272.40 KB/s
5	来自星星的你第1集 - 丢脸丢到太...	奇艺网	14.22 MB	4.45 MB	31%	314.84 KB/s
6	来自星星的你第1集 - 丢脸丢到太...	奇艺网	未知	0B	0%	0.00K/s
7	来自星星的你第1集 - 丢脸丢到太...	奇艺网	未知	0B	0%	0.00K/s
8	来自星星的你第1集 - 丢脸丢到太...	奇艺网	未知	0B	0%	0.00K/s
9	来自星星的你第1集 - 丢脸丢到太...	奇艺网	未知	0B	0%	0.00K/s
10	来自星星的你第1集 - 丢脸丢到太...	奇艺网	未知	0B	0%	0.00K/s
11	来自星星的你第2集 - 超能力也未...	奇艺网	未知	0B	0%	0.00K/s
12	来自星星的你第2集 - 超能力也未...	奇艺网	未知	0B	0%	0.00K/s
13	来自星星的你第2集 - 超能力也未...	奇艺网	未知	0B	0%	0.00K/s
14	来自星星的你第2集 - 超能力也未...	奇艺网	未知	0B	0%	0.00K/s

图 6.38　硕鼠中批量下载视频集

3) 网页动画下载

插入在网页中的动画往往只能让用户观看但不提供下载链接,如图 6.39 中网址为 http://www.sowang.com/SOUSUO/20110206.htm 的页面中的动画,在鼠标右键菜单中找不到属性菜单或者下载相关菜单。

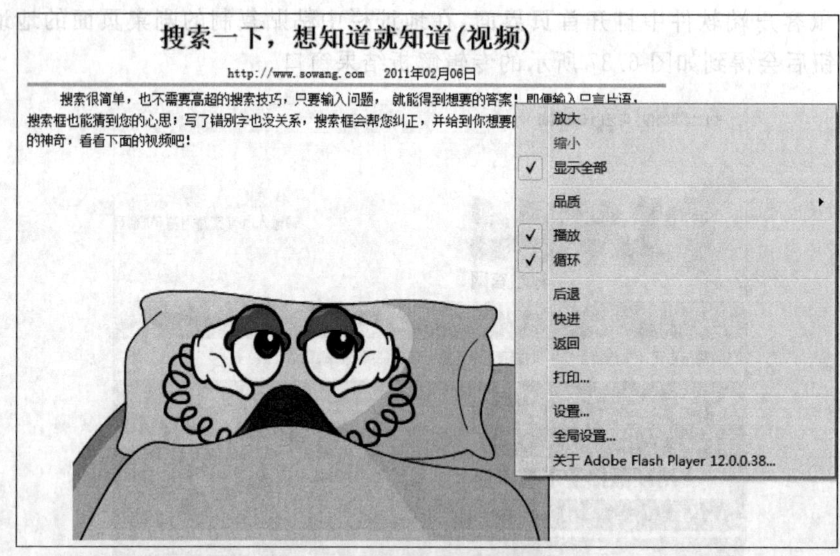

图 6.39　网页中播放的动画

要下载页面中的动画,一个方法是通过查看网页源文件查找动画资源的网址。在网页中的鼠标右键菜单中,单击“查看源”,如图 6.40 所示。

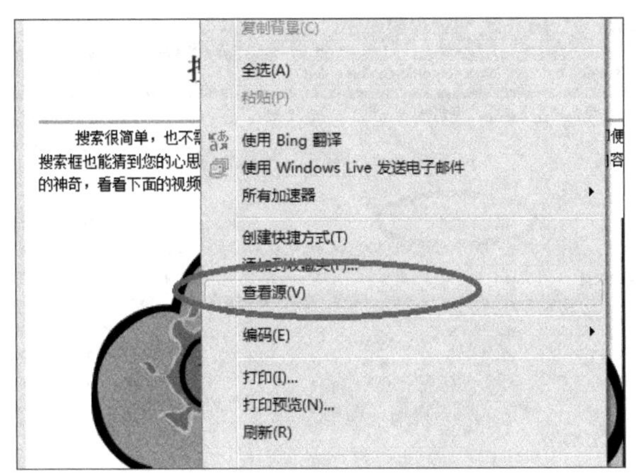

图 6.40　右键菜单中查看网页源代码

在打开的源文件显示窗口中查找 swf、flv、hlv 等动画文件格式后缀，如图 6.41 所示。将找到的 swf 文件的网址复制到浏览器的地址栏来播放对应的动画文件以验证是否自己想要下载的动画。找到想要下载的动画的地址后可以利用任何下载客户端软件新建下载任务进行下载。如本例中可以将找到的动画网址 http://xue.baidu.com/img/swf/applay/005.swf 输入到"快车"新建任务窗口中的地址栏中来下载网页中的动画。

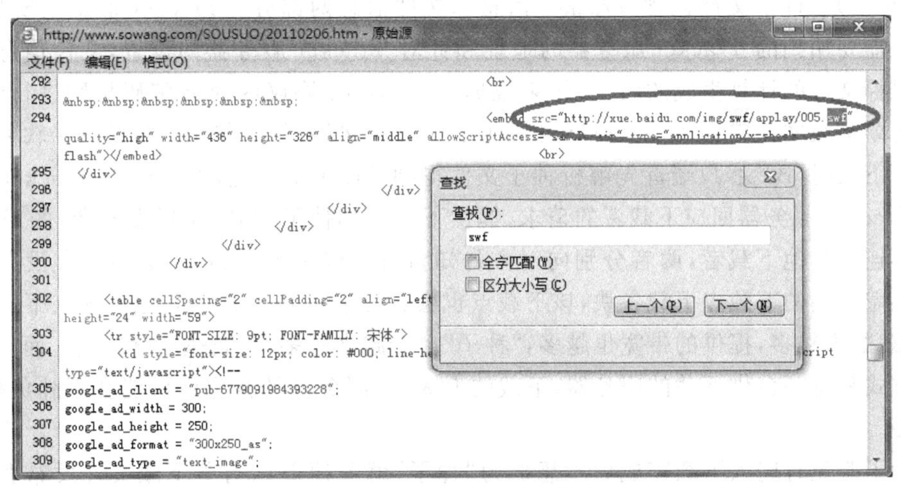

图 6.41　网页源代码中查找动画资源地址

另一个可用的方法是在完整播放完动画后查看 IE 浏览器的临时文件夹。为了便于查找，可以先将临时文件夹中的内容删除再播放动画。动画完整播放后打开浏览器的临时文件夹通过文件类型、大小等条件定位查找动画的范围，对可能的文件进行播放验证。如图 6.42 所示，可以在 IE 浏览器的临时文件夹中找到上述网页中的动画文件 005.swf，将其复制出来即可。关于 IE 浏览器临时文件夹的有关操作请参看第 2 章相关章节。

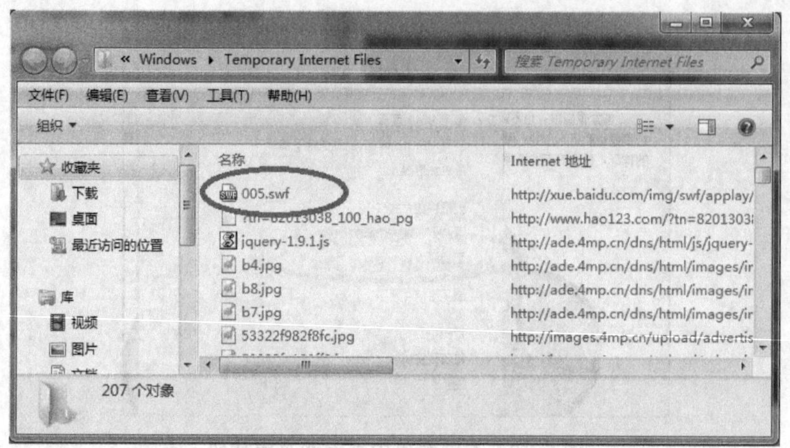

图 6.42 IE 浏览器临时文件夹中查找动画文件

4. BT 下载

BitTorrent(简称 BT,俗称 BT 下载、变态下载)是 P2P 下载技术中的一种。根据 BitTorrent 协议,文件发布者会根据要发布的文件生成一个.torrent 文件,即种子文件(简称种子)。种子文件包含 Tracker 信息和文件信息两部分。Tracker 信息主要是 BT 下载中需要用到的 Tracker 服务器的地址和针对 Tracker 服务器的设置,文件信息是根据对目标文件的计算生成的,计算结果根据 BitTorrent 协议内的 B 编码规则进行编码。下载者要下载文件内容,需要先得到相应的.torrent 文件,然后使用 BT 客户端软件进行下载。下载时,BT 客户端首先解析种子文件得到 Tracker 地址,然后连接 Tracker 服务器。Tracker 服务器回应下载者的请求,提供下载者其他下载者(包括发布者)的 IP。下载者再连接其他下载者,两者分别向对方告知自己已经有的块,然后交换对方没有的数据。随着不同的下载点下载各块,该下载点也会将已有的块上传给其他下载点下载。因此,下载的人越多,提供的带宽也越多,“种子”也会越来越多,下载速度就越快。而一般的下载方式只有一台供下载的服务器,下载的人太多,服务器的频宽就可能会不胜负荷,变得很慢。

为了避免有些人下载完成后不想成为“种子”就关掉 BT,有些下载文件发布者会只发布其中部分的文件内容(如 99%),待有足够数目的人下载到接近完成,才发布剩下的小部分,让他们成为正式的“种子”。

支持 BT 下载的客户端软件包括比特彗星、比特精灵、BitTorrent 等专用 BT 下载软件,而目前很多综合型下载软件,如“快车”、迅雷等也都能够支持 BT 下载。

下面以迅雷为例,介绍 BT 下载的应用。

迅雷是一款非常流行的下载软件,它使用先进的超线程技术基于网格原理,能够将存在于第三方服务器和计算机上的数据文件进行有效整合,通过这种先进的超线程技术,用户能够以更快的速度从第三方服务器和计算机获取所需的数据文件。这种超线程技术还具有互联网下载负载均衡功能,在不降低用户体验的前提下,迅雷网络可以对服务器资源进行均衡，有效降低了服务器负载。

要下载 BT 资源，首先要找到能够下载 BT“种子”的网址，找到“种子”下载地址后，利用浏览器或者下载软件将 BT“种子”文件下载下来，如图 6.43 所示。

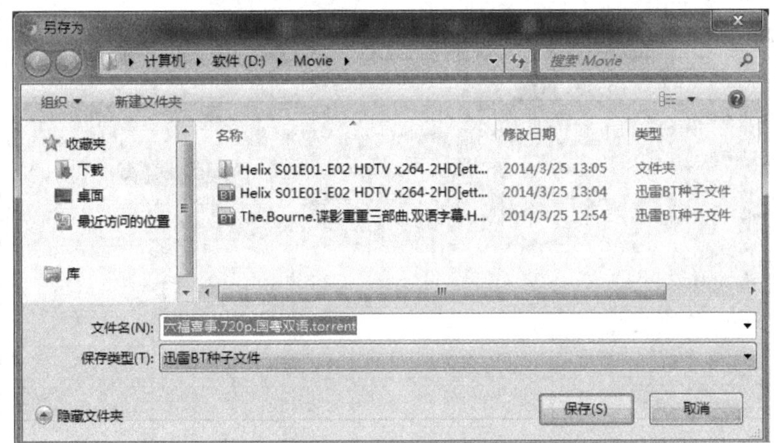

图 6.43 下载 BT“种子”文件

“种子”下载完成后，双击下载的“种子”文件(.torrent 文件)，迅雷会弹出“新建 BT 任务”对话框，如图 6.44 所示。

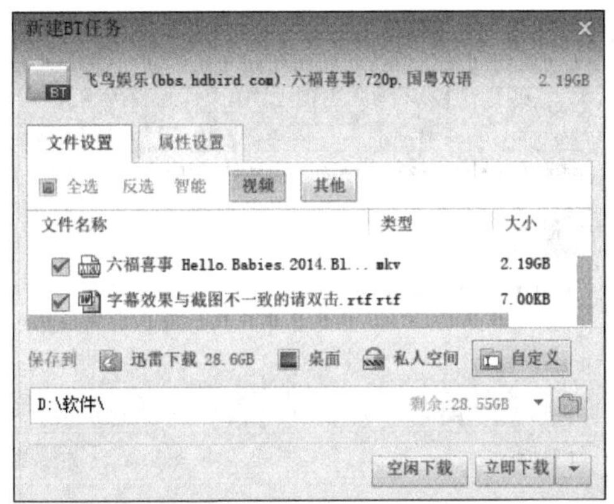

图 6.44 利用迅雷打开“种子”文件新建 BT 下载任务

在此窗口中可以选择要下载的资源和设置文件存放的位置，然后单击“立即下载”，迅雷就开始下载选择的资源了，如图 6.45 所示。

5. eMule 下载

eMule 下载是一种 P2P 的资源下载方式，和 BT 下载的区别在于资源的发布以及传播形式不同。BT 下载需要“种子”文件来维持，而 eMule 资源是以一行或者几行 ed2k 链接的形式发布和传输的，ed2k 链接要包含的主要内容有文件名、文件大小、文件 HASH 值等。只要获得一个有效的 ed2k 连接并且该资源正在被共享，就可以利用支持 eMule 下载的下载软件下载该资源。

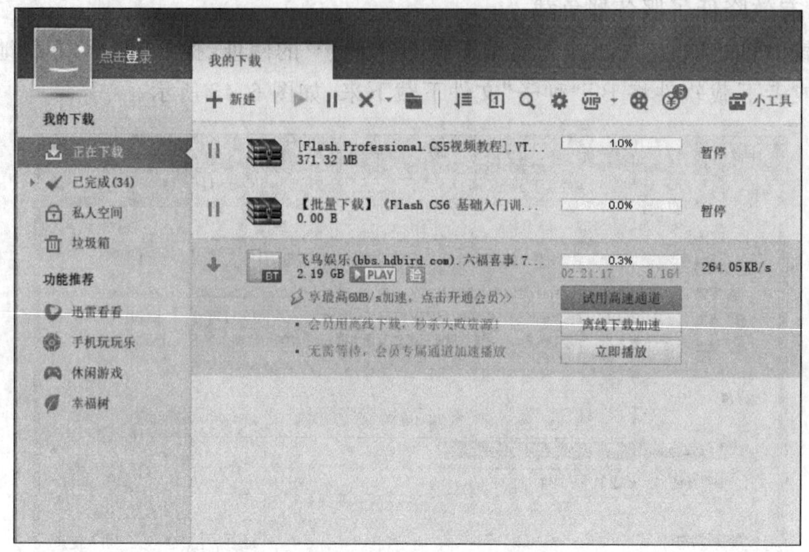

图 6.45 迅雷中下载 BT 资源

除了同名的免费开源 eMule 下载软件外,现在很多通用下载软件也都支持 eMule 下载方式,如迅雷和"快车"等。以迅雷为例,用户得到 eMule 下载资源的 ed2k 地址后,启动迅雷并新建下载任务。在新建任务窗口中输入或粘贴该 ed2k 地址,软件就可以识别出地址中包含的资源列表,如图 6.46 所示。

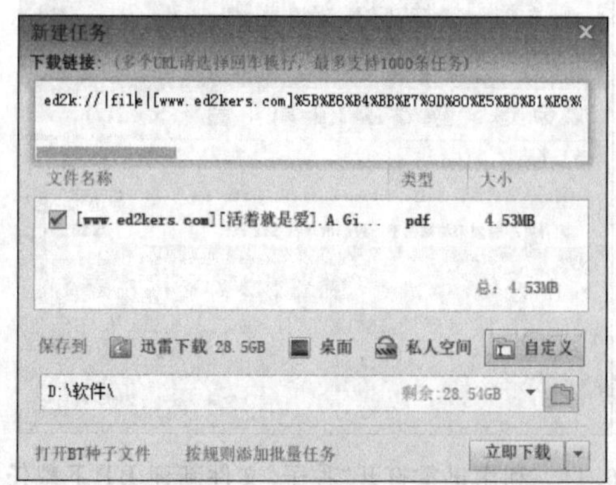

图 6.46 迅雷中新建 eMule 下载任务

用户选择要下载的资源和设置存储位置后,单击下载就可以启动对指定资源的下载过程,如图 6.47 所示。

6.3.3 商业软件、共享软件与自由软件

Internet 上的软件有很多种,常见的有商业软件、共享软件和自由软件等。

商业软件(Commercial Software),有版权,必须购买使用。使用者只能得到可执行的二进制代码,而且不允许复制,否则将被视为"盗版",追究法律责任。

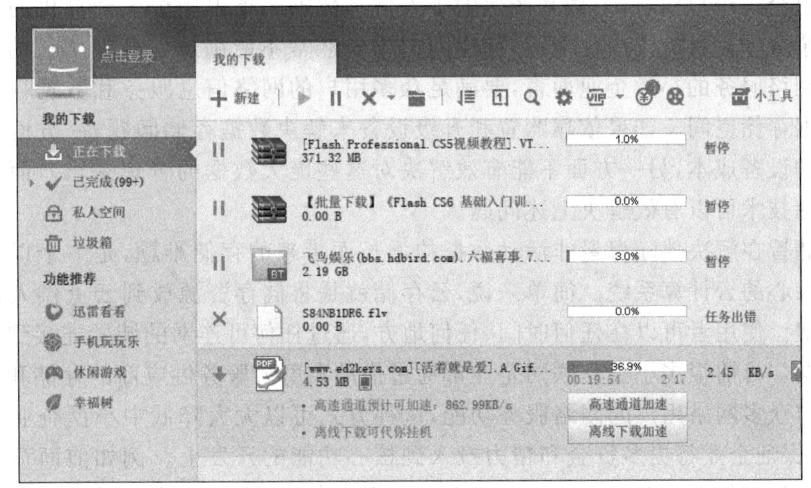

图 6.47 迅雷中下载 eMule 资源

共享软件(Shareware)是以“先使用后付费”的方式销售的享有版权的软件。根据共享软件作者的授权,用户可以从各种渠道(包括 Internet 下载)免费复制,也可以自由传播它。共享软件一般都有一个免费试用期,一般为 30～45 天。用户可以先使用或试用共享软件,认为满意后再向作者付费。

共享软件的免费试用到期结束后,如果仍不付款,软件可能会自动禁用;也可能将部分功能限制,其他基本功能仍可使用;还有部分软件功能仍可全部使用,但在每次启动时自动弹出一个窗口提醒您最好付费支持软件开发者。

自由软件(Free Software)是软件作者放弃版权的软件。使用者不仅可以得到软件的二进制代码,甚至可以得到软件的源代码。可以免费使用并任意复制。开放源代码的可以修改源代码并重新发布。对于自由软件,有一项严格限制,即绝不允许将自由软件据为己有并向使用者收费。

此外,Free 也有“免费”的含义,虽然绝大部分的自由软件都是免费的,但自由软件里的 Free 更主要的是指“自由”,强调的是自由精神。也有人将自由软件称为开源软件(Open Source Software),指开放源码的含义,但把“自由”的含义淡化了。

Linux 操作系统就是自由软件的代表,目前使用非常广泛的 WWW 服务器 Apache 和最流行的邮件发送软件 Sendmail 也是自由软件,流行的程序开发语言 Perl 和 Python 也是自由软件。

6.4 网络云存储

6.4.1 简介

随着用户产生、收集和积累的信息数据的增多,保存这些信息往往需要占用大量的存储资源。对个人用户而言,下载和产生的个人信息数据严重占用个人计算机的大量存储空间影响个人计算机的使用性能,存储空间的增长经常不能满足信息量增长的需求。而对于提供网络服务的小微企业而言,要满足众多用户的网络信息服务和数据存储更需要庞大的数据存储空间。如果依靠购置和升级设备来解决数据存储问题,一方面会增加用户或企业的设备成本,另一方面不能有效解决对这些庞大数据的管理需求。而近几年兴起的云存储技术可以有效解决上述问题。

云存储旨在解决伴随海量非活动数据的增长而带来的存储难题,是一个以数据存储和管理为核心的云计算系统。简单来说,云存储就是将储存资源放到云上供人存取的一种新兴方案。使用者可以在任何时间、任何地方,通过任何可连网的装置连接到云上方便地存取数据。目前很多小微互联网企业都通过借助大型云服务供应商的存储和计算功能来构建面向众多网络用户的网络服务功能,这种方式可以大大降低中小型企业的投入和管理成本,保证企业将更多资金和精力投入到核心功能的开发上。例如前面章节中介绍的"为知笔记"就是构建在阿里云平台之上来实现云存储和云同步的功能。对于个人网络用户而言,除了可以利用云存储的海量存储功能外,同样也可以利用云技术的同步和分享等功能实现多设备间的同步访问和在不同用户间方便共享的功能。我们以百度公司产品百度云为例简单介绍个人用户云存储的相关功能。

6.4.2 百度云

百度云是百度公司为用户精心打造的一项智能云服务,百度云能够方便地实现在手机和电脑之间同步文件、推送照片、传输和备份其他数据的功能。个人用户只要安装手机客户端并登录后即可获得 2T 的免费存储空间。以网页版为例,登录百度云首页 yun.baidu.com,进入网页版界面,注册账号并登录。登录后进入百度云工作界面,如图 6.48 所示。

图 6.48 百度云网页版首页

百度云提供对一些特定信息的存储和备份，如手机上的通讯录、通话记录、短信和相册等。对于一些通用数据的备份则是通过云网盘来实现的。单击百度云左侧功能列表中的“网盘”或者直接访问 pan.baidu.com 进入百度网盘操作界面，如图 6.49 所示。

图 6.49　百度云网盘首页

百度云盘的常用存储和操作功能包括：

1) 文件夹的创建和操作

通过创建文件夹可以对上传到百度云盘的文件进行管理。要在某一位置创建新的文件夹，只需在此位置窗口中单击功能按钮“新建文件夹”，输入新文件夹的名称单击“√”即可，如图 6.50 所示。

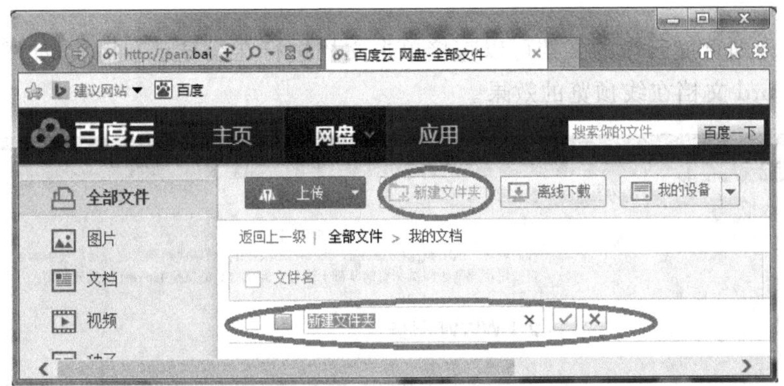

图 6.50　百度云盘中新建文件夹

创建的文件夹可以进行删除、移动和重命名等管理操作。

2) 上传和下载文件

百度云盘在安装上传插件后能够实现文件断点续传、文件秒传和文件夹直接上传等功能。要将本地文件上传到百度云，定位上传文件的存放文件夹位置后将鼠标移动到窗口上方的“上传”上，下拉列表中选择上传文件(默认)或文件夹，如图 6.51 所示。

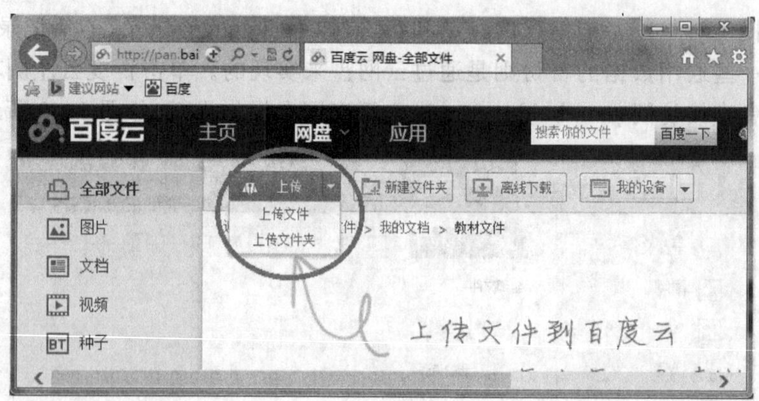

图 6.51 百度云盘中选择上传文件或文件夹

在打开的文件选择窗口中选择要上传的文件或者文件夹,单击“打开”按钮即可启动选定文件或文件夹内容的上传,在图 6.52 所示的上传窗口中显示上传速度、上传进度等信息,并对未完成任务进行暂停和取消上传等操作。

标题	大小	上传目录	状态	操作
第二章 信息浏览——浏览器.docx	2.5M	教材文件	✓	
第三章 信息搜索——搜索引擎.docx	5.1M	教材文件	57%(1.43 MB/s)	II ✕
第四章 信息跟踪——RSS订阅.docx	2.9M	教材文件	排队中...	II ✕

正在上传: 2/3

图 6.52 百度云上传任务管理窗口

对于上传到百度云盘的文档可以直接单击文档进行在线显示和播放,如图 6.53 所示是对某一 Word 文档在线预览的效果。

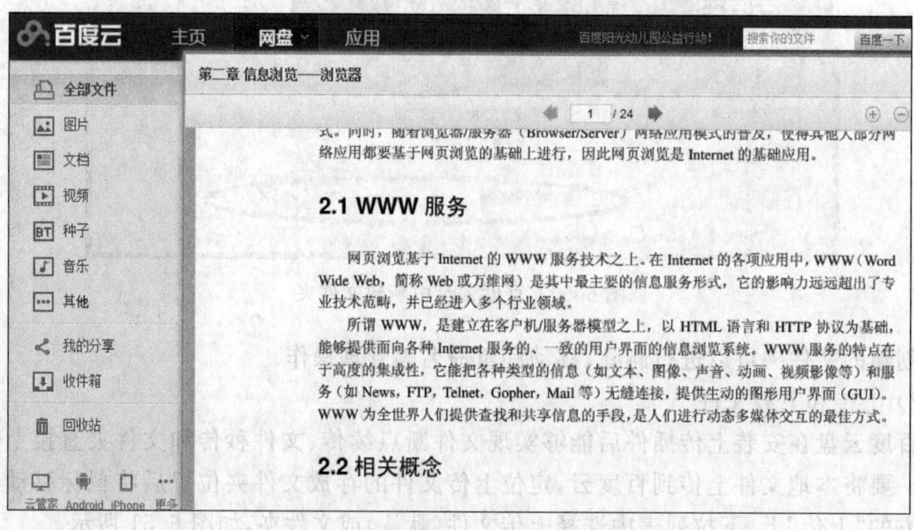

图 6.53 在线阅读百度云盘中的文件

如果要下载某个云盘中存放的文件，首先打开文件所在的文件夹，选中一个或者多个文件，单击“下载”按钮，在图 6.54 所示的文件下载窗口中选择“普通下载”模式就可以开始对选定文件的下载。多个文件会被打包为一个.zip 文件下载。若要对整个文件夹下载或者要加速下载请按照提示安装百度云管家。

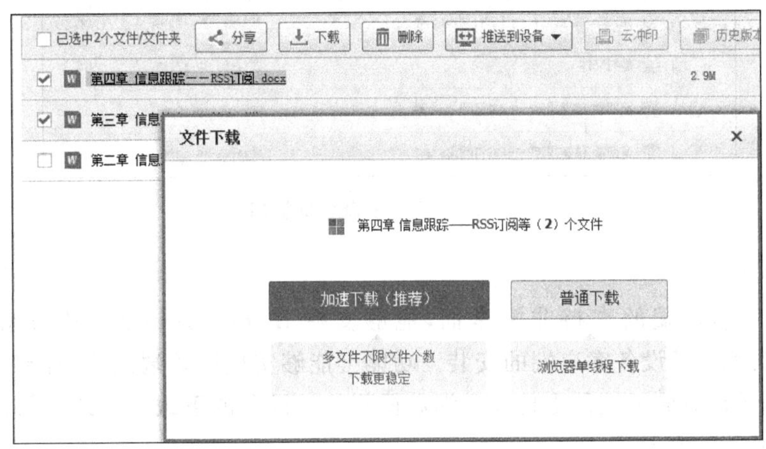

图 6.54　下载百度云盘中的文件

3）文件分享

要将百度云盘中的文件与他人分享，先选中要分享的文件或者文件夹，然后单击“分享”按钮即可在如图 6.55 所示的分享窗口中选择分享方式：创建分享链接、发给百度好友、将下载地址发送到其他用户的电子邮箱和手机上，或者将公开下载链接发布到微博等公众社交平台。

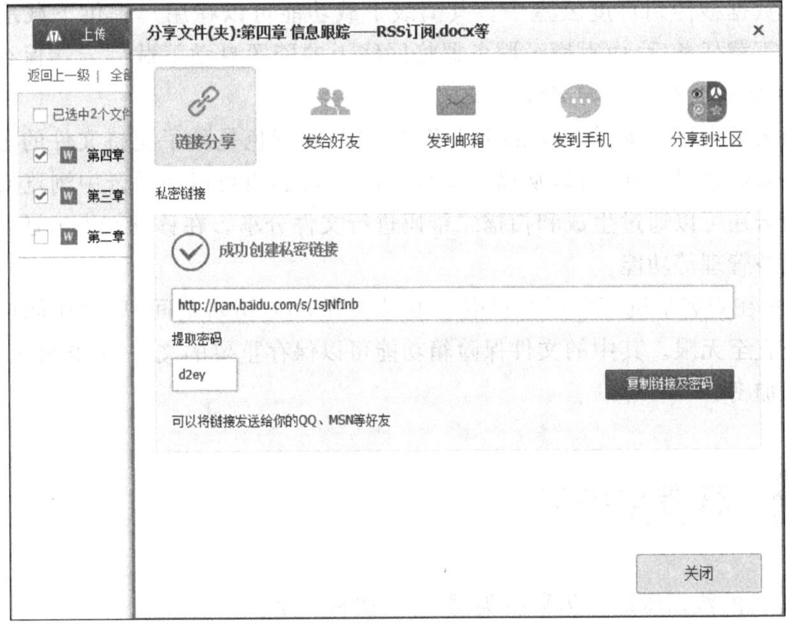

图 6.55　选择百度云盘文件分享方式分享文件

单击百度云盘右侧功能菜单中的“我的分享”可以列出用户创建的所有分享并对创建的分享进行取消分享的操作,如图 6.56 所示。

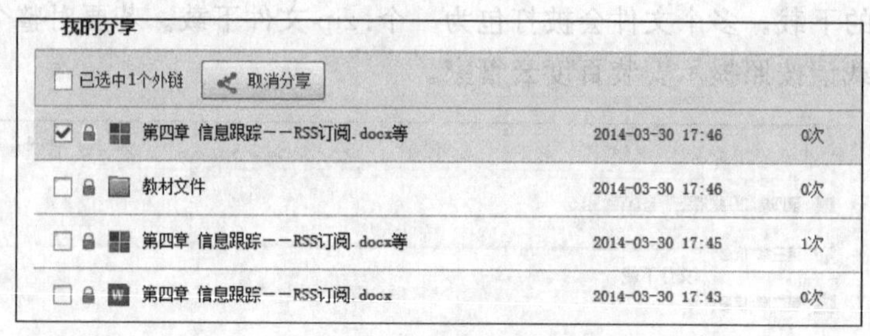

图 6.56 百度云盘分享管理

4) 移动端

百度云对移动端的支持非常全面,能够支持 iPhone、Android、iPad 和 Windows Phone 多种类型移动设备客户端的安装。功能上能够实现移动端照片、视频、通讯录、通话记录、短信等内容到云端的上传和云端数据到移动设备的下载和在线播放。不同平台移动设备间功能略有差异。

6.4.3 其他云存储产品

除了百度云之外,很多其他知名互联网企业也推出了各自的云存储产品,如腾讯公司的微云、奇虎 360 公司的 360 云等。这些云存储产品各有特点,功能上除了基本的云存储、云同步和云共享之外还都有各自的一些特色功能。

百度云除了上述功能外还可以与百度的多种资源平台打通,可以轻松将其他百度资源平台上的数据秒传到百度云盘中。其离线下载功能可以在用户提供下载地址或下载“种子”创建下载任务后,由百度云服务器将网络上的资源自动下载到云端保存。用户关闭浏览器、关闭电脑都不影响离线下载。

腾讯微云最大可以提供 10T 的个人免费空间,其特色是除了支持文件的上传和下载外还可以与 QQ 账号打通,可以从微云上传文件至 QQ,也可以在微云中浏览 QQ 离线文件。另外微云还可以通过生成和扫描二维码进行文件分享。在移动端微云还可以实现笔记记录和任务管理等功能。

360 云盘在安装手机、PC 版客户端后可以领取 36T 初始空间,后续还能按照用户等级继续扩充直至无限。其中的文件保险箱功能可以保存重要的文件,防止外人偷窥,相当于实施二次加密。

6.5 思考与练习

1. 计算机的数据压缩分为哪些类型,各自的特点是什么?
2. 掌握 WinRAR 的基本应用。

3. 了解常见文件类型及处理方式。

4. 什么是文件下载？

5. 什么是断点续传和多片段下载？

6. 掌握多种下载技术的具体方法和流程，如直接下载、客户端下载、视频下载、BT 下载、eMule 下载等。

7. 什么是云存储？云存储的基本功能有哪些？

8. 熟练使用一款云存储产品。了解其他知名云存储的功能特点。

第7章

网络信息处理

互联网是一个知识的宝库。在这个信息的海洋中，存在着大量有用、有价值的信息。另外，这个信息之海也实在是太大了，要找到目标信息，需借助科学的方法和有效的技术。在目前的互联网时代，基于互联网上海量信息所进行的大数据处理和数据挖掘技术正越来越深入地影响着网络用户的个人生活和各类企业的商业模式。

本章将以简单实例来说明如何在互联网上采集信息、整理信息和分析信息，从而得出有价值的结论。读者学习完本章后，就能够掌握在网上进行信息采集、整理和分析的基本方法，并能够进行实际应用。

7.1 步骤要点

要实现利用互联网原始数据挖掘有价值信息的目的，一般要通过以下几个步骤：

(1) 确定目标；

(2) 确定信息数据源；

(3) 用合适的方法采集数据；

(4) 对数据进行整理，得到可分析的数据；

(5) 对数据进行分析，得出有价值的结论。

下面以实际的例子对这些步骤加以说明。

我们想在证券市场中进行证券投资，并希望得到较好的投资回报。假定我们在证券投资方面的知识有限，无法进行深入的上市公司基本面分析，也不太了解技术分析方法和技巧。我们采用“借脑”的办法来找到适合投资的股票。

具体说来，我们知道目前国内有数百家封闭式证券投资基金和开放式证券投资基金，根据中国证券监督与管理委员会(简称证监会)的要求，每年要公布年报，半年要公布中报，每季度要公布一次投资组合，每周要公布基金净值公告。其中，在每季度公布的投资组合中，需要公布对各行业股票投资的金额和比例，并公布持仓前10名的股票名单、持仓金额和所占基金净值的比例。在中报和年报中，要公布所有持仓股票的信息。如果我们能够采集全部或大部分基金的相关数据，进行整理和分析，就可以清楚地了解证券投资基金者目前持有哪些股票和成本区间，再结合其走势和简单的基本面分析，也许就可以找到合适的股票投资对象了。

下面通过详细的操作来说明上述工作。

7.2　确定目标

我们的目标是：通过了解证券投资基金重点投资的股票，寻找潜在的投资对象。

7.3　确定数据源

由于每个季度的首月证券投资基金需要公布上一季度的投资组合，因此，我们可以在相关的证券投资信息网站上找到有关数据。这类网站主要有：

- 《中国证券报》(http://www.cs.com.cn)
- 《证券时报》(http://www.p5w.net)
- 《上海证券报》(http://www.cnstock.com)
- 巨潮资讯(http://www.cninfo.com.cn)
- 和讯网(http://www.homeway.com.cn)
- 中国财经信息网(http://www.cfi.net.cn)

作为例子，我们以深圳证券交易所下属深圳证券信息有限公司主办的巨潮资讯(http://www.cninfo.com.cn)网站的基金频道为数据源，如图 7.1 所示。

图 7.1　巨潮资讯网站首页

单击页面上的资讯频道中的“基金”链接进入基金列表页面，如图 7.2 所示。

图 7.2 巨潮资讯之“基金”栏目

如图 7.2 所示,单击任意基金名称(例如“合润 A(150016)”),进入该基金资料页面。再单击上方的“投资组合”,打开该基金投资组合数据显示页面。在该页中,可以查阅该基金的投资概况、主要股票投资品种、主要债券投资品种、投资行业分类等情况,如图 7.3~图 7.6 所示。这正是我们所需要的信息数据源。

基金概况 | 基金净值 | 基金发行 | 基金分红 | 投资组合 | 财务指标 | 主

基金代码:150016 基金简称:合润A 代码/简称/拼音 选择基金

基金投资组合(单位:人民币元)

截止日期	20131231	20130930	20130630
权益类投资	787767978.89	774209857.22	856563330.31
其中:股票	787767978.89	774209857.22	856563330.31
其中:存托凭证			
基金投资			
固定收益类投资	226958606.6	49985000	56727930.8
其中:债券	226958606.6	49985000	56727930.8
其中:资产支持证券			
金融衍生品投资			
买入返售金融资产			85300000
银行存款和结算备付金合计	27358892.89	99858395.96	79361235.05
货币市场工具			
其他资产	60515596.53	2407225.84	19692752.54
资产总值	1102601074.91	926460479.02	1097645248.7

图 7.3 基金投资组合——概况

股票投资（截至日期：20131231）		
股票名称	市值（单位：人民币）	占基金净值百分比%
新大新材	71077772.43	6.48
双汇发展	64312739.48	5.86
贵州茅台	62307564.06	5.68
海润光伏	60783668.96	5.54
洪城股份	38339315.96	3.50
科华生物	32851882.08	3.00
新华医疗	32260878.33	2.94
中国船舶	28442843.90	2.59
青岛啤酒	26625177.70	2.43
恒立油缸	26282100.39	2.40

图 7.4　基金投资组合——股票投资前 10 名

债券投资（截至日期：20131231）		
债券名称	市值（单位：人民币）	占基金净值百分比%
平安转债	82444147.50	7.52
石化转债	52987737.60	4.83
11附息国债13	49770000.00	4.54
中行转债	21027875.70	1.92
民生转债	10797845.80	0.98

图 7.5　基金投资组合——债券投资

行业分类（截至日期：20131231）		
行业名称	市值（单位：人民币）	占基金净值百分比%
制造业	666571055.78	60.78
批发和零售业	32248944.65	2.94
建筑业	31502032.00	2.87
电力、热力、燃气及水生产和供应业	26176701.20	2.39
金融业	21405245.26	1.95
农、林、牧、渔业	9864000.00	0.90

图 7.6　基金投资组合——投资的行业分类

7.4　采集数据

在找到所需的所有基金的投资组合数据源后，可以选择合适的方法，将网络上的投资组合数据采集下来，以便后期的整理和分析时使用。

如果数据较少，可以直接在浏览器上打开进行处理。而数据量巨大时，应该考虑用迅雷、超级旋风、网际快车等下载软件进行批量下载。

选择几个基金，分别在其投资组合页面包含投资组合数据的区域单击鼠标右键，右键菜单中查看"属性"信息中的地址(URL)内容。容易发现每种基金的投资组合页面的网址均为以下格式：

http://www.cninfo.com.cn/information/fund/portfolio/基金代码.html

因此，我们只要构造一个包含所有指向基金投资组合数据网址的超级链接的页面，就可以利用下载客户端软件的"批量下载全部链接"功能将所有基金的投资组合数据批量下载。

具体地，首先要提取所有基金的代码和名称。下载安装并启动编辑软件 UltraEdit。在浏览器中刷新图 7.2 所示的基金列表页面，鼠标右键单击列表数据区域，菜单中选择"查看源(代码)"，该页面的 HTML 代码会显示在 UltraEdit 中(如果不能自动在 UltraEdit 中显示，可以将代码复制粘贴到 UltraEdit 的一个新建文件中进行处理)，如图 7.7 所示。

```
szfdlist[1] ×
ckCode").value=lmCode;

r:1px solid #83bbd9">
llspacing="1" cellpadding="0">
ckCode" value="fund/brief?121007"/>

rmation/fundinfo.html' onClick="setLmCode('fund/brief?150001');" target='_blank'>150001 瑞福进取</a></td>
rmation/fundinfo.html' onClick="setLmCode('fund/brief?150008');" target='_blank'>150008 瑞和小康</a></td>
rmation/fundinfo.html' onClick="setLmCode('fund/brief?150009');" target='_blank'>150009 瑞和远见</a></td>
rmation/fundinfo.html' onClick="setLmCode('fund/brief?150012');" target='_blank'>150012 双禧A</a></td>
rmation/fundinfo.html' onClick="setLmCode('fund/brief?150013');" target='_blank'>150013 双禧B</a></td>
rmation/fundinfo.html' onClick="setLmCode('fund/brief?150016');" target='_blank'>150016 合润A</a></td>

rmation/fundinfo.html' onClick="setLmCode('fund/brief?150017');" target='_blank'>150017 合润B</a></td>
rmation/fundinfo.html' onClick="setLmCode('fund/brief?150018');" target='_blank'>150018 银华稳进</a></td>
rmation/fundinfo.html' onClick="setLmCode('fund/brief?150019');" target='_blank'>150019 银华锐进</a></td>
rmation/fundinfo.html' onClick="setLmCode('fund/brief?150020');" target='_blank'>150020 汇利A</a></td>
```

图 7.7 用 UltraEdit 软件打开基金列表页面的源代码

选择 UltraEdit 的列编辑模式，将包含所有基金代码及其后面所有数据的列选中并复制粘贴到一个新的空白文档中。"沪市上市基金"和"其他基金"也做相同处理。这样就将所有基金代码和基金名称全部汇集到一个文档中，如图 7.8 所示。

在汇总的数据中有我们想要的基金代码和基金名称，也有粘贴过来的不需要的标签命令符号</a></td>。利用"替换"编辑功能将</a></td>替换为空从而将其删除掉，如图 7.9 所示。

利用正则表达式"%[^t]++^p"定义只包含空格或制表符的空白行，同样利用替换为空的方法将其全部删除，如图 7.10 所示。

使用 UltraEdit 软件"格式"菜单中的"删除行尾空格"功能将每行后面的空格删除掉。处理后的结果如图 7.11 所示。

利用 UltraEdit 软件的列编辑模式批量为每个基金定义一个指向其投资组合页面的超级链接，每个基金定义超级链接的命令如下：

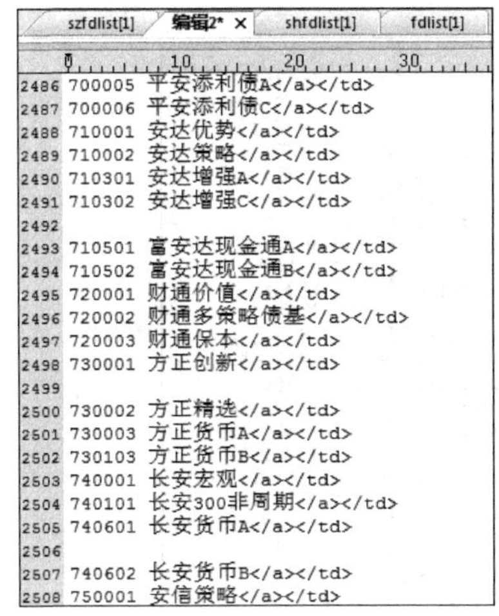

图 7.8 包含所有基金代码和名称的新建文件

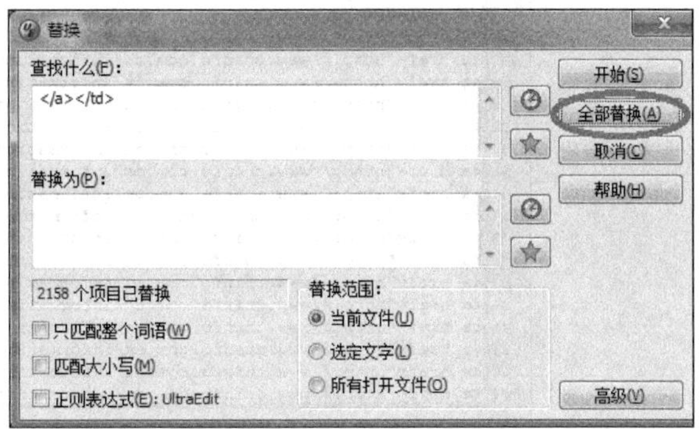

图 7.9 利用替换编辑功能删除标记命令符号

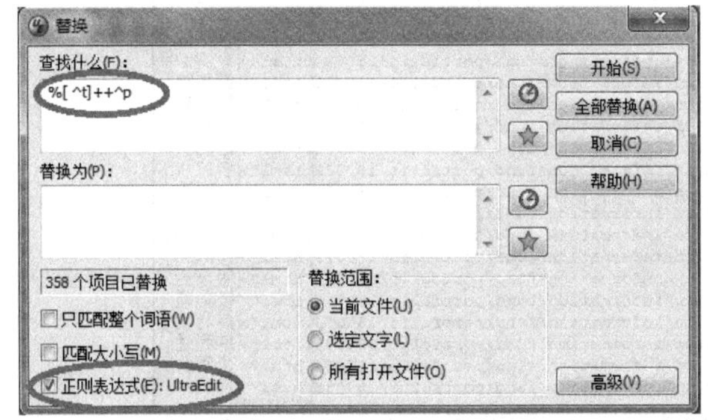

图 7.10 利用替换功能和正则表达式定义删除空白行

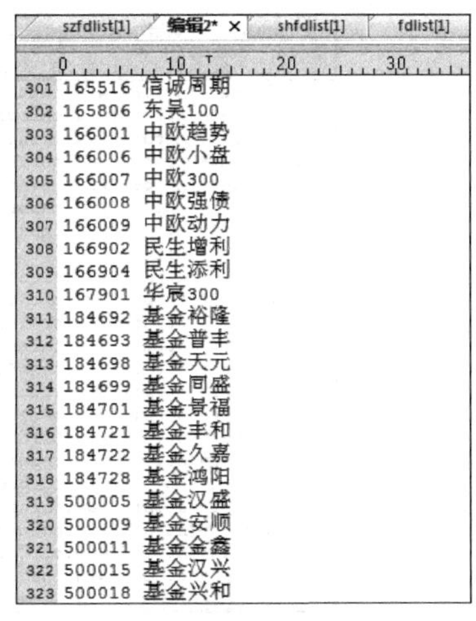

图 7.11 基金代码和名称整理结果

<a href="http://www.cninfo.com.cn/information/fund/portfolio/基金代码.html">基金名称</a>

在列编辑模式下，选中图 7.11 中最左侧的空白列，批量输入"<a href="http://www.cninfo.com.cn/information/fund/portfolio/"，选中基金名称前面的空格列，输入".html">"，将每行最后的换行符(正则表达式为"^p")替换为"</a>
^p"。具体参考图 7.12～图 7.14。

上述操作执行完后，将最终结果保存为三个 HTML 文件(受下载工具最大任务数量限制，将所有下载任务分多次批量进行)，如 GetData01.html、GetData02.html、GetData03.html。在浏览器中分别打开三个文件，单击鼠标右键，并选择"使用迅雷下载全部链接"，如图 7.15 所示。注意，此前需要先安装迅雷或其他下载软件，参见第 6 章的相关内容。

```
<a href="http://www.cninfo.com.cn/information/fund/portfolio/150001 瑞福进取
<a href="http://www.cninfo.com.cn/information/fund/portfolio/150008 瑞和小康
<a href="http://www.cninfo.com.cn/information/fund/portfolio/150009 瑞和远见
<a href="http://www.cninfo.com.cn/information/fund/portfolio/150012 双禧A
<a href="http://www.cninfo.com.cn/information/fund/portfolio/150013 双禧B
<a href="http://www.cninfo.com.cn/information/fund/portfolio/150016 合润A
<a href="http://www.cninfo.com.cn/information/fund/portfolio/150017 合润B
<a href="http://www.cninfo.com.cn/information/fund/portfolio/150018 银华稳进
<a href="http://www.cninfo.com.cn/information/fund/portfolio/150019 银华锐进
<a href="http://www.cninfo.com.cn/information/fund/portfolio/150020 汇利A
<a href="http://www.cninfo.com.cn/information/fund/portfolio/150021 汇利B
<a href="http://www.cninfo.com.cn/information/fund/portfolio/150022 申万收益
<a href="http://www.cninfo.com.cn/information/fund/portfolio/150023 申万进取
<a href="http://www.cninfo.com.cn/information/fund/portfolio/150027 添利B
<a href="http://www.cninfo.com.cn/information/fund/portfolio/150028 信诚500A
<a href="http://www.cninfo.com.cn/information/fund/portfolio/150029 信诚500B
<a href="http://www.cninfo.com.cn/information/fund/portfolio/150030 银华金利
<a href="http://www.cninfo.com.cn/information/fund/portfolio/150031 银华鑫利
<a href="http://www.cninfo.com.cn/information/fund/portfolio/150032 多利优先
<a href="http://www.cninfo.com.cn/information/fund/portfolio/150033 多利进取
<a href="http://www.cninfo.com.cn/information/fund/portfolio/150034 聚利A
<a href="http://www.cninfo.com.cn/information/fund/portfolio/150035 聚利B
```

图 7.12 利用 UltraEdit 列编辑功能批量输入相同列数据 1

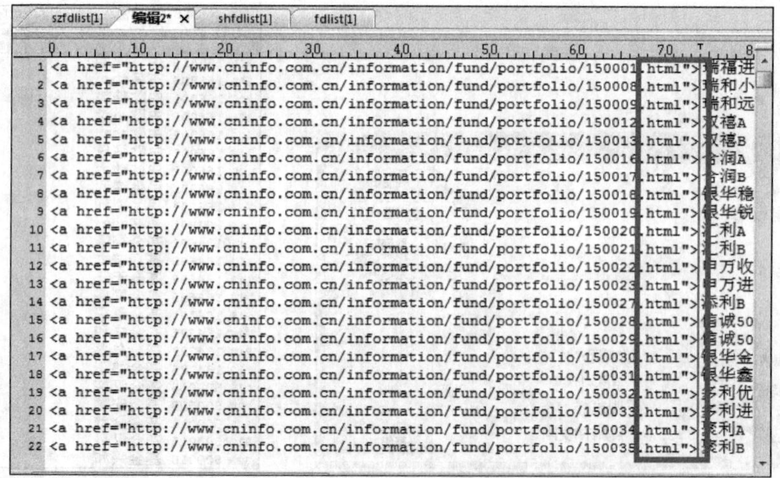

```
<a href="http://www.cninfo.com.cn/information/fund/portfolio/150001.html">瑞福进
<a href="http://www.cninfo.com.cn/information/fund/portfolio/150008.html">瑞和小
<a href="http://www.cninfo.com.cn/information/fund/portfolio/150009.html">瑞和远
<a href="http://www.cninfo.com.cn/information/fund/portfolio/150012.html">双禧A
<a href="http://www.cninfo.com.cn/information/fund/portfolio/150013.html">双禧B
<a href="http://www.cninfo.com.cn/information/fund/portfolio/150016.html">合润A
<a href="http://www.cninfo.com.cn/information/fund/portfolio/150017.html">合润B
<a href="http://www.cninfo.com.cn/information/fund/portfolio/150018.html">银华稳
<a href="http://www.cninfo.com.cn/information/fund/portfolio/150019.html">银华锐
<a href="http://www.cninfo.com.cn/information/fund/portfolio/150020.html">汇利A
<a href="http://www.cninfo.com.cn/information/fund/portfolio/150021.html">汇利B
<a href="http://www.cninfo.com.cn/information/fund/portfolio/150022.html">申万收
<a href="http://www.cninfo.com.cn/information/fund/portfolio/150023.html">申万进
<a href="http://www.cninfo.com.cn/information/fund/portfolio/150027.html">添利B
<a href="http://www.cninfo.com.cn/information/fund/portfolio/150028.html">信诚50
<a href="http://www.cninfo.com.cn/information/fund/portfolio/150029.html">信诚50
<a href="http://www.cninfo.com.cn/information/fund/portfolio/150030.html">银华金
<a href="http://www.cninfo.com.cn/information/fund/portfolio/150031.html">银华鑫
<a href="http://www.cninfo.com.cn/information/fund/portfolio/150032.html">多利优
<a href="http://www.cninfo.com.cn/information/fund/portfolio/150033.html">多利进
<a href="http://www.cninfo.com.cn/information/fund/portfolio/150034.html">聚利A
<a href="http://www.cninfo.com.cn/information/fund/portfolio/150035.html">聚利B
```

图 7.13 利用 UltraEdit 列编辑功能批量输入相同列数据 2

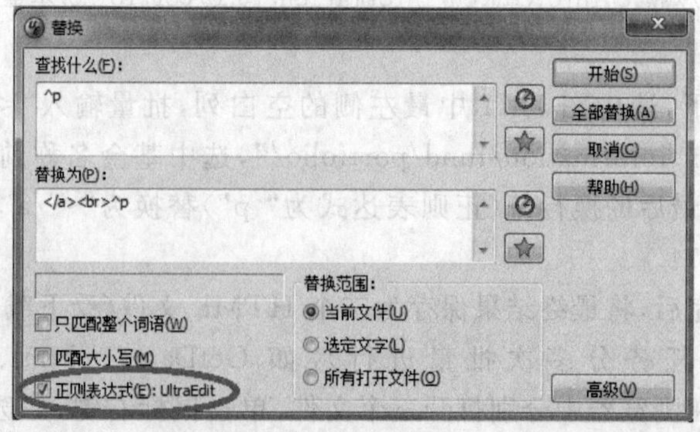

图 7.14 利用正则表达式替换功能批量输入多列标记命令

此时将出现迅雷的选择下载 URL 对话框，全选要下载的基金投资组合页面，如图 7.16 所示。

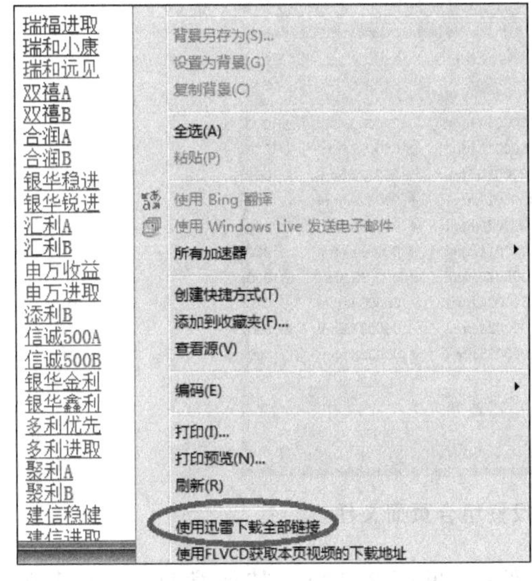

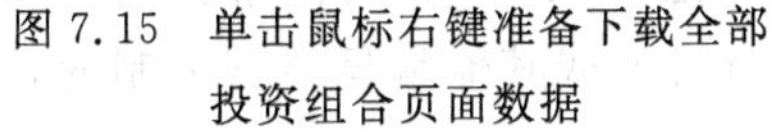

图 7.15　单击鼠标右键准备下载全部投资组合页面数据

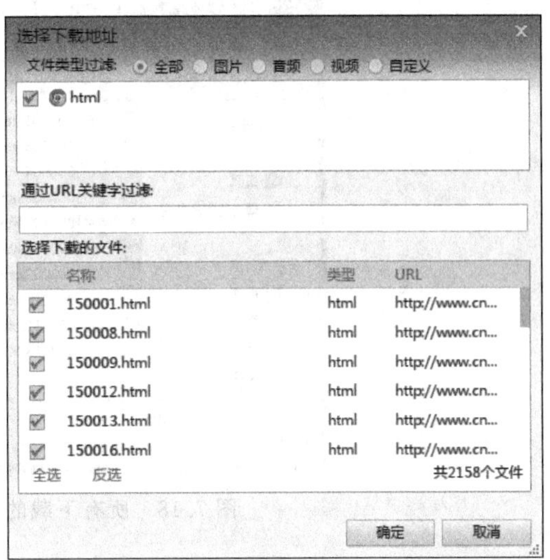

图 7.16　迅雷中全选要下载的基金投资组合页面

单击“确定”按钮，出现添加新的下载任务对话框，将下载后的数据保存目录设置为自定义的目录，如“D:\信息处理\HTML”，如图 7.17 所示。

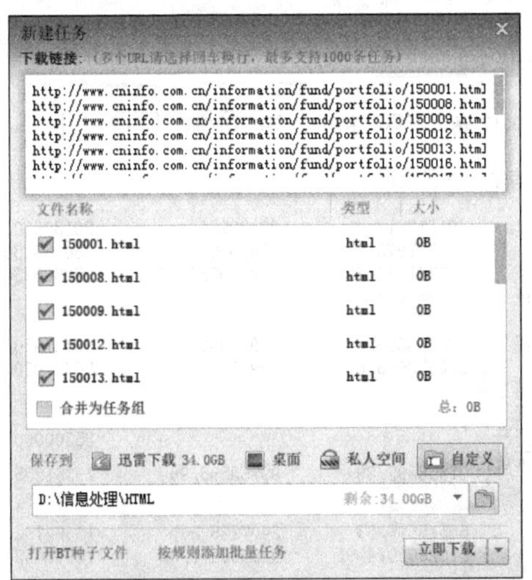

图 7.17　迅雷新建任务窗口中设置目标数据位置

单击“立即下载”按钮，迅雷开始下载所选页面并保存到指定的目录中。对其余的 GetData *. HTML 中的链接进行相同的批量下载处理，结果将得到 2158 个[①]基金投资

① 截止到 2014 年 4 月 11 日的数据。

组合数据文件,从资源管理器中可以看到所有的文件,如图 7.18 所示。

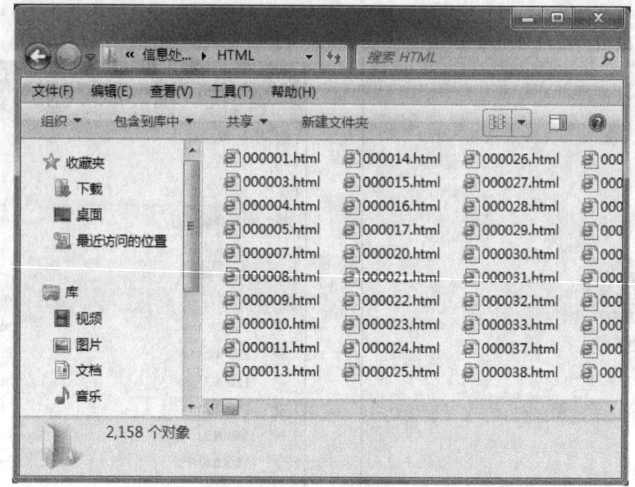

图 7.18 所有下载的基金投资组合页面文件

可以看到这些文件名都为.html,即 html 文件(参见图 7.19)。其他常见的 html 文件扩展名还有.htm。另外,有些动态网页程序是用 asp、jsp 或其他编程语言编制的,下载后的网页文件的扩展名可能会是.asp、.jsp 或其他,但如果在 IE 等浏览器中打开它们,将会发现它们其实是由 JSP 程序生成的网页文件,其源代码符合 HTML 语言格式。

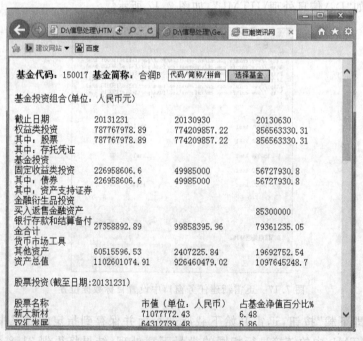

D:\信息处理\HTM　D:\信息处理\Ge...　巨潮资讯网
建议网站 ▾　百度

基金代码:150017 **基金简称**:合润B　代码/简称/拼音　选择基金

基金投资组合(单位:人民币元)

截止日期	20131231	20130930	20130630
权益类投资	787767978.89	774209857.22	856563330.31
其中:股票	787767978.89	774209857.22	856563330.31
其中:存托凭证			
基金投资			
固定收益类投资	226958606.6	49985000	56727930.8
其中:债券	226958606.6	49985000	56727930.8
其中:资产支持证券			
金融衍生品投资			
买入返售金融资产			85300000
银行存款和结算备付金合计	27358892.89	99858395.96	79361235.05
货币市场工具			
其他资产	60515596.53	2407225.84	19692752.54
资产总值	1102601074.91	926460479.02	1097645248.7

股票投资(截至日期:20131231)

股票名称	市值(单位:人民币)	占基金净值百分比%
新大新材	71077772.43	6.48
双汇发展	64312739.48	5.86

图 7.19 浏览器中打开下载的页面文件

至此,我们的数据采集任务结束。下一步将进入数据整理和分析阶段。

7.5 整理数据

由于采集到的数据是 HTML 文件，不便于数据的整理和分析，因此，我们首先将这些 HTML 文件转换为文本格式文件。

我们当然可以通过用 Internet Explorer 等浏览器显示每一个文件，并将其中的内容保存为文本格式（直接通过“文件”菜单中的“另存为”命令保存，或将页面内容复制到文本编辑器中后再保存为文本格式），但如果文件数多（数十、数百，甚至成千上万页），则此方法从效率和准确性上看都不适用。我们考虑采用适当软件，进行批量转换的方式来处理。

在网络上可以找到不少用于文件格式转换的软件，例如其中的一款名为 HTMASC 的软件即可使用。将该款软件安装后，启动它。首先配置转换后文本文件的保存目录，从 Options 菜单中选择“More”命令，将其中的 Output Directory 项设定为目标文件的输出目录，如图 7.20 所示。

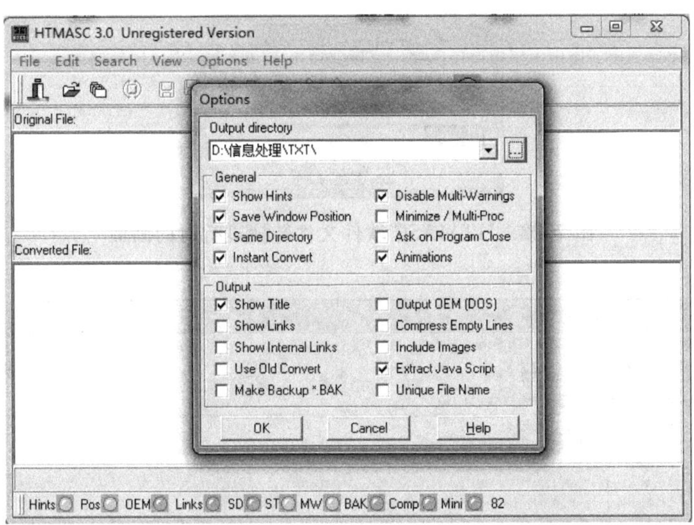

图 7.20　HTMASC 软件中设置转换后的文本文件保存的目录

之后，从工具栏中选择该软件的批量转换功能，选择正确的源文件目录后，将所有 2158 个基金投资组合页面文件设置为转换的源文件，然后单击“GO”按钮开始转换，如图 7.21 所示。

转换的过程页面如图 7.22 所示。我们可以看到转换过程是非常迅速的，很快就可以完成 2158 个文件的转换。

转换完成后，HTMASC 软件中会以上下栏对照形式，显示源文件的 HTML 代码形式和转换后的纯文本形式，如图 7.23 所示。

图 7.21　选择所有文件准备转换操作

图 7.22　HTMASC 软件文件转换进行时的画面

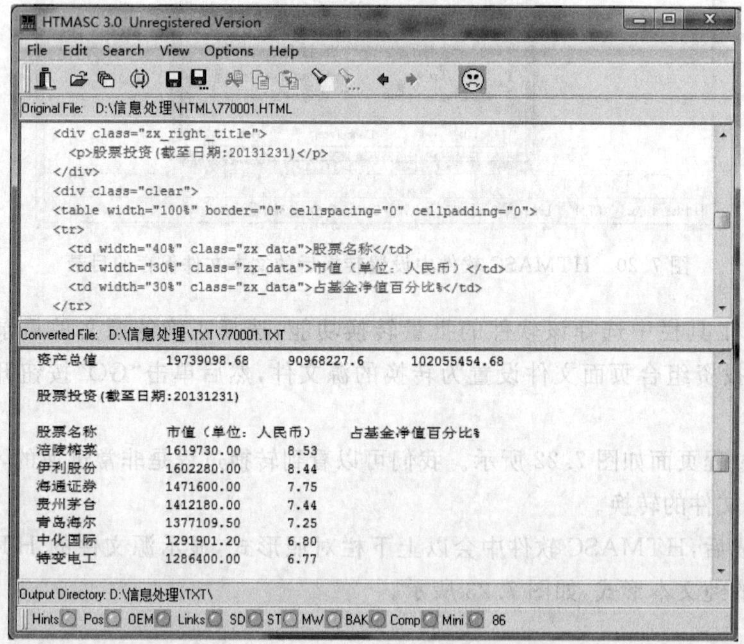

图 7.23　HTMASC 软件文件格式转换后的结果显示

在 Windows 的资源管理器中打开转换后文件保存的目录查看，可以看到实际生成了 2158 个.TXT 格式文件和 2158 个.js 格式文件，如图 7.24 所示。其中的.js 文件是原 html 文件的一些设置信息。由于与我们的目标无关，可以将这些.js 文件删除。

图 7.24　将 html 文件批量转换为文本文件后的结果

打开任一个.TXT 格式文件，可以看到类似图 7.25 所示格式的内容。

在本例中，我们只对其中黑体部分(股票投资)感兴趣，即我们只需要每只基金投资的股票信息。

如果我们以手工的方式一页一页地摘录，其效率将会是很低的。我们可以将所有基金的全部数据先集中到一个文件中，再将其中的无关信息删除，这样可以提高抽取数据的效率。

在文本文件所在目录下用记事本或其他文本编辑器建立一个扩展名为 bat 的批处理文件(例如取名为 CopyAll.bat)，其内容如下：

```
copy *.txt alldata.txt
```

双击运行批处理文件 CopyAll.bat 后系统将会自动地将所有.TXT 文件的内容全部复制到文件 alldata.txt 中。

在汇总文件 alldata.txt 中，还需要删除掉大量的多余文字。用 UltraEdit 软件打开刚生成的集中数据文件 alldata.txt，如图 7.26 所示。

UltraEdit 中，利用替换编辑功能将无用数据替换为空将其删除掉。查找内容的正则表达式表示为“债券投资*^p[*^p]++股票名称*^p”，具体操作时的替换窗口如图 7.27 所示。

手工处理文档前端和末端的多余数据，并利用图 7.10 中的方法将空行删掉。将所有结果数据全部选中复制到一个空白的 Excel 表格中，并添加表头。利用 Excel 的高级筛选功能将重复行删除掉，如图 7.28 所示。

将删除重复行的结果数据复制到一个新的工作表中进行分析。

```
======================================================================
巨潮资讯网
======================================================================
......
基金代码：150016 基金简称：合润 A

基金投资组合(单位：人民币元)

截止日期   20131231     20130930     20130630
权益类投资       787767978.89      774209857.22      856563330.31
其中：股票       787767978.89      774209857.22      856563330.31
其中：存托凭证
基金投资
固定收益类投资  226958606.6       49985000      56727930.8
其中：债券      226958606.6       49985000      56727930.8
其中：资产支持证券
金融衍生品投资
买入返售金融资产                   85300000
银行存款和结算备付金合计        27358892.89       99858395.96       79361235.05

货币市场工具
其他资产    60515596.53       2407225.84  19692752.54
资产总值    1102601074.91    926460479.02      1097645248.7

股票投资(截至日期:20131231)

股票名称  市值(单位：人民币)      占基金净值百分比%
新大新材    71077772.43    6.48
双汇发展    64312739.48       5.86
贵州茅台    62307564.06       5.68
海润光伏    60783668.96       5.54
洪城股份    38339315.96       3.50
科华生物    32851882.08       3.00
新华医疗    32260878.33       2.94
中国船舶    28442843.90       2.59
青岛啤酒    26625177.70       2.43
恒立油缸    26282100.39       2.40

债券投资(截至日期:20131231)

债券名称  市值(单位：人民币)      占基金净值百分比%
平安转债  82444147.50    7.52
石化转债  52987737.60       4.83
11 附息国债 13  49770000.00       4.54
中行转债  21027875.70    1.92
民生转债  10797845.80       0.98

行业分类(截至日期:20131231)

行业名称  市值(单位：人民币)      占基金净值百分比%
  制造业     666571055.78      60.78
  批发和零售业     32248944.65       2.94
  建筑业     31502032.00    2.87
  电力、热力、燃气及水生产和供应业  26176701.20       2.39
  金融业     21405245.26       1.95
  农、林、牧、渔业       9864000.00   0.90
  最新公告
```

图 7.25 基金列表基金管理公司一览表

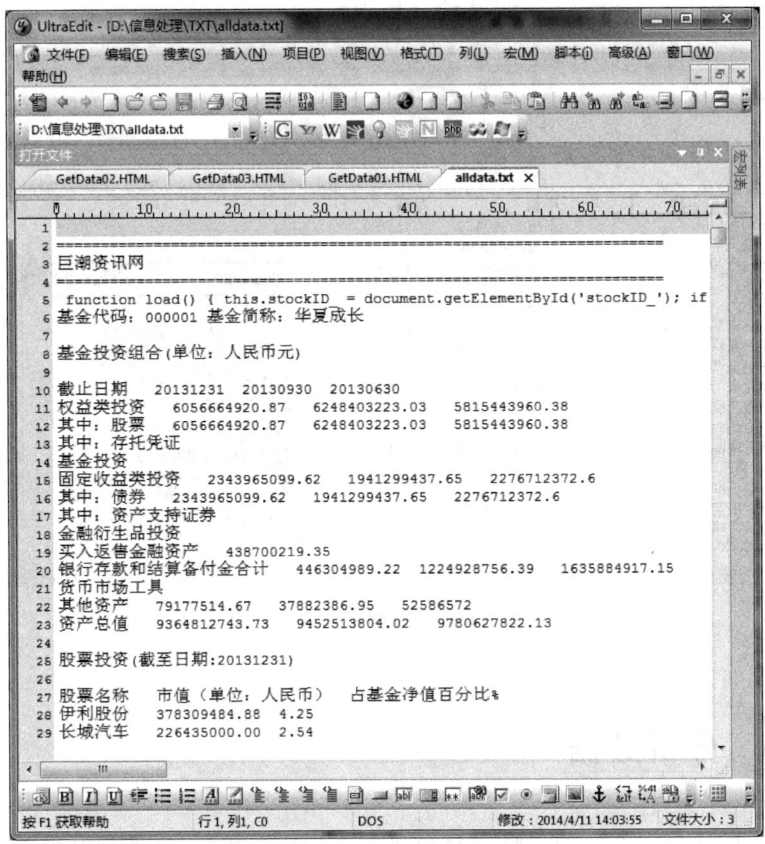

图 7.26 用 UltraEdit 打开汇总后的数据信息文件

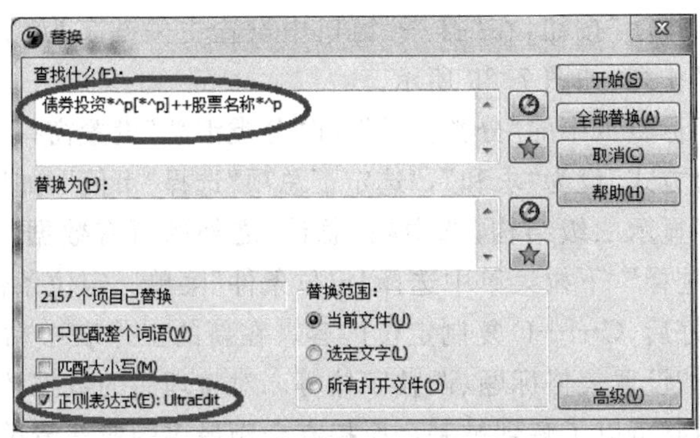

图 7.27 替换删除无用投资组合数据

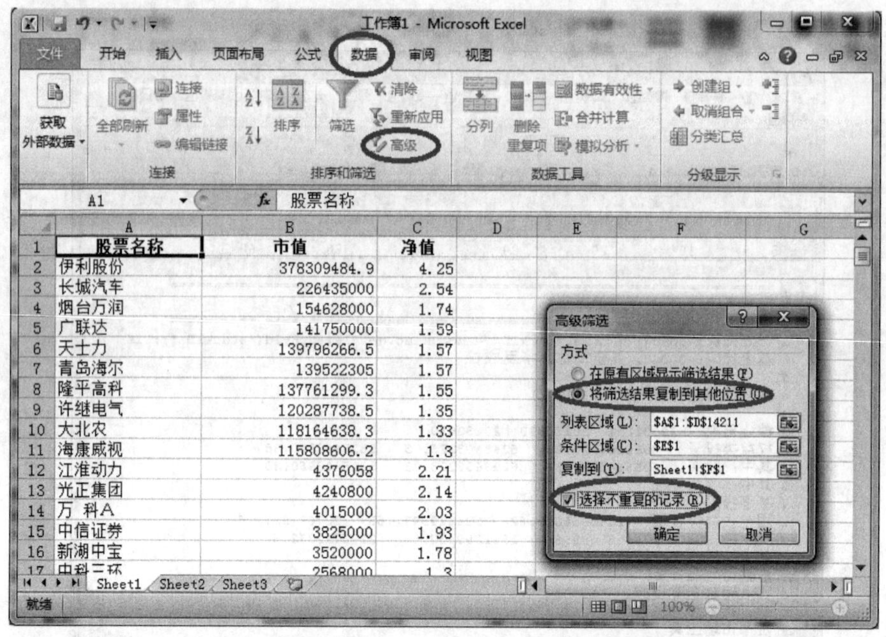

图 7.28　利用 Excel 高级筛选功能删除重复数据行

7.6　分析数据

用 Excel 软件对按上述方法整理好的数据进行简单的分析,就可以得出不少有价值的结论。

例如,我们先统计每支股票被所有基金持仓的市值金额总量。单击数据区域,选择“数据”标签页,单击“排序”按钮,在“排序”窗口中设置主关键字为“股票名称”,依据“数值”进行“升序/降序”排列,如图 7.29 所示。

然后单击“数据”标签页中的“分类汇总”,在“分类汇总”设置窗口中,设置“分类字段”为“股票名称”,“汇总方式”设为“求和”,“选定汇总项”选择“市值”,如图 7.30 所示。

在汇总结果页面显示二级结构,选中除“总计”之外的所有数据。在 Excel“开始”标签页中单击“查找和选择”,下拉菜单中选择“定位条件”菜单。定位条件设置为“可见单元格”。定位条件设置好后,Ctrl+C 复制定位内容。在新的工作表中粘贴复制的内容。对内容做一定的整理,如设置表格标题、调整字体等。对整理后的数据按“持仓市值”金额大小进行降序排序。由此可以了解到被基金所持有金额最多的股票清单。被持仓金额总量前 20 名的股票及其被基金持仓的金额数据如图 7.31 所示。

按同样方法分析,可以了解到一只股票被多少家基金持有。显然,被越多的基金持有的股票,其价值就可能越高。在上一步的汇总数中对数据进行重新汇总,这次“分类字段”依然选择“股票名称”,“汇总方式”设为“计数”,“选定汇总项”设置为“股票名称”,勾选“替换当前分类汇总”选项。单击“确定”按钮进行计数汇总后的处理方式跟前面对持仓金额

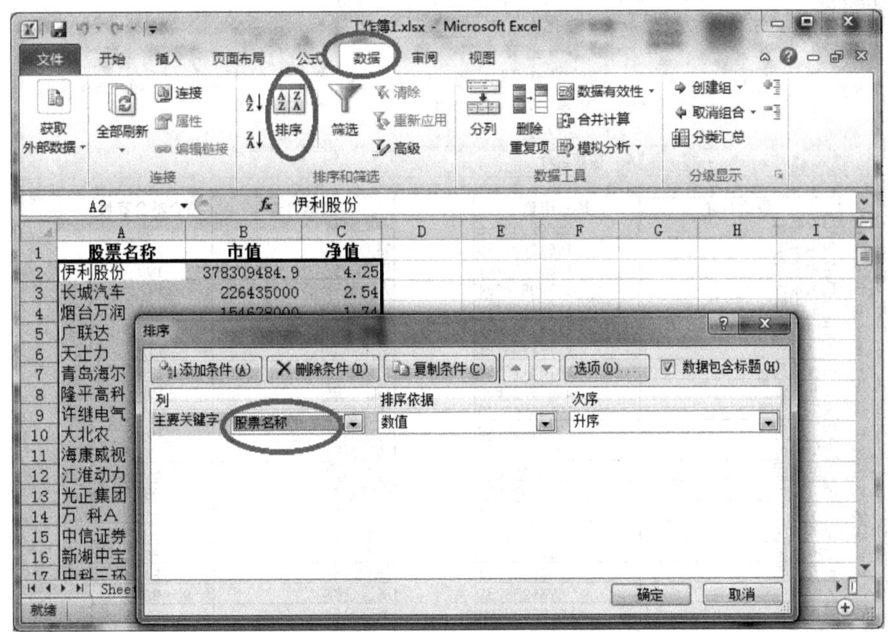

图7.29 Excel中按“股票名称”排序

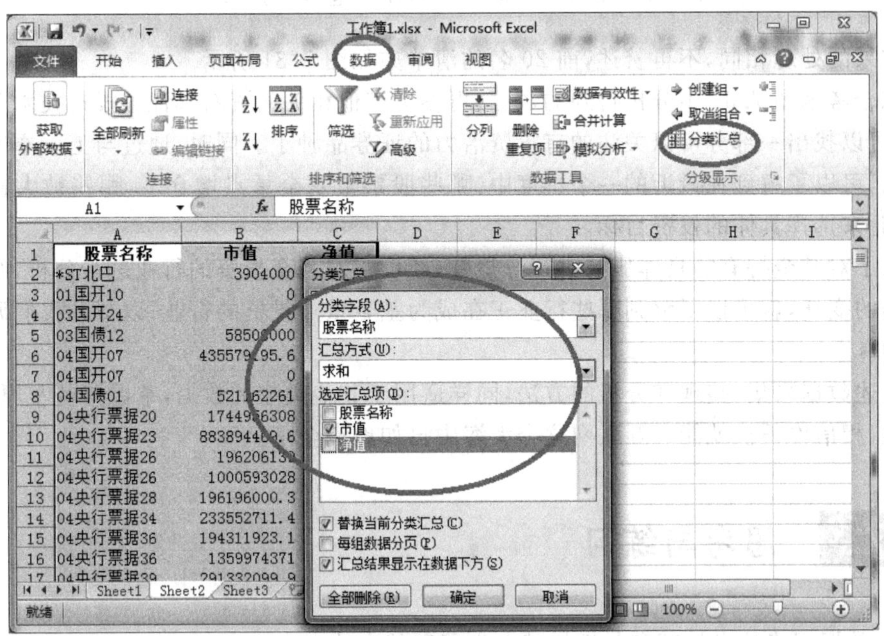

图7.30 Excel中按股票名称对市值总和进行汇总

股票名称	持仓市值		股票名称	持仓基金家数
伊利股份	25502938098		伊利股份	225
中国平安	19917409370		格力电器	195
格力电器	18898509761		中国平安	190
招商银行	11999850634		万 科A	142
双汇发展	11904827730		海康威视	126
云南白药	11567800039		兴业银行	119
万 科A	11371703721		歌尔声学	116
海康威视	10735476880		招商银行	116
兴业银行	10669907896		双汇发展	109
民生银行	10139346375		民生银行	108
歌尔声学	9434095958		云南白药	104
大华股份	9156236011		浦发银行	102
美的集团	8933491000		美的集团	99
浦发银行	7798090662		中信证券	98
青岛海尔	7560942234		大华股份	94
康美药业	7525382022		碧水源	88
上海家化	7490375967		三安光电	86
长安汽车	6822520335		长安汽车	84
天士力	6739258251		海通证券	83
碧水源	6676692508		杰瑞股份	81

图 7.31 股票基金持仓金额和被持仓基金家数统计

汇总结果的处理相同,不再赘述,前 20 名的清单亦如图 7.31 所示。

综合考虑图 7.31 中分析得到的数据,再参考其他相关的资料和证券投资技术分析手段,就可以找出一部分可以关注的有投资潜力的证券品种了。同时,通过与上一季度的数据相比,可以了解到在最近的一个季度中,哪些股票被基金重点增仓了,哪些被大量减仓了,据此来选择具体的投资目标。

除了对基金持有的具体股票进行分析外,还可以对基金投资的行业进行分析,结合历史数据的变迁,就可以了解到哪些行业正在成为基金重点投资的行业,以帮助我们调整投资结构。

上述数据采集、整理和分析的方法,同样适用于其他类型的数据,掌握其基本原理,触类旁通,相信你很快就能在互联网这个大海中自如地淘金了。

7.7 思考与练习

1. 掌握网络信息处理和分析的基本步骤和基本技术。

2. 自选题材和内容,进行网上信息的采集、整理和分析操作,并简单说明处理的过程。

3. 培养利用网络信息处理和分析帮助自己进行决策的意识。

网络交流

Internet 网络具有互联、开放和实时的特点，从互联网诞生之初，利用 Internet 网络进行网络用户间的信息交流就是 Internet 网络的一个非常重要的功能。基于 Internet 网络之上的网络交流技术具有快捷、经济、方便的特点。随着互联网技术的不断发展，网络交流技术也出现了多种不同的形式和工具，多种形式并存。从技术实现来看，可以归结为下面几类：

- 电子邮件类：如电子邮件、邮件列表等。
- 网页类：如留言板、论坛等。
- 即时通信类：如 QQ、微信等。
- 综合性交流类：如社会性网络、博客、微博、网上路演等。

本章我们将向读者介绍一些典型的网络交流方式。

8.1 电子邮件和邮件列表

电子邮件(E-mail)服务是 Internet 最重要的信息服务方式之一，它为世界各地的 Internet 用户提供了一种极为快速、简便和经济的通信方式和交换信息手段。除了为用户提供基本的电子邮件服务外，还可以使用电子邮件系统给邮件列表(Mailing List)的每个注册成员分发邮件，甚至利用邮件列表来开办电子期刊服务。

8.1.1 电子邮件服务

与常规信函相比，电子邮件非常迅速，它把信息传递的时间由数以天计减少到几分钟甚至几秒钟。同时，电子邮件的使用是非常方便和自由的，不需要跑邮局，不需要另付邮费，一切在电脑上就可以完成了。正是由于这些优点，Internet 上数以亿计的用户都有自己的 E-mail 信箱，有不少人甚至拥有多个 E-mail 信箱。

和网页访问需要有协议支持一样，电子邮件系统也需要有相应的协议支持。在目前的电子邮件系统中，最常使用的协议有 POP、SMTP、IMAP4 和 MIME，其作用如下：

- POP3(Post Office Protocol)即邮局协议，目前是第 3 版，一般用于收信。
- IMAP4(Internet Message Access Protocol)即交互邮件访问协议第四版，主要功

能是能实现客户端与服务器间的同步访问。

- SMTP(Simple Mail Transfer Protocol)即简单邮件传输协议,一般用于发信。
- MIME(Multipurpose Internet Mail Extensions)即多用途互联网邮件扩展,实现多语言字符集兼容和多内容类型兼容及识别能力。

要使用电子邮件服务,首先必须申请电子邮箱,E-mail 邮箱是以域为基础的,如 abc@ruc.edu.cn 就是中国人民大学使用的 E-mail 邮箱。在电子邮件系统中,用户使用的 E-mail 邮箱是具有固定格式的,一般分为 3 个部分,如图 8.1 所示。

图 8.1 E-mail 信箱的组成格式

例如,在 E-mail 邮箱 xyz@263.net 中,其各部分的组成如表 8.1 所示。

表 8.1 E-mail 信箱 xyz@263.net 的组成元素

组成元素	值	组成元素	值
用户名(账号)	xyz	邮局(邮件服务器)	263.net

电子邮箱的申请有免费和付费两种。访问电子邮件服务提供商的网站,找到申请入口,选择适当的用户名,填写密码及其他注册资料后即可。在申请到 E-mail 信箱后,用户即可以使用电子邮件系统的各项功能。电子邮件的使用,一般可以分为网页方式和客户端软件方式。

所谓网页方式电子邮件系统,是指使用浏览器访问电子邮件服务商的电子邮件系统网站,在该电子邮件系统网站上,输入用户名和密码,进入用户的电子邮件信箱,然后处理用户的电子邮件。这样,用户无须特别准备设备或软件,只要有机会浏览互联网,即可使用电子邮件服务商提供的电子邮件服务。现在某些知名的网页邮箱功能也越来越强大,除了基本的收发邮件之外还能提供与客户端软件类似甚至更高的邮件管理功能,如多账号管理、邮件过滤、多重安全控制等,具体使用方式这里不再赘述。

所谓客户端软件方式电子邮件的使用,是指用户使用一些安装在个人计算机上的支持电子邮件基本协议的软件产品收发和管理电子邮件。这些软件产品往往融合了最先进、最全面的电子邮件功能,利用这些客户端软件可以进行远程电子邮件同步操作,以及对用户的多个电子邮箱统一管理。

目前最常用的客户端电子邮件软件有 Microsoft OutLook 和 Foxmail 等。OutLook 是由微软公司出品的 Office 软件包中包含的客户端电子邮件软件。Foxmail 是由国内程序员开发的客户端电子邮件软件,后来被腾讯公司收购。

下面以 Foxmail 7.2 为例介绍客户端电子邮件软件的使用,部分内容参考软件使用帮助。其他版本的使用可能略有不同。Outlook 也有类似功能,在此不多介绍。

1）创建管理邮箱账号及基本邮件操作

Foxmail通过创建针对不同电子邮件地址的多个邮箱账号来实现对用户的多个电子邮箱的统一管理功能。下载并安装Foxmail7.2（http://www.foxmail.com/）后，启动Foxmail。初次使用一般在启动时会出现新建邮箱账号的向导，如图8.2所示。

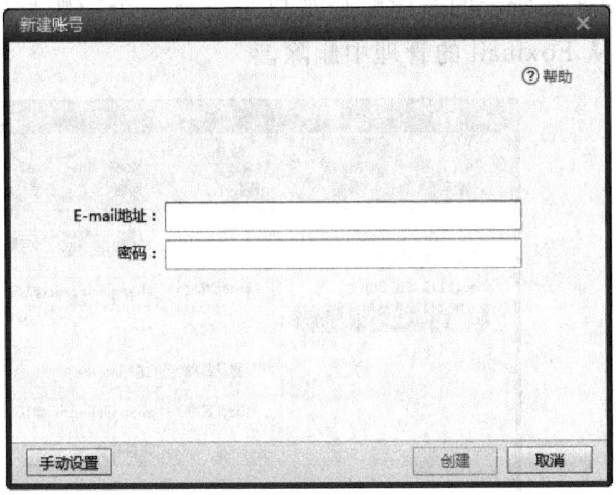

图8.2 Foxmail中新建账号向导

在图8.2窗口中输入一个电子邮箱地址和与其对应的登录密码后，软件自动对信息验证，若能够识别出相应的服务器设置信息且邮箱地址和密码匹配正确即可创建第一个邮箱账号。对于一些Foxmail不能识别的非主流的电子邮箱，则会出现如图8.3所示的服务器手动设置窗口。用户在此窗口中对相应信息进行设置，不同的邮箱在客户端应用中服务器及其他相关的设置可能会有所不同。具体应该如何进行客户端的相关设置，应该在该邮箱的网页登录界面中查找与客户端设置相关的帮助文件。如果邮箱支持客户端访问模式，通常在其帮助文档中都会有详细说明介绍应该如何配置客户端账号。

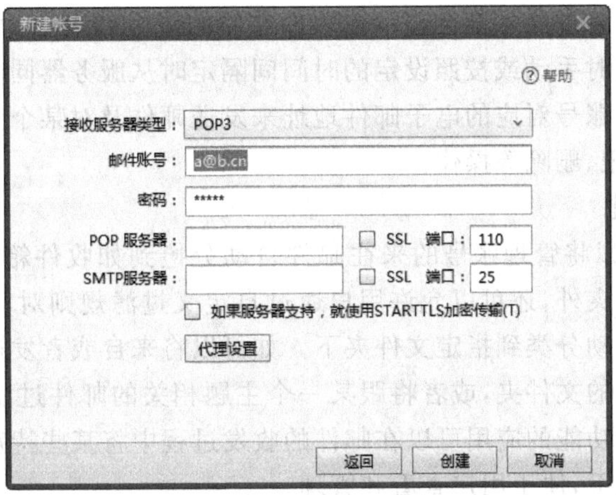

图8.3 手动配置邮箱账号的服务器相关设置

此后，在使用Foxmail软件的任何时候，都可以随时添加新的邮箱账号，也可以对已经建立的账号进行重新的配置和管理。单击 Foxmail 窗口右上方的菜单图标，会显示如图 8.4 所示的下拉菜单。

选择"账号管理"，打开图 8.5 所示的账号管理窗口。选择一个已经创建的账号，可以对其相关的账号信息、服务器配置及其他一些管理选项等内容进行重新的设置。单击"新建"按钮则会出现如图 8.2 所示的新建账号窗口来进行一个新账号的创建。单击"删除"按钮可以将选定账号从 Foxmail 的管理中删除。

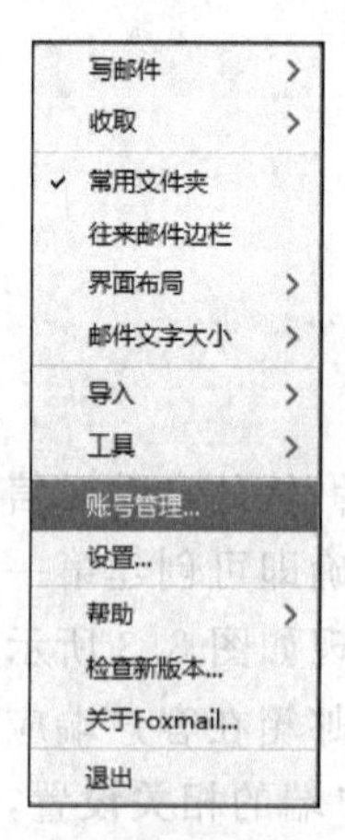

图 8.4　Foxmail 菜单中的"账号管理"菜单

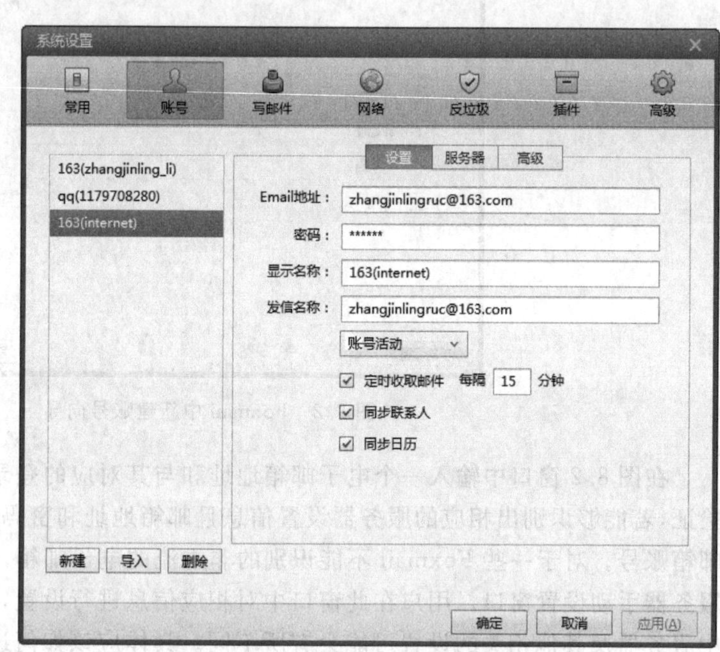

图 8.5　Foxmail 账号管理窗口

用户创建的所有管理账号都会显示在软件左侧的账号列表中，如图 8.6 所示。每个创建的账号都可以随时手动或按照设定的时间间隔定时从服务器同步邮件内容。选择某一个账号即可通过此账号对应的电子邮件地址来发送邮件及对某个文件夹中的邮件进行查看、回复、转发、标记、删除等操作。

2) 邮件过滤功能

Foxmail 除了可以将管理账号的来往邮件自动分捡到如收件箱、发件箱、草稿箱、垃圾邮件等默认的文件夹外，还可以允许用户通过自定义过滤规则对具有某一特征的邮件自动过滤以将它们自动分类到指定文件夹下。如可以将来自或者发送给某个特定账号的邮件过滤到一个单独的文件夹，或者将跟某一个主题相关的邮件过滤到一个特定的文件夹等。通过邮件过滤功能的应用可以在邮件的收发过程中将某些特殊或者重要的邮件自动抽取到特定文件夹下，便于用户查看和管理。

要使用邮件过滤功能，关键是要制定合适的过滤规则。过滤规则制定好后，邮件的过滤操作会由 Foxmail 软件自动完成。单击 Foxmail 窗口右上方的菜单图标，在显示的下拉菜单中依次选择"工具→过滤器"，如图 8.7 所示。打开如图 8.8 所示的"过滤器"窗口。在“过滤器”窗口中针对某一邮箱账号制定对应的过滤规则。

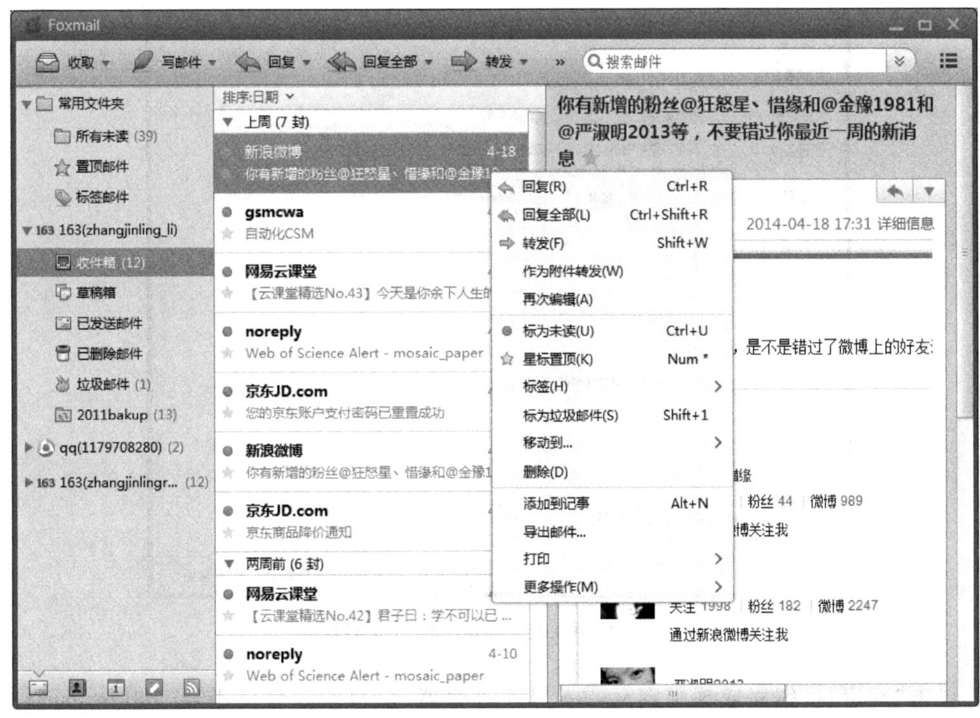

图 8.6　Foxmail 中管理多个邮箱账号

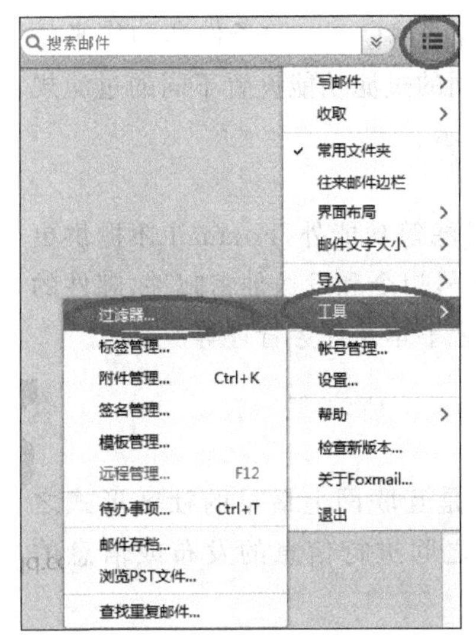

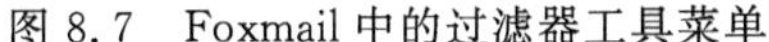

图 8.7　Foxmail 中的过滤器工具菜单

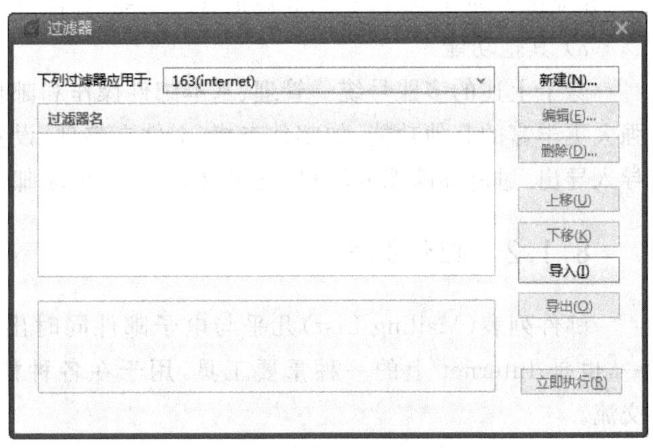

图 8.8　Foxmail 的过滤器管理窗口

例如，若想将所有与 Internet 教材编写相关的往来邮件统一放置在一个文件夹下，首先在用于收发相关邮件的账号（如 163（Internet））下新建一个文件夹“Internet 教材邮件”。按照前面所述方法打开“过滤器”窗口，选择管理账号 163（internet）。单击“新建”

按钮,打开如图 8.9 所示的“新建过滤器规则”窗口,并进行相应的设置。

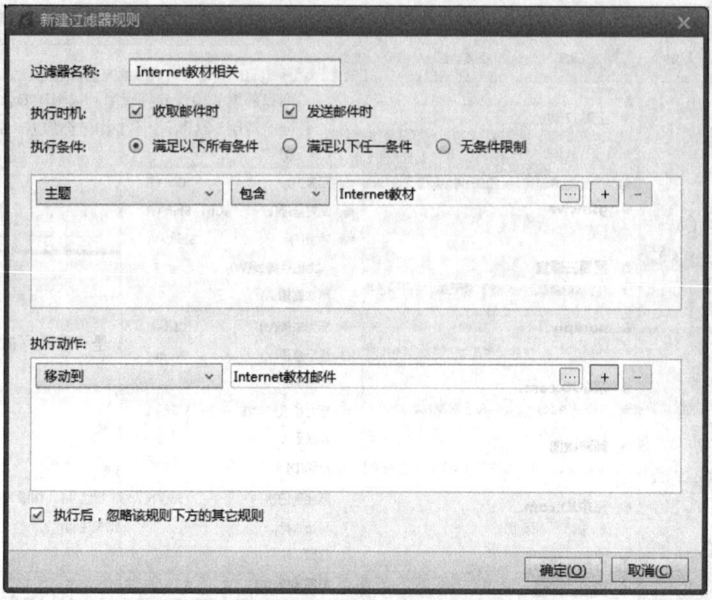

图 8.9 Foxmail 中新建邮件过滤器规则

单击“确定”按钮完成规则定义,并退出“过滤器”窗口。以后在账号 163(Internet)的邮件收发过程中,主题中包含“Internet 教材”关键词的所有邮件都会自动移动到该账号的“Internet 教材邮件”文件夹中。

在“新建/编辑过滤器规则”窗口中可以通过添加或者删除(+ -)条件和动作来精确界定过滤条件以及执行多重操作。每个账号可以为不同的过滤功能设置不同的过滤规则,并提供方便地编辑、删除等规则管理功能,如图 8.8 所示。

3) 其他功能

除了上述的多账号统一管理、基本邮件操作和邮件过滤等功能外,Foxmail 还提供更强大更丰富的其他功能,如邮件查找、文件夹整理、设置账号口令和发送加密邮件、邮件的导入导出、过滤器跨账号转移、通讯录管理、反垃圾邮件、记事本及任务管理等。

8.1.2 邮件列表

邮件列表(Mailing List)几乎与电子邮件同时出现,是互联网上最早的社区形式之一,也是 Internet 上的一种重要工具,用于在各种群体之间进行信息的发布或信息的交流。

邮件列表的使用范围很广,如:

① 电子杂志

可以主办自己的电子杂志,通过邮件列表的方式,向数十万用户同时发送。

② 企业应用

新产品发布、与客户保持联系、产品的技术支持、信息反馈。

③ Web 站点

主页更新、信息反馈。

④ 组织和俱乐部

吸引新用户的加入，提供成员之间的交流工具。

……

当然，用户还可以订阅其他人建立的邮件列表，获取感兴趣的信息，同时可以参与讨论。

邮件列表的类型分为公开、封闭、管制三种。在公开型邮件列表中，任何人都可以在列表里发表信件，如同公开的讨论组、论坛。对于封闭型邮件列表，只有邮件列表里的成员才能发表信件，如同学通讯、技术讨论。而对于管制型邮件列表，只有邮件列表管理者或经过邮件列表管理者批准的信件才能发表，如产品信息发布、电子杂志等。

邮件列表具有使用简单方便的特点，只要能够使用 E-mail，就可以使用邮件列表。

最简单的邮件列表，可以在发电子邮件时抄送多人即可实现。但对于订阅人数多的邮件列表，则最好通过专业的邮件列表服务商来创建并管理，以达到更高的效率。目前能够提供邮件列表功能的服务商有希网网络、腾讯 QQ 邮件列表、网易邮件列表等，不同的服务商提供的邮件列表具有不同的类型和功能。这里以腾讯公司推出的 QQ 邮件列表进行说明。

QQ 邮件列表是腾讯公司推出的一项免费的群发邮件服务，QQ 邮件列表体现了“站长/企业构建邮件内容，读者主动订阅邮件，QQ 邮箱提供发信服务”的三方关系。通过它，站长或企业可以在网站上加入订阅入口，来获取订户。用户订阅后，就能方便地给他们群发邮件了。例如，如果你是博客博主，通过 QQ 邮件列表能自动将最新的博客文章发给读者；如果你在网上开网店，可以用 QQ 邮件列表批量通知顾客店铺的最新优惠；如果你正管理一个组织，利用 QQ 邮件列表能快速向组织成员发布公告。

在浏览器中访问 http://list.qq.com，进入如图 8.10 所示的 QQ 邮件列表登录界面。

图 8.10　QQ 邮件列表登录界面

1）创建邮件列表

使用 QQ 邮箱账号和密码登录，然后单击“创建一个栏目”按钮，进入新栏目创建页面，为创建的栏目设置栏目名称和栏目简介等内容，如图 8.11 所示。

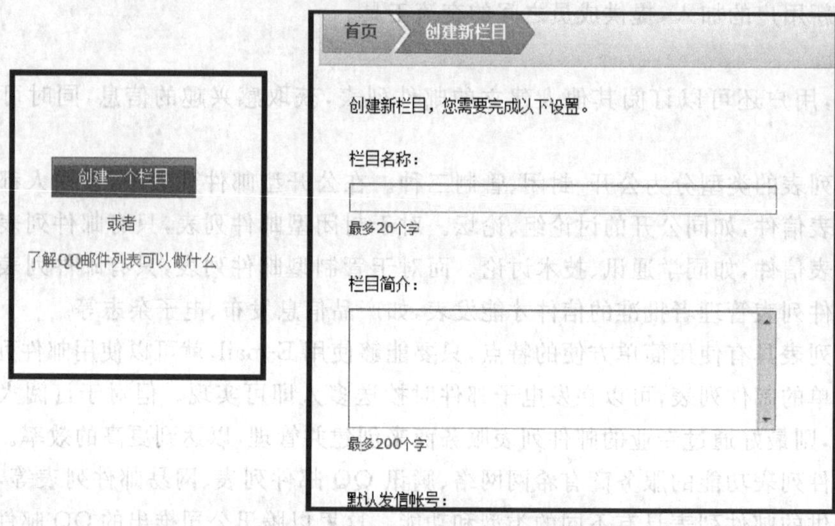

图 8.11　QQ 邮件列表中创建新栏目

栏目信息设置好后，单击“完成”按钮即可完成栏目的创建。新栏目创建成功后可以在首页中选中对应的链接对其进行订户和邮件管理、统计和分析订户邮件发送情况以及对栏目进行各种设置，如图 8.12 所示。

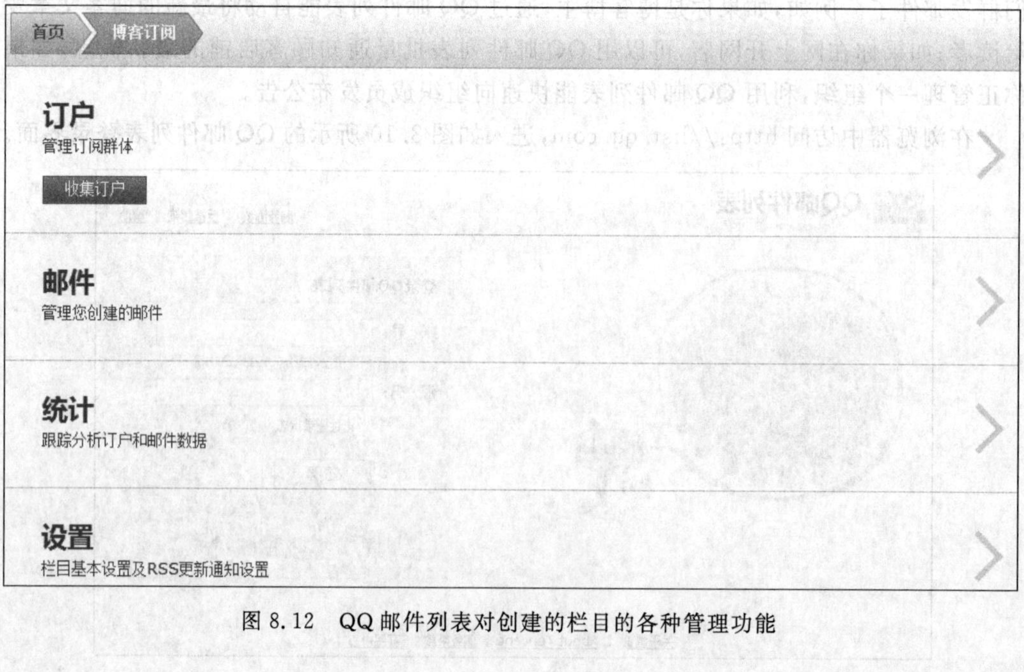

首页　博客订阅

订户
管理订阅群体
收集订户

邮件
管理您创建的邮件

统计
跟踪分析订户和邮件数据

设置
栏目基本设置及RSS更新通知设置

图 8.12　QQ 邮件列表对创建的栏目的各种管理功能

2）收集订户

在图 8.12 所示的邮件列表管理窗口中，单击“收集订户”按钮，进入如图 8.13 所示的收集订户页面。订户收集可以使用两种方法：链接方式和插件方式。

首页
博客订阅
收集订户
收集订户，可通过以下两种方法：
链接方式
把下面的链接通过QQ或微博发给您的好友，点击后即可登记邮件地址订阅。
http://list.qq.com/cgi-bin/qf_invite?id=0417d054637e
复制链接
预览
插件方式
如果您有自己的网站或博客，还能在页面上添加邮件列表订阅插件，供用户订阅。
订阅插件是一段HTML文本，用户可通过订阅插件登记邮件地址。
获取订阅插件

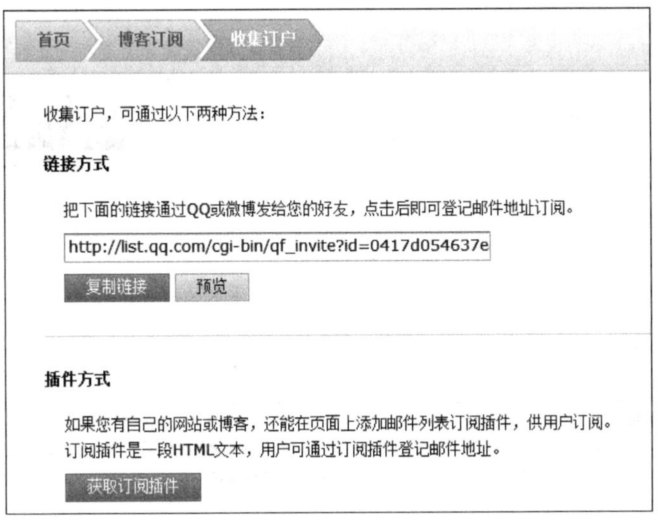

图 8.13　QQ 邮件列表中收集订户的两种方式

在链接方式中将上面页面中给出的链接地址以 QQ 或微博等方式发给其他用户，其他用户单击或直接访问该链接就可以进入如图 8.14 所示的页面。输入订阅邮箱的账号并登录邮箱，确认后就可以成功订阅当前栏目。此后就可以收取来自于该栏目的所有最新信息。

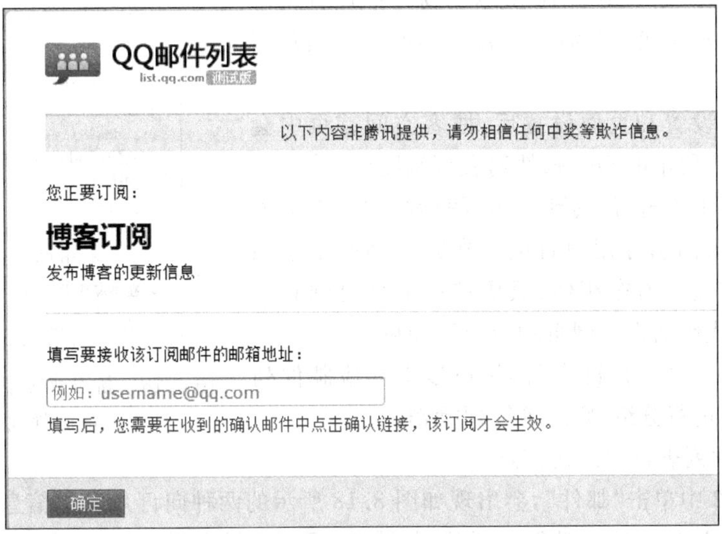

QQ邮件列表
list.qq.com 测试版
以下内容非腾讯提供，请勿相信任何中奖等欺诈信息。
您正要订阅：
博客订阅
发布博客的更新信息
填写要接收该订阅邮件的邮箱地址：
例如：username@qq.com
填写后，您需要在收到的确认邮件中点击确认链接，该订阅才会生效。
确定

图 8.14　订阅 QQ 邮件列表设置页面

对于网站的站长、博客博主或网店店主等则可以使用插件的方式在自己的网站页面、博客空间或网店页面上添加邮件列表订阅入口。单击图 8.13 中的“获取订阅插件”按钮，选择博客空间或网站类型(以新浪博客为例)，进入设置插件页面，如图 8.15 所示。

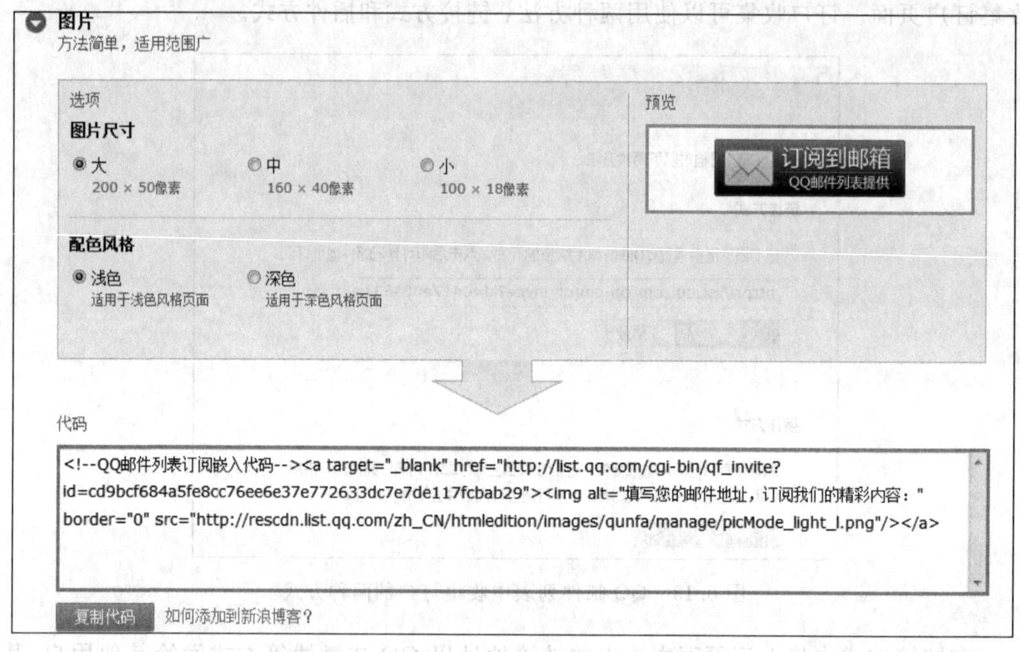

图 8.15　获取 QQ 邮件列表订阅插件代码

复制代码框中的代码。登录个人新浪博客空间，在博客空间首页中单击“页面设置”按钮，设置区域选择“自定义组件”标签，单击“添加文本组件”。在打开的如图 8.16 所示的窗口中设置组件标题，勾选“显示源代码”选项，并将复制的代码粘贴到代码框中。

图 8.16　新浪博客中添加并设置 QQ 邮件列表订阅插件

保存组件设置和页面设置后，博客空间首页中会出现如图 8.17 所示的 QQ 邮件列表订阅图标。

在此页面中单击“订阅到邮箱”图标同样可以进入图 8.14 中的页面引导用户订阅。在其他网站中添加订阅接口的方法与博客相似，只要选择插件订阅获得订阅代码，将代码插入到网页相应位置即可。

单击图 8.12 中的“订户”链接可以对相应邮件列表的所有订户进行分组、删除等管理操作。

3) 向邮件列表订户发送信息

在图 8.12 中单击“邮件”，会出现如图 8.18 所示的两种向订户发送信息的方式。

对于具有 RSS 源推送功能的栏目(如博客)可以通过设置 RSS 源地址来自动向列表订户发送更新信息。单击图 8.18 中的链接“设置 RSS 源更新通知邮件”，打开图 8.19 所示的 RSS 更新通知设置页面。

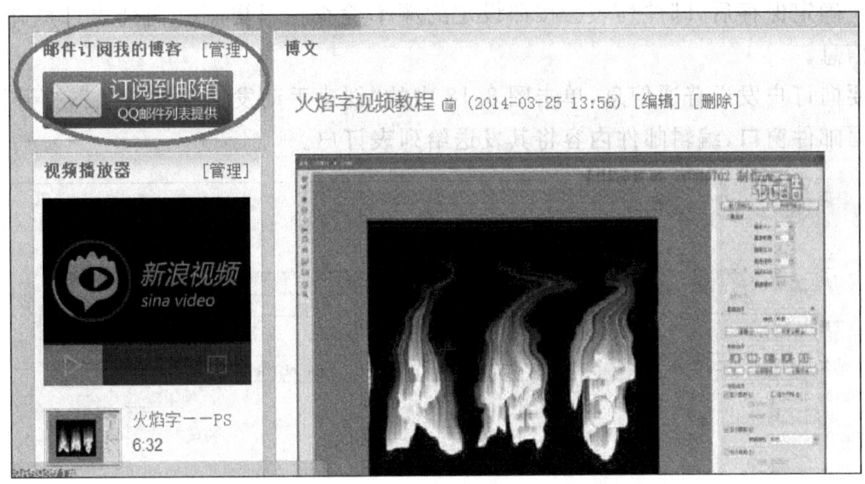

图 8.17　新浪博客中添加的 QQ 邮件列表订阅按钮

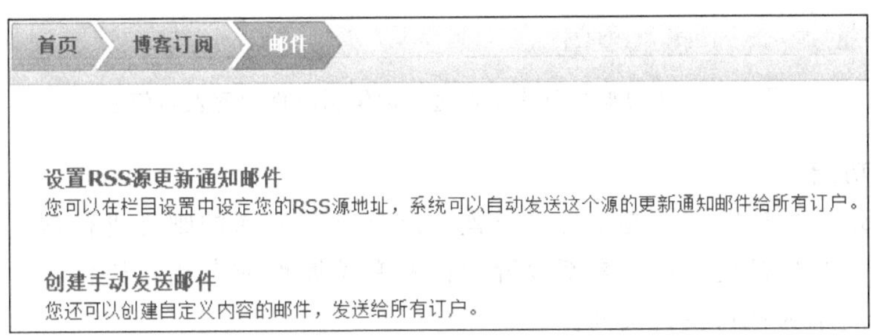

图 8.18　QQ 邮件列表发布信息的两种方式

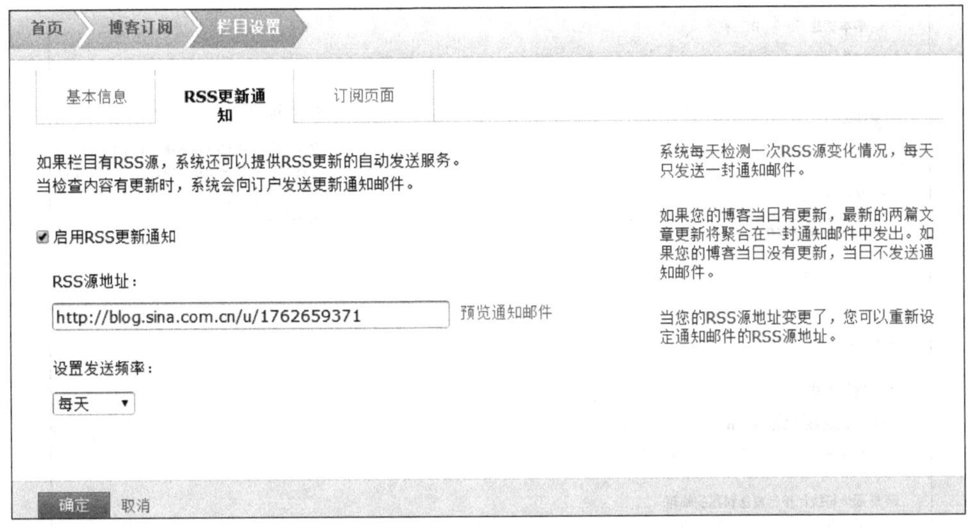

图 8.19　QQ 邮件列表中通过 RSS 自动发布更新信息设置

在此页面中设置 RSS 源地址(博客空间地址或者网站所提供的 RSS 订阅地址)和发

送频率。确定保存后,邮件列表会按照设定的频率检查栏目更新并向列表订户邮箱中发送更新信息。

若要向订户发送普通信息,单击图 8.18 中的“创建手动发送邮件链接”,打开图 8.20 所示的写邮件窗口,编辑邮件内容将其发送给列表订户。

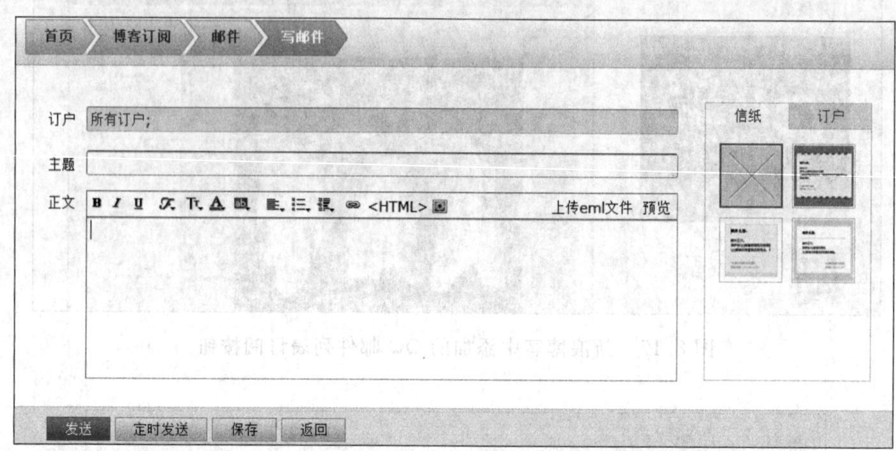

图 8.20 QQ 邮件列表中通过手动编辑邮件内容发布信息

4) 其他功能

单击图 8.12 中的“统计”链接可以设置一定条件对发送的邮件进行搜索和过滤。单击图 8.12 中的“设置”链接可以重新设置栏目的有关属性或者删除栏目所对应的邮件列表。图 8.21 所示为栏目设置页面。

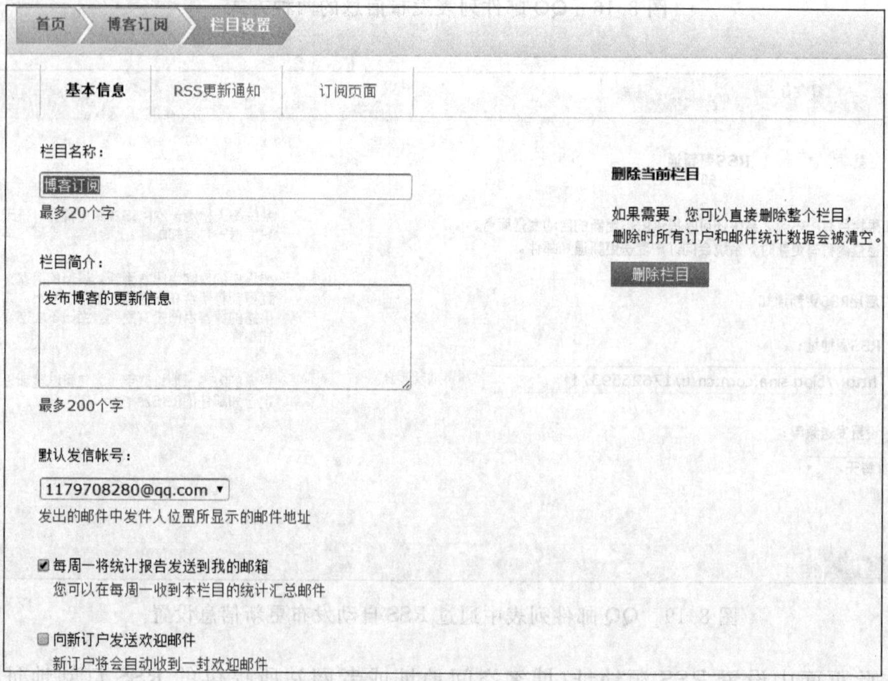

首页 博客订阅 栏目设置

基本信息 RSS更新通知 订阅页面

栏目名称:
博客订阅
最多20个字

栏目简介:
发布博客的更新信息
最多200个字

默认发信帐号:
1179708280@qq.com
发出的邮件中发件人位置所显示的邮件地址

每周一将统计报告发送到我的邮箱
您可以在每周一收到本栏目的统计汇总邮件

向新订户发送欢迎邮件
新订户将会自动收到一封欢迎邮件

删除当前栏目
如果需要,您可以直接删除整个栏目,
删除时所有订户和邮件统计数据会被清空。
删除栏目

图 8.21 QQ 邮件列表中的栏目管理页面

8.2　即时通信

即时通信(Instant Messaging,IM)是一种通过网络进行点对点(个人对个人)的沟通软件,允许两人或多人利用网络实时传递文字、文件、图片、声音、视频等。其典型特点是通过类似好友验证的形式来创建具有强关系的个体交流对象和群体交流对象。PC端最有代表性的有ICQ、QQ、MSN Messenger等。近年来,随着移动网络的发展和智能手机的普及,移动端IM应用发展迅速,世界各地出现了很多著名应用,如微信、WhatsApp、Line等。还有一些应用于专业领域的IM工具,如阿里旺旺,京东咚咚等。

8.2.1　PC端IM软件——QQ

腾讯QQ是一款非常著名的免费即时通信软件,经过多年的完善和发展,凭借其强大的性能和良好的用户体验已经成为国内第一大即时通信软件。随着功能的不断丰富,QQ早已不是一款单纯的聊天软件,而是集交流、资讯、娱乐、电商、搜索、办公协作于一体的综合化信息平台。在腾讯网站申请QQ号(或者注册账号)并安装登录QQ软件后即可以使用QQ的各种功能。

1. 查找和添加好友

要想与某人通过QQ进行交流,前提是对方也要申请了QQ号或者注册了账号。启动并登录QQ后,单击查找按钮 查找 ,在"找人"标签中设置查找条件,如图8.22所示。可以根据多重条件进行查找,如账号、昵称、性别、所在地等。单击查找结果中某一用户对应的"+好友"按钮即可根据向导提示进行设置加其为好友。对于设置为需要验证的用户,会向其发送添加好友的验证请求,对方验证通过后互相添加为好友。添加为好友的用户会显示在主窗口中的"联系人"列表的某一类别中。

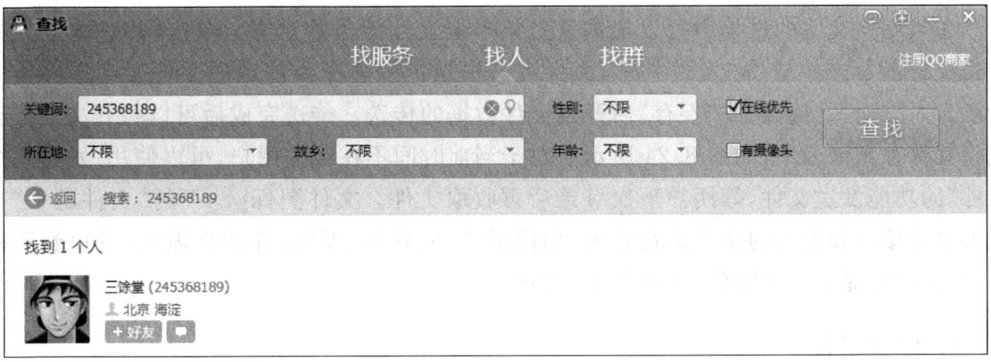

图8.22　QQ中查找好友

2. 发送信息

在主窗口的联系人列表中，选择某一在线好友双击，即可打开与其进行交流的对话窗口，如图 8.23 所示。发送的信息形式可以是文字、表情符号、语音、图片等。

图 8.23　QQ 好友聊天窗口

3. 音频/视频交流

单击图 8.23 中的视频通话图标和音频通话图标就可以发起视频聊天和音频聊天的请求，对方接听后即可进行视频或者语音实时交流。单击挂断按钮可以结束当前的视频或音频通话。

4. 传输文件

在与好友交流的过程中可以根据需要将本地文件传送给对方。单击图 8.23 上方的传送文件图标，选择"发送文件/文件夹"，根据提示选择要传送的文件发起文件传送请求。对方选择"接收"或"保存"后开始文件数据的传送。传送完成后可以打开文件查看或将其保存到微云中，如图 8.24 所示。对于当前时间不在线的用户，可以使用"发送离线文件"的功能发送文件，等用户下次登录后再收取文件。文件图标下的"文件助手"功能可以对接收和发送的文件进行管理，如搜索文件、转发、删除、存储到微云、发送到手机等，并且能够提供批量操作，如图 8.25 所示。

5. 远程控制

在经过允许的情况下，QQ 能够实现正在通话的一方远程控制另一方电脑的操作。这在一方遇到困难需要另一方实际操作协助的情况下非常有效。当一方需要另一方远程协助时，单击图 8.23 上方的远程桌面图标，下拉菜单中选择"邀请对方远程协助"，对

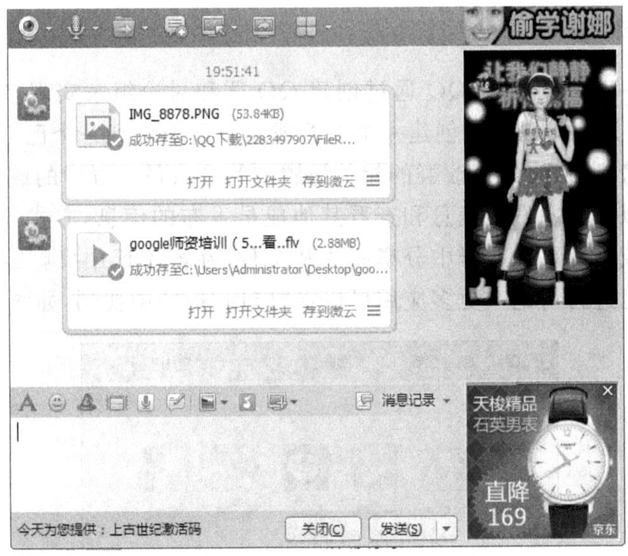

图 8.24　QQ 好友之间传输文件

图 8.25　利用 QQ 文件助手管理 QQ 传输文件

方接受后即可在其本机上操控请求端的计算机。任意一方单击断开按钮就可以退出远程控制连接。当然通话的一方也可以选择“请求控制对方电脑”来主动申请控制另一方的电脑操作。

6. 屏幕分享

当通话一方想将本地的操作过程和效果展示给另一方时，可以使用 QQ 的屏幕分享功能。单击图 8.23 中的屏幕分享图标发起屏幕分享请求，对方加入后，选择是分享某一特定窗口区域还是分享自定义框选区域。设置好分享窗口或区域后，单击“开始分享”后发起方选定区域或窗口的实际操作过程会以视频的形式实时显示在接受方的屏幕分享窗口中。要结束屏幕分享单击“退出分享”并关闭分享窗口即可。

7. 群交流(讨论组)

除了基本的一对一交流外,QQ 通过创建 QQ 群和讨论组来实现多对多的即时交流和信息共享。QQ 用户可以自己创建一个新群或者申请加入到一个已存在的群中。群的创建者即是群的管理者,可以修改群的相关设置和管理成员。群中的成员登录后,双击所在的某个群就可以在群中发布信息和查看其他成员发布的信息,方式与个人交流中的方法类似。任何群成员都可以在群中分享照片和文件、在群论坛中发帖或者与群中的某几个成员组成讨论组进行讨论。更多应用可以在"应用"标签中找到,如图 8.26 所示。

图 8.26 多种 QQ 群应用功能

群应用中的群视频功能可以方便地实现异地网络视频会议或网络授课。单击图 8.26 中的"群视频"应用,打开如图 8.27 所示的群视频窗口。

群视频窗口中主要包含 4 个区域,分别为:

1) 成员列表区域

此区域显示加入群视频交流的所有群成员列表。单击区域右上方的"邀请群友加入群视频"图标,并选择"邀请本群群友"菜单,会向所有群成员发送加入群视频的邀请信息,当前在线的成员选择"立即加入"后会显示与图 8.27 相同的群视频窗口参与到群视频交流中。

2) 视频播放区域

在视频交流过程中,视频影片的播放视频、成员分享的屏幕视频、PPT 的演示视频、上台者的动态视频影像都会显示在此区域中。

3) 信息发布区域

在群成员进行视频交流的同时,可以在此区域发布一些文本、表情符号和图片信息。

图 8.27　QQ 群视频窗口

4）视频功能区域

在此区域包含了群视频交流的主要功能，包括发布语音信息、播放本地影片、分享本地屏幕、演示本地 PPT 文件和显示本地用户视频动态（上台）。

讨论组也是面向群体交流的，区别在于群的成员通常具有比较稳定的关系特征，创建和加入群后通常不会轻易退出和删除。而讨论组通常用于临时发起的一些随意讨论，讨论结束后可以随时退出。讨论组的交流功能与群略有不同，能够支持多人视频和屏幕分享。利用讨论组的这些功能也可以实现简单的网络音视频会议。

8.2.2　移动端 IM 软件——微信

微信（WeChat）是腾讯公司于 2011 年初推出的一款简便易用的移动即时聊天软件，目前的注册用户已经突破 6 亿。用户可以通过手机或平板快速发送语音、视频、图片和文字。除支持点对点的交流外也能够支持多人交流的微信群功能。此外，还通过提供公众平台、朋友圈、消息推送等功能支持信息群发、推送和分享。凭借巨大的用户群，微信的新版本在社交功能的基础上不断向互联网的其他业务扩展，如游戏、电商、移动分发等。

微信的主要功能包括：

1. 添加好友

微信提供众多添加好友的方式，如可以从手机通讯录和 QQ 好友中添加好友，也可以通过微信号、QQ 号和手机号来查找并添加好友。除了熟人外，微信也提供了添加陌生人为好友的入口，如摇一摇、附近的人和漂流瓶等。

2. 点对点交流

在微信通讯录中选择一个好友用户，单击“发消息”就可以打开交流窗口，向其发送文字、声音、图片、位置地图、好友名片等信息。也可以发起实时语音聊天和实时视频聊天。

3. 微信群

在微信主窗口中，单击右上方“＋”按钮，下拉菜单中选择“发起群聊”，就可以从出现的好友列表中选择几个好友构建一个微信群，这样在这个群中的每个成员都可在群中发布信息和查看信息。群的相关属性可以随时修改，如群聊名称、本人的群昵称、上限人数等，也可以删除和退出群聊。

4. 朋友圈

微信通讯录中的所有好友构成用户的微信朋友圈，通过朋友圈可以向所有好友分享一些公共信息，也可以查看好友分享到朋友圈中的信息。可在朋友圈中分享的信息形式有文字、图片和网站转帖等。

5. 微信支付

使用新版本微信的“我的银行卡”功能可以绑定银行卡。成功绑定银行卡后就可以通过微信进行手机话费充值、购买理财基金、利用嘀嘀打车呼叫出租车、发放微信红包、在线购买商品、买电影票、利用大众点评查找附近美食并订餐、聚餐后进行 AA 收款等。

6. 公众平台

微信公众平台是微信提供的面向名人、企业、媒体、组织的一种内容推送和企业推广业务，分为服务号和订阅号两种类型。服务号主要面向企业，帮助企业提供更好体验的服务。而订阅号则主要面向自媒体和媒体机构，通过微信平台向订阅用户提供信息和资讯。

8.2.3 其他 IM 产品简介

QQ 和微信是中国国内最流行的两款即时通信软件，分别雄霸 PC 和移动两个领域。在国际上还有很多非常著名的其他 IM 产品。PC 端最知名的是微软的 MSN，以及以语音通话见长现已被微软收购的 Skype。移动端则有已经被 FaceBook 公司收购的 WhatsApp、日本的 Line、韩国的 Kakao Talk 、偏重于私密社交的“阅后即焚”消息服务 SnapChat、陌生人社交的陌陌等。

8.3 博客与微博

博客(blog)和微博是以网络作为载体，面向所有网络用户公开发布信息的社交平台。不同于即时通信类应用面向具有强关系的熟人交流，博客和微博往往基于对不同领域的兴趣和需要这种弱关系来聚集交流群体。

8.3.1 博客

Web 2.0 时代一项最受追捧的应用就是博客的兴起。博客是一种面向个人的网络交流方式。从本质上来说，博客就是一种日记形式的个人网页。可以方便地把自己的生活体验、灵感想法、得意言论、网络文摘、新闻时评等沿着时间的轨迹记入博客中，与网友分享。除了普通个人用户利用博客随性记录和分享生活中的感想、时评、经验、网络文摘外，还有一些博客则是一个或者一群人基于某个特定主题或共同利益领域的集体创作。博客是早期网络自媒体的最重要形式，也体现了互联网的分享与共享精神。国内比较著名的博客有新浪博客、搜狐博客、网易博客和 QQ 空间等。我们以著名的新浪博客为例来了解博客的基本使用。

1. 开通并设置博客空间

注册新浪账号，访问新浪博客的网站 http://blog.sina.com.cn/。页面中输入新浪账号和密码登录新浪博客。单击头像进入博客空间，设置博客名称完成博客开通，如图 8.28 所示。

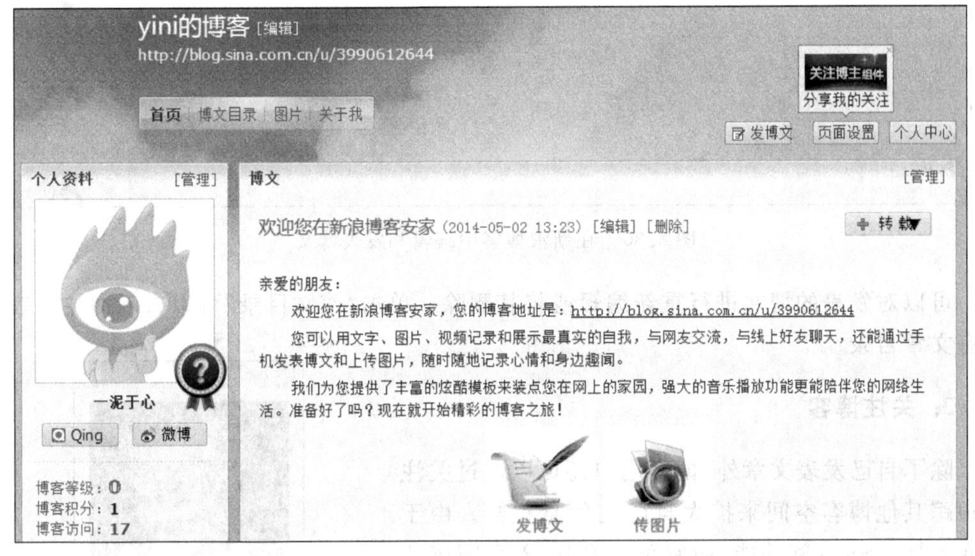

图 8.28 开通新浪博客

单击“页面设置”按钮来配置自己博客空间的版面风格和布局，如图 8.29 所示。

2. 发表博文

要想在博客空间中发表新的博文，单击空间上方的“发博文”按钮，即可打开图 8.30 所示的博文编辑窗口。设置和输入博文的标题和具体内容后，选择分类并设置标签和权限等选项后单击窗口下方的“发博文”按钮即可将博文发表到空间中。

图 8.29　利用“页面设置”功能设置个人新浪博客的版面格式

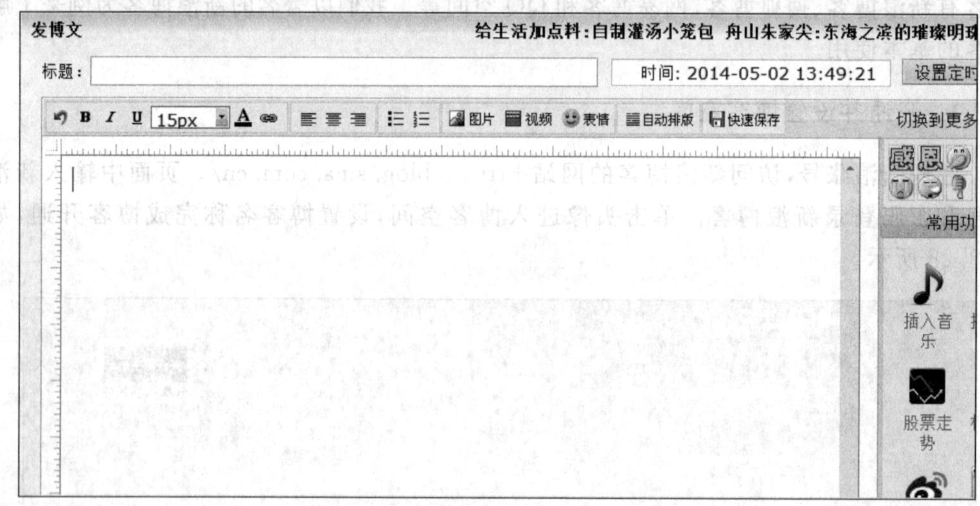

图 8.30　在新浪博客中编辑和发表博文

可以对发表的博文进行重新编辑或将其删除。单击“博文目录”可以查看博主发表的所有文章目录。

3. 关注博客

除了自己发表文章外,博客用户还可以通过关注和跟踪其他博客空间来扩大自己的信息视野。由于博客支持 RSS 订阅功能,通常可以利用 RSS 阅读器来订阅感兴趣的博客并跟踪最新文章。除此之外,用户也可以对感兴趣的博客进行关注从而跟踪其最新内容。通过搜索等方式找到某个博客空间后,单击其主页个人资料下方的“加关注”按钮即可,如图 8.31 所示。从博客空间中的“个人中心”可以查看所关注博客的最新内容。

图 8.31　单击“加关注”按钮关注博客

4. 长微博

新浪博客中提供的长微博工具，可以允许用户编辑多于140字的图文内容并将其转换为一幅图片发布到微博中，从而突破微博内容不能超过140个字符的限制。长微博工具也可以将博文列表中的一篇文章转换为长微博发布。

在新浪博客空间顶部"发博文"下拉菜单中选择"长微博"选项，或者在个人中心的应用区域选择"长微博"打开长微博工具，如图8.32所示。

图8.32　利用新浪博客中的"长微博"工具编辑和发布长微博

设置标题并编辑图文内容，单击"预览长微博"按钮预览长微博的发布效果，调整满意后单击"生成长微博"按钮，图片转换成功后出现如图8.33所示的提示信息。

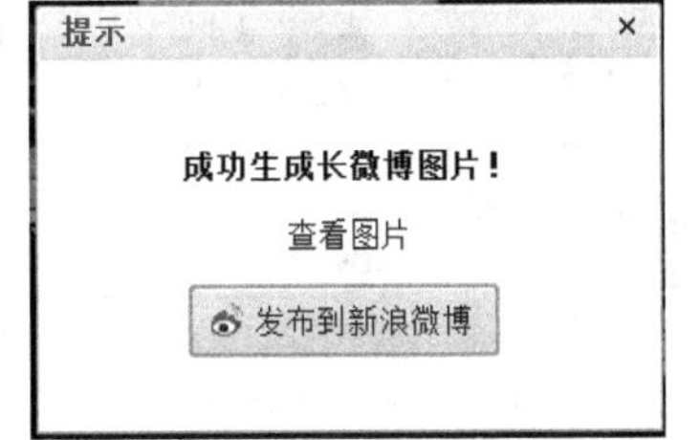

图8.33　成功生成长微博的提示信息

单击"查看图片"可以查看长微博转换出来的图片效果，单击"发布到新浪微博"可以直接将图片发布到对应的新浪微博中。

除了手动编辑并生成长微博内容外，还可以利用已有的新浪博客和轻博客(Qing)内容来转换。在图8.32中选择"贴博文链接"选项卡，在地址框中输入博文的链接地址，或者从自己发表的博文中选择，提交后单击"生成长微博"

按钮即可。

8.3.2 微博

微博即微博客的简称,是一个基于用户关系的信息分享、传播以及获取平台。微博要求发布的文字信息长度不超过 140 字,使得信息发布的门槛大大降低,配合以多种平台设备的综合应用,使得普通用户能够利用微博随时随地简单快捷地分享信息。与博客相比,微博侧重于表达每时每刻的思想和最新动态,而博客则更偏重于系统梳理自己在一段时间内的所见、所闻、所感。因此微博具有非常强的时效性、随意性、原创性、草根性和传播性。这些特性使得微博非常适合需要获取新信息和需要推广新信息提升影响力的用户。例如,对于要推广和营销的群体和名人而言,制造微博热点事件并配合微博的一些推广功能如新浪微博的"粉丝头条"和"粉丝通"等,往往能够产生比微信更广泛深远的影响。而对于要随时了解社会各领域实时动态的用户(如媒体从业者)而言,微博上的信息内容更全、更新。

最早也是最著名的微博是美国 Twitter(推特),而国内最著名的微博新浪微博在 2009 年上线,国内其他比较成功的微博产品还有腾讯微博、搜狐微博和网易微博等。我们以新浪微博为例来了解微博的基本使用方法。

1. 注册登录

访问新浪微博 http://weibo.com/,注册并登录微博账号后进入自己的微博空间,如图 8.34 所示。窗口左侧是信息过滤菜单栏,中间上方是微博编辑区域,编辑窗口下方是推荐的微博账户,推荐微博下方显示系统推荐的精彩微博以及所关注用户的最新微博内容。右侧是微博账户的一些统计信息和其他内容。

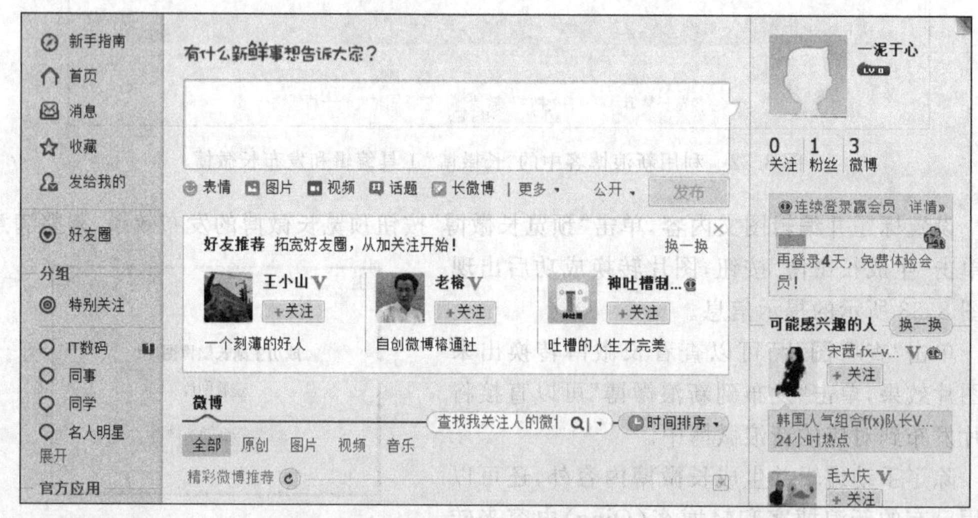

图 8.34 新浪微博登录页面

2. 加关注

要想及时获取某一微博账户的最新内容，首先要关注这个账户。如图 8.35 所示，通过查找进入姚晨的微博主页后，单击账户名称下面的“关注”按钮。

图 8.35　关注微博账号

在随后出现的窗口中为关注的用户设置分组，如图 8.36 所示。

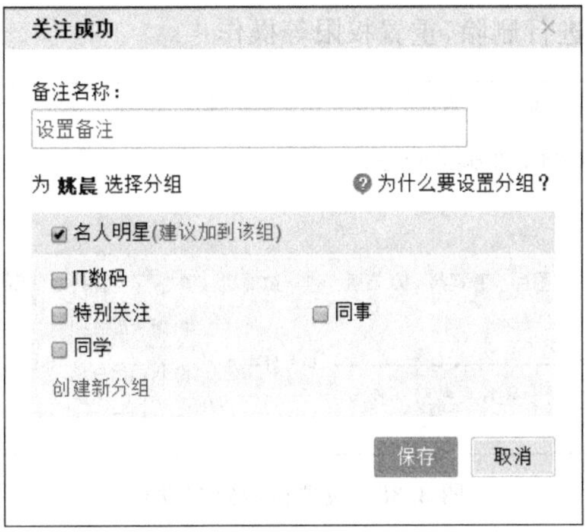

关注成功
备注名称：
设置备注
为 姚晨 选择分组　　为什么要设置分组？
名人明星(建议加到该组)
IT数码
特别关注　　同事
同学
创建新分组
保存　取消

图 8.36　为关注用户设置分组

关注成功后，被关注用户新发布的微博就会出现在图 8.34 首页窗口中间的微博显示区域，用户也可以通过单击窗口左侧的某一分组来将微博的显示限定在某一特定分组用户的范围内。

用户随时都可以对自己关注的微博账户进行管理，单击图 8.34 窗口右上方的“关注”链接即可显示关系管理中心页面，如图 8.37 所示。这里可选定某个或某些关注账户进行重新设置分组、取消关注等操作。当然在关系中心页面，也可以对其他关系对象进行管理，如粉丝、朋友圈等。

图 8.37 新浪微博关系管理中心页面

3. 发微博

用户要发表微博，只要在账户首页上方的编辑窗口中编辑和设定就可以了。微博最多可以输入 140 个字，除文字外还可以分享图片、视频、文件等信息形式。除了所有粉丝均可见的公开发表外，还可以将微博定向发布到某一特定分组中，如图 8.38 所示。用户可以对自己发布的微博进行删除、重置权限等操作。

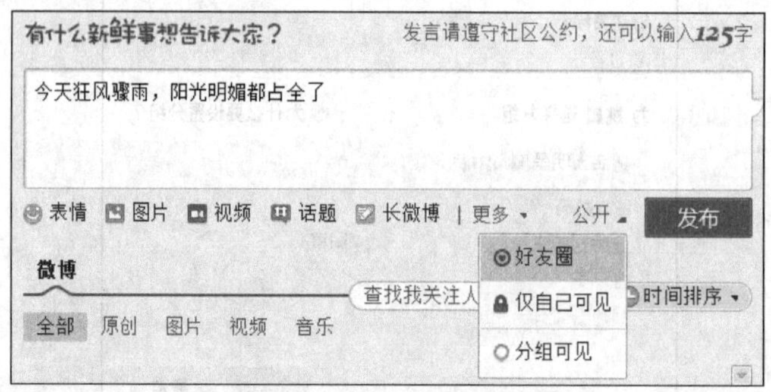

图 8.38 设置微博定向发布

8.4 网络社区

网上社区是综合了多种网上交流技巧，融合多种形式网络服务的网上虚拟社区。同现实中的社区类似，网络社区往往也是基于网络用户某一或某些共同属性进行构建和聚集，如地域属性、兴趣爱好属性等。这些具有某种群体特征的用户，通过社区网络分享知识、传递信息，参与各种活动。国际上最著名的网络社区是美国的 FaceBook，国内比较知名的网络社区包括西祠胡同、猫扑和天涯等。

1. FaceBook

Facebook成立于2004年，是一个在线社交网络服务网站，使命是让人们分享，让世界更加开放。其名称的灵感来自美国高中提供给学生包含照片和联络数据的通讯录(或称花名册)昵称“face book”。用户可以分享文字、图片、视频、声音、文件等多种形式的信息给其他用户，以及通过集成的地图功能分享用户的所在位置。注册用户可以创建个人文件、将其他用户加为好友、传递信息，并在其他用户更新个人文件时获得自动通知。此外用户还可以加入有相同兴趣的组群，这些组群依据工作地点、学校或其他特性分类。

2. 西祠胡同

西祠胡同(http://www.xici.net/)是国内首创的网友“自行开版、自行管理、自行发展”的开放式社区平台，致力于为各地用户提供便捷的生活交流空间与本地生活服务平台。

3. 猫扑

猫扑网(http://www.mop.com/)是国内最大最具影响力的论坛之一，是中国网络词汇和流行文化的发源地之一，于1997年10月建立，2004年被美丽传说并购。经过十余年的发展，目前，它已发展成为集猫扑大杂烩、猫扑贴贴论坛、猫扑Hi、猫扑游戏等产品为一体的综合性富媒体娱乐互动平台。

猫扑网主要活跃人群在18～35岁之间，主要分布在消费力比较高的经济发达地区，他们激情新锐，思维灵活新颖，乐观积极，张扬个性，追求自我，是新一代娱乐互动的核心人群。凭着创造、快乐、张扬的个性，始终引领中国互联网的文化时尚潮流，影响中国年轻一代，成为众多网民的流行风向标。

4. 天涯

天涯社区(http://www.tianya.cn/)自1999年3月创立以来，以其开放、包容、充满人文关怀的特色受到了全球华人网民的推崇，经过十余年的发展，已经成为以论坛、博客、微博为基础交流方式，综合提供个人空间、企业空间、购物街、无线客户端、分类信息、来吧、问答等一系列功能服务，并以人文情感为特色的综合性虚拟社区和大型网络社交平台。图8.39为天涯社区的产品地图。

图 8.39 天涯社区产品地图

8.5 思考与练习

1. 电子邮件服务相关的网络协议有哪些，各自功能是什么？

2. 掌握电子邮件的基本使用，如申请电子邮箱，收发电子邮件等。

3. 练习电子邮件的高级应用功能，如利用客户端软件管理多个账号、利用过滤器自动分类电子邮件、邮件列表等。

4. 掌握一款即时通信软件的基本使用，了解并练习其基本信息交流功能外的其他高级功能。

5. 尝试开通微博或博客，利用微博和博客发布自己的相关信息以及跟踪他人的最新信息。

6. 了解网络社区的特点和主要网络社区网站。

7. 推荐除本章中介绍内容外还有哪些好用的网络交流工具或网站以及它们的典型功能有哪些？

电子商务

电子商务是与网民生活密切相关的重要网络应用。随着网络支付手段的丰富和完善、网络安全措施的增强、现代物流的发展以及 Internet 的普及，电子商务已经成为一项流行的 Internet 应用。根据中国互联网络信息中心于 2014 年 1 月发布的“第 33 次中国互联网络发展状况统计报告”，截止到 2013 年底，网络购物用户人数已经达到 3.02 亿人，使用率达到 48.9%，相比 2012 年增长 6.0 个百分点。以网络购物为代表的电子商务增长趋势明显，参见表 9.1。在电子商务的各项代表性应用中，除网络购物外，网络支付、网络银行、旅行预订和团购也都具备了一定的规模，用户规模均已超过亿人大关。旅行预订和团购是增长最快的两类商务应用，用户规模均增长 60%以上。

表 9.1　2013 年和 2012 年电子商务类应用用户对比①

	2013 年		2012 年		变化
	用户规模(万人)	网民使用率	用户规模(万人)	网民使用率	增长率
网络购物	30189	48.9%	24202	42.9%	24.7%
网上支付	26020	42.1%	22065	39.1%	17.9%
网上银行	25006	40.5%	22148	39.3%	12.9%
旅行预订	18077	29.3%	11167	19.8%	61.9%
团购	14067	22.8%	8327	14.8%	68.9%

1. 网络购物

2013 年网络购物用户规模的增长得益于以下三个因素：首先，电商企业开始从“价格驱动”转向“服务驱动”，企业从单纯的价格战转向服务竞争，提升了网络购物的消费体验；其次，整体应用环境的优化，如网络安全环境的改善、移动支付、比价搜索等应用发展，为网络购物创造更为便利的条件；最后，网络购物法规的逐步完善。2013 年政府加快了网络零售市场的立法进程，新《消费者权益保护法》将网络购物相关的个人信息保护、追溯责任等内容纳入，保障了消费者网络购物的基本权益。

① 表 9.1 数据源于中国互联网络信息中心于 2014 年 1 月发布的“第 33 次中国互联网络发展状况统计报告”。

2. 团购

团购成为 2013 年增长最快的网络应用。手机端的快速发展推动团购的高速增长,手机团购使用率从 2012 年底的 4.6%增长至 16.3%。以团购为代表的本地生活服务与手机定位等功能深度契合,2013 年团购服务在手机端与地图、旅行、生活信息服务等领域的进一步融合,推动了团购向网民群体的快速渗透,整个行业也在不断地向线下生活服务领域纵深发展。在经历了爆发式增长后的整体行业洗牌,团购已经回归理性发展状态。一方面,专业的团购网站通过产品定位和人员优化提高运营效率,包括高收益产品的选择、服务质量的提升、信任度的改善等措施,极大地提升了用户的使用意愿。另一方面,网络购物、旅行预订等电商平台对团购服务的引入和重视进一步促进了团购行业的发展,这得益于平台企业在用户规模和信任度上的优势。

3. 网络支付

网上支付用户规模的快速增长主要基于以下三个原因:第一,网民在互联网领域的商务类应用的增长直接推动网上支付的发展。第二,多种平台对于支付功能的引入拓展了支付渠道。第三,线下经济与网上支付的结合更加深入,促使用户付费方式转变。例如,用支付宝支付打车费用等。

4. 旅行预订

在线旅游预订用户规模的增长主要归结为以下四个因素:第一,国民经济与旅游需求的联动效应。随着经济的发展,中国旅游业已进入观光游、休闲游、度假游多元化发展阶段,居民的旅游预订需求全面释放。第二,旅游预订网站景区信息的丰富性,媒介旅游攻略的实用性以及支付方式的便捷性极大地提升在线旅游预订的用户体验。第三,用户互联网使用程度的深化,企业的营销推广活动和手机 APP 的丰富促使线下预订用户逐渐向线上转移。

此外在 2013 年还出现了一些新形式的电商类应用,如网络金融、电子钱包、电子红包等,2013 年被称为网络金融元年。

电子商务是计算机网络的第二次革命,它通过电子手段建立新的经济秩序,不仅涉及电子技术和商业交易本身,而且涉及诸如金融、税务、教育等社会其他层面。本章将向读者介绍电子商务有关的知识。

9.1 什么是电子商务

所谓电子商务,是指各种具有商业活动能力的实体(生产企业、商贸企业、金融机构、政府机构、个人消费者等)利用网络和先进的数字化技术进行的各项商业贸易活动。其最主要的特点,一是商业性的背景和目的,二是网络化和数字化的技术手段。

简而言之,电子商务就是通过电子网络渠道达成的商务活动。

电子商务有广义和狭义之分：

- 狭义的电子商务也称作电子交易(e-commerce)，主要是指利用网络通信手段达成的交易。
- 广义的电子商务是指包括电子交易在内的利用网络进行的全部商业活动，如市场分析、客户联系、物资调配等，亦称作电子商业(e-business)。

其实，电子商务并非新生事物。早在 20 世纪 70 年代，电子数据交换(EDI)和电子资金传送(EFT)作为企业间电子商务应用的系统雏形已经出现。多年来，大量的银行、航空公司、连锁店及制造业单位已建立了供方和客户间的电子通信和处理关系。这种方式加快了供方处理速度，有助于实现最优化管理，使得操作更有效率，并提高了对客户服务的质量。

但早期的解决方式都是建立在大量功能单一的专用软硬件设施的基础上，因此使用价格极为昂贵，仅大型企业才有能力利用。此外，早期网络技术的局限也限制了应用范围的扩大和水平的提高。

随着电子技术和网络的发展，电子中介作为一种工具被引入了生产、交换和消费中，人们做贸易的顺序并没有变，还是要有交易前、交易中和交易后几个阶段。但这几个阶段中人们进行联系和交流的工具变了，比如以前我们用纸面单证，现在改用电子单证。

这种生产方式的变化必将形成新的经济秩序。在这个过程中，有的行业会兴起，有的行业会没落，有的商业形式会产生，有的商业形式会消失，这就是为什么我们称电子商务是一次社会经济革命的原因。仅从交换这个范围来看，电子工具是通过改变了中介机构进行货币中介服务的工具而改变了其工作方式，从而使它们产生了新的业务，甚至出现了新的中介机构。这个阶段的一个重要特点就是信息流处于一个极为重要的地位，它在一个更高的位置对商品流通的整个过程进行控制。所以我们认为电子商务同现代社会正逐步兴起的信息经济是密不可分的。

Internet 的飞速发展为电子商务的发展奠定了基础，随着 Internet 的高速发展，电子商务的旺盛生命力日益显露。2013 年底，中国互联网用户已经达到 6.18 亿人，电子商务的用户群得到了极大地扩展。Internet 的发展在环境、技术和经济上都为电子商务创造了条件，电子商务作为 Internet 的一项最为重要的应用系统已呈现在我们眼前了。

在发达国家，电子商务的发展非常迅速，通过 Internet 进行交易已成为潮流。基于电子商务而推出的商品交易系统方案、金融电子化方案和信息安全方案等，已形成了多种新的产业，给信息技术带来许多新的机会，并逐渐成为国际信息技术市场竞争的焦点。近年来，电子商务发展的速度是十分惊人的。根据有关资料，美国 1995 年网上交易量仅有 5 亿美元，之后的发展只能用“爆炸”来形容。2011 年—2015 年美国电商交易额的统计数据如下：

- 2011 年：1947 亿美元
- 2012 年：2255 亿美元
- 2013 年：2589 亿美元
- 2014 年：2967 亿美元(预计)
- 2015 年：3389 亿美元(预计)

而近几年来,中国的电子商务交易额发展速度也十分可观,以下是2011年—2015年中国电商交易额的统计数据。①

- 2011年:6.4万亿
- 2012年:8.2万亿
- 2013年:9.9万亿
- 2014年:12.7万亿(预计)
- 2015年:15.5万亿(预计)

由于电子商务手段的引进,社会的经济和就业市场的面貌也将经历巨大的变化。电子商务是一个动态的过程,它对国际市场重新划分具有重大影响,它也为企业开辟了新的生长途径,既是一个机遇,也是一个挑战。把握得好,企业可以在很快的时间内崛起;把握不好,原来在行业内占据优势的企业也可能会很快被别人赶超。

迅猛发展的电子商务正在或将要改变许多人的日常生活和工作模式。在商业交易中使用电子媒体和网络早已不是新鲜事物。高度电子化的全球有价证券市场已经根本改变了全世界的金融交易结构,电子银行和信用卡校核系统在商业领域已是屡见不鲜了,社会保险和其他福利已经转化为受益者的银行账户。在许多城市的服务系统中,储值卡替代了其他的付款方式。网上银行、网上医院、网络邮局、网上学堂纷纷走入寻常百姓家。即便如此,电子商务的形式和规模仍在每时每刻发生着重大的变化。

9.2 电子商务的要素

商业行为是整个人类联系行为的最主要内容之一,任何一笔商业行为,买方和卖方交换的是他们的需求,而任何一件商品均包含了物资流、资金流和信息流,这是从人类最初的简单的以物易物活动到今天纷繁复杂的商业活动所共同遵循的。

一个完整的电子商务系统(EC)包括信息流、资金流与物流三个要素,三者相辅相成。此外,网络安全、客户信用等也是需要重点考虑的因素。

9.2.1 信息流

信息流就是通过电子网络向客户揭示所售商品的相关信息,引导客户通过网络购物。包含信息发布、信息传送和信息接收三个部分,是信息收集、加工、存储、展示、传递、获取、反馈等活动的综合体。抓住信息流,吸引客户,就在互联网电子商务上成功了一半。

典型的信息流表现形式主要有:

(1) 网站宣传:企业通常会在自己网站上对企业或者产品的相关特性进行描述。

(2) 网络广告:企业可以借助其他网站(如门户网站)的平台来宣传自己的产品、功能或活动,如图9.1所示。

---

① 本组数据源于iResearch艾瑞咨询(http://www.iresearch.cn)。

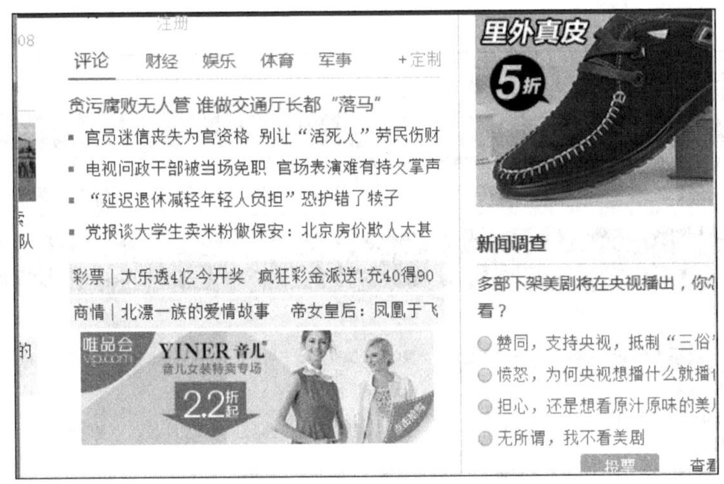

图 9.1　信息流：网络广告

(3) 搜索引擎：对于想获取信息的一方一般来讲可以使用通用搜索引擎或者站内搜索来查找想要的信息或商品。

- 信息搜索：一般使用通用搜索引擎搜索，如图 9.2 所示。

图 9.2　信息流：搜索引擎信息搜索

- 产品/商品/购物搜索：一般使用电商网站内部搜索或者专用于购物的搜索引擎进行，如图 9.3 所示。
- 商机搜索：通过提供商机信息的专业网站进行，如图 9.4 所示。
- 行业搜索引擎：可以通过规模较大的专业购物网站来了解某个行业的整体情况，如图 9.5 所示。
- 企业情报 / 行业情报 / 产品资讯跟踪：可以通过通用搜索引擎查找并辅助一些跟踪工具(如 RSS)进行搜索跟踪，如图 9.6～图 9.8 所示。

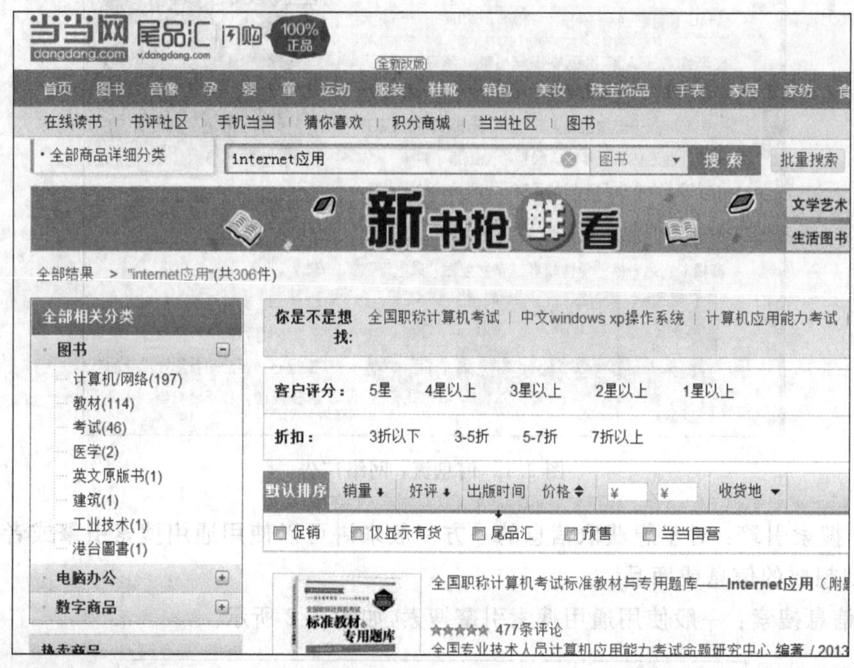

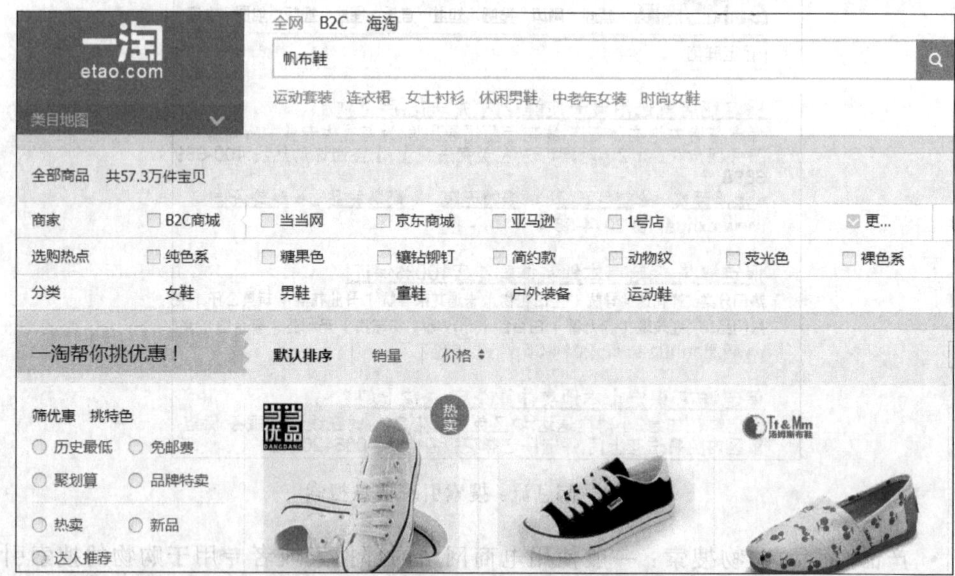

图 9.3 信息流:搜索引擎商品搜索

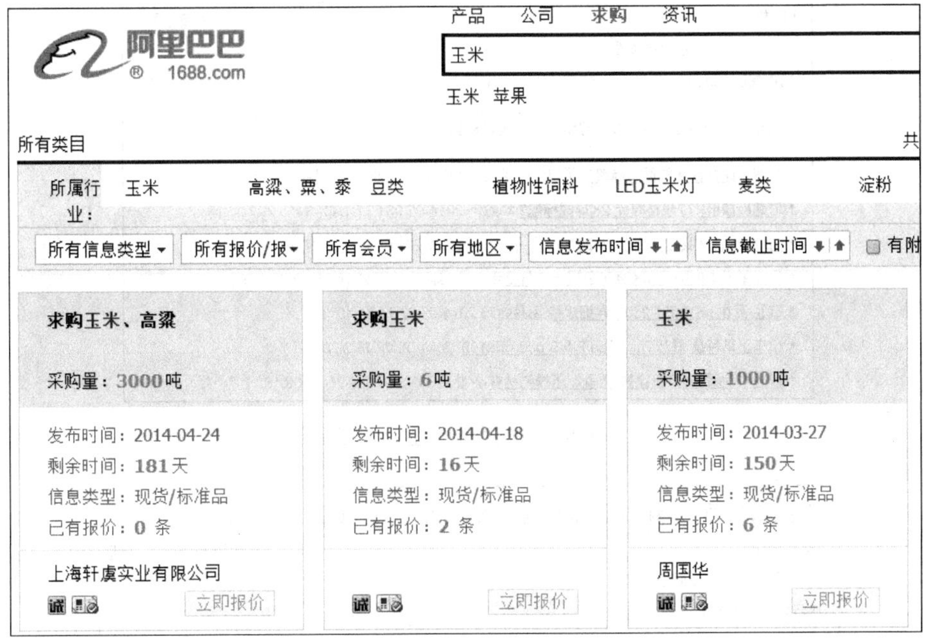

图 9.4 信息流：搜索引擎商机搜索

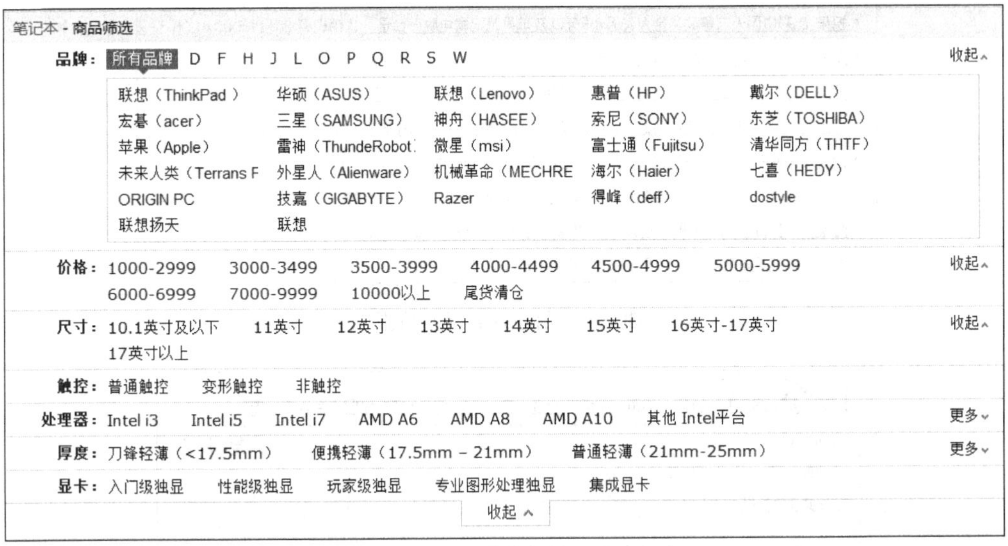

笔记本 - 商品筛选

品牌：所有品牌 D F H J L O P Q R S W 收起

联想（ThinkPad） 华硕（ASUS） 联想（Lenovo） 惠普（HP） 戴尔（DELL）
宏碁（acer） 三星（SAMSUNG） 神舟（HASEE） 索尼（SONY） 东芝（TOSHIBA）
苹果（Apple） 雷神（ThundeRobot 微星（msi） 富士通（Fujitsu） 清华同方（THTF）
未来人类（Terrans F 外星人（Alienware） 机械革命（MECHRE 海尔（Haier） 七喜（HEDY）
ORIGIN PC 技嘉（GIGABYTE） Razer 得峰（deff） dostyle
联想扬天 联想

价格：1000-2999 3000-3499 3500-3999 4000-4499 4500-4999 5000-5999 6000-6999 7000-9999 10000以上 尾货清仓 收起

尺寸：10.1英寸及以下 11英寸 12英寸 13英寸 14英寸 15英寸 16英寸-17英寸 17英寸以上 收起

触控：普通触控 变形触控 非触控

处理器：Intel i3 Intel i5 Intel i7 AMD A6 AMD A8 AMD A10 其他 Intel平台 更多

厚度：刀锋轻薄（<17.5mm） 便携轻薄（17.5mm－21mm） 普通轻薄（21mm-25mm） 更多

显卡：入门级独显 性能级独显 玩家级独显 专业图形处理独显 集成显卡

收起

图 9.5 信息流：行业搜索引擎

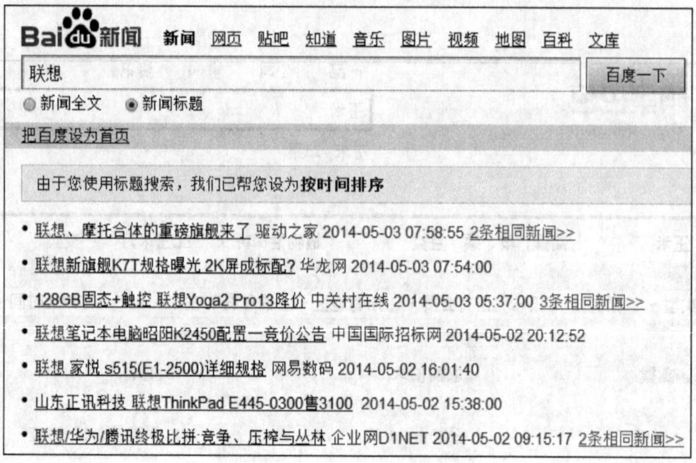

Bai du 新闻
新闻 网页 贴吧 知道 音乐 图片 视频 地图 百科 文库
联想
百度一下
新闻全文 新闻标题
把百度设为首页
由于您使用标题搜索，我们已帮您设为按时间排序
联想、摩托合体的重磅旗舰来了 驱动之家 2014-05-03 07:58:55 2条相同新闻>>
联想新旗舰K7T规格曝光 2K屏成标配? 华龙网 2014-05-03 07:54:00
128GB固态+触控 联想Yoga2 Pro13降价 中关村在线 2014-05-03 05:37:00 3条相同新闻>>
联想笔记本电脑昭阳K2450配置一竞价公告 中国国际招标网 2014-05-02 20:12:52
联想 家悦 s515(E1-2500)详细规格 网易数码 2014-05-02 16:01:40
山东正讯科技 联想ThinkPad E445-0300售3100 2014-05-02 15:38:00
联想/华为/腾讯终极比拼:竞争、压榨与丛林 企业网D1NET 2014-05-02 09:15:17 2条相同新闻>>

图 9.6 信息流：企业情报

Bai du 新闻
新闻 网页 贴吧 知道 音乐 图片 视频 地图 百科 文库
笔记本电脑
百度一下
帮助
新闻全文 新闻标题
把百度设为首页
由于您使用标题搜索，我们已帮您设为按时间排序
搭载Android 惠普推14英寸高清屏笔记本 中关村在线 2014-05-03 05:33:00 2条相同新闻>>
终极魅影视觉享受 索尼F15A18SCB热销中_索尼笔记本电脑_笔记本... 中关村在线 2014-05-03 05:18:00
视频: 出彩中国人二等奖奖金为15万8千元以及苹果笔记本电脑一台是... 优酷视频 2014-05-03 01:36:37
炫富完爆茶叶蛋 万元级笔记本大推荐 PCHOME 2014-05-03 01:22:26
视频: 爸爸去哪儿二等奖送出的奖金以及苹果笔记本电脑一台是真的吗 优酷视频 2014-05-02 22:43:33
视频: 出彩中国人二等奖送出的奖金以及苹果笔记本电脑一台是真的吗 优酷视频 2014-05-02 22:43:29
的姐为找丢笔记本电脑的乘客 一天没拉业务 腾讯大渝网 2014-05-02 07:39:00
视频: cctv出彩中国人二等奖奖金为130000元以及苹果笔记本电脑一... 优酷视频 2014-05-02 03:10:53
超薄本本购回家 武汉苹果MD760CH/A仅7260元 太平洋电脑网 2014-05-02 00:36:50
Y410P-IFI武汉联想笔记本专卖4899元 PCHOME 2014-05-01 18:06:24

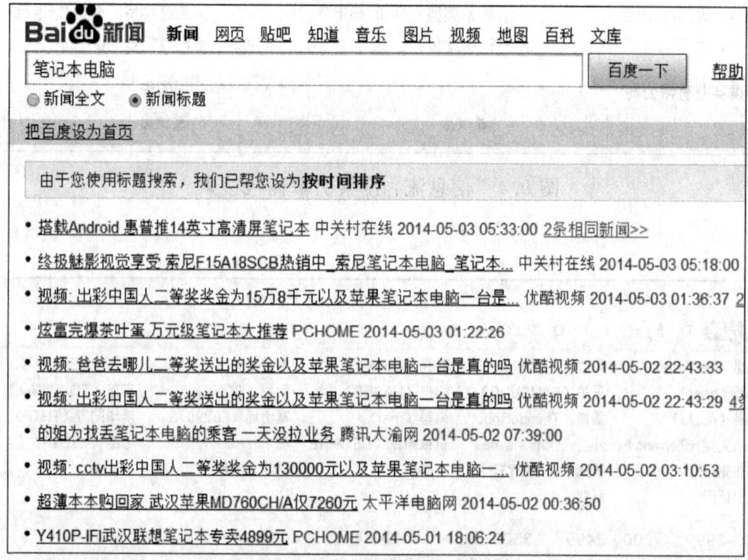

图 9.7 信息流：行业情报

Bai du 新闻
新闻 网页 贴吧 知道 音乐 图片 视频 地图 百科 文库
Macbook
百度一下
新闻全文 新闻标题
把百度设为首页
由于您使用标题搜索，我们已帮您设为按时间排序
2014款 MacBook Air 固态硬盘速度大幅落后于2013款 网易数码 2014-05-03 07:06:09 4条相同新闻>
价格恢复正常 MacBook Air在澳洲再次上架 21CN 2014-05-02 23:57:24
MacBook难实现触屏 未来或许实现触感键盘 网易数码 2014-05-02 08:59:41 5条相同新闻>>
新款MacBook Air跑分公布 性能稍有提升 搜狐数码 2014-05-02 08:03:00
下一代MacBook Air需要在哪些方面改进? 腾讯数码 2014-05-02 06:31:00 5条相同新闻>>

图 9.8 信息流：产品情报

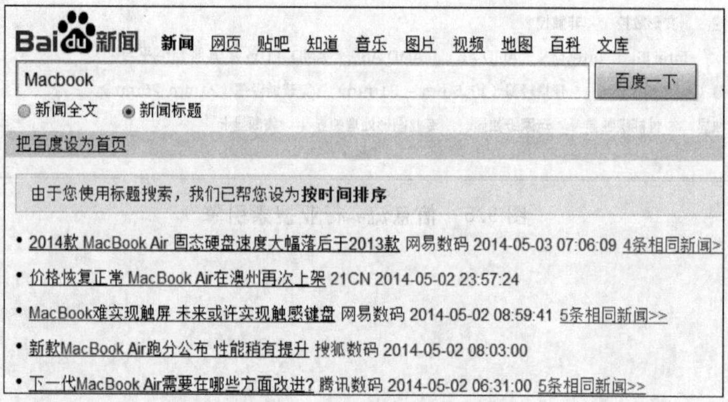

(4) 各种社交平台：利用各种易于进行信息发布和传播的社交平台(如微博、微信)来宣传企业、产品和活动，基于社交平台的关系转发往往能够产生更直接有效的效果，如图 9.9 所示。

图 9.9 信息流：利用社交平台推广

9.2.2 资金流

资金流就是使客户在选择商品后，能够方便、快捷地通过网络支付交易费用。经过几年的发展，Internet 上的资金支付方式已经有了非常全面的解决方案。主要包括：

(1) 网上银行：自招商银行率先推出网上支付系统(如图 9.10 所示)后，其他各大商业银行也纷纷跟进。现在，通过网上银行已经能够实现实时在线支付和转账。

图 9.10 资金流：招商银行网上银行

(2) 第三方网上支付中介平台的出现,促进了电子商务网站的发展。例如:

- 首信易支付、网银在线、中国在线支付网等第三方支付平台,可以接受数十种银行卡的网上支付,如图 9.11 所示。

图 9.11 资金流:首信“易支付”支付平台

- 支付宝等支付中介,解决了支付诚信问题,如图 9.12 所示。

图 9.12 资金流:“支付宝”支付中介平台

(3) 移动支付:随着智能手机的普及和移动消费的快速发展而出现的新的支付形式,例如:

- 手机银行:各大银行推出的银行手机版。如图 9.13 所示的建行手机银行
- 第三方移动支付:支付宝钱包;微信“我的银行卡”,如图 9.13 所示的支付宝钱包。
- 手机话费代付:通过手机话费代缴支付费用。

图 9.13　资金流：移动支付之手机银行和支付宝钱包

9.2.3　物流

物流是供应链流程的一部分，是为了满足客户需求而对商品、服务及相关信息从原产地到消费地的高效率、高效益的正向和反向流动及储存进行的计划、实施与控制过程。

物流管理不仅纳入了企业间互动协作关系的管理范畴，而且要求企业在更广阔的背景上来考虑自身的物流运作。即不仅要考虑自己的客户，而且要考虑自己的供应商；不仅要考虑到客户的客户，而且要考虑到供应商的供应商；不仅要致力于降低某项具体物流作业的成本，而且要考虑使供应链运作的总成本最低。随着供应链管理思想的出现，物流界对物流的认识更加深入，强调“物流是供应链的一部分”；并从“反向物流”角度进一步拓展了物流的内涵与外延。

物流是决定电商企业竞争力的重要因素。物流系统的强弱决定了订单的执行效率，从而最大程度地影响用户的消费体验。仓储、干线和配送是物流系统的三个重要节点，各家电商都围绕这三个方面打造自身的物流体系，根据自身特点采取多种形式来完善自己的物流体系。

如知名电商京东在物流方面已经投入了巨资，是所有电商企业里物流体系最完善的一家，这也是其能占据中国 B2C 半壁江山的重要原因之一。其策略是以构建自己的物流体系为主，极少量地辅助其他快递企业。京东是最早开始仓储、干线运输以及配送全部自建的公司，而且最具规模。在 2007 年，京东就开始建设自有的物流体系。2009 年初，京东斥资成立物流公司，开始全面布局全国的物流体系。目前，京东分布在华北、华东、华南、西南、华中、东北的六大物流中心覆盖了全国各大城市，并在西安、杭州等城市设立了二级库房，仓储面积在2012年底已经超过100万平方米。除此之外，2013年京东斥巨资在上海建设的“亚洲一号”现代化仓库设施已经封顶。诸如上海这样的大型仓储，京东打算在全国建设7个。在配送方面，为了完善最后一公里服务，京东从2009年开始自建配送团队。目前，京东共有配送员近2万名，在全国360多个核心城市自建有900多个自营配送站、300多个自提点。这些基础设施保证了京东可以提供高效的配送服务，不管是211限时达、还是一日四送、预约配送、极速达，京东一直引领着B2C行业的服务标准。干线方面，2012年6月底，京东自营干线运输正式投入运营，实现了城市之间运输的自主性，提高了仓库与仓库之间的调拨速度，是京东自建物流战略中的重要举措。京东首批投入干线运营的车辆达300余辆。自此，通过自建的仓储、干线以及配送，京东完善了自己在物流领域的布局。

除京东这种自建强大物流体系的物流战略外，其他电商企业很多是采取与其他物流企业合作的方式，尤其是在配送和干线方面。如当当网并没有选择自建配送团队，它的配送由三类合作伙伴共同提供：城市内的落地配公司、第三方快递公司(四通一达加顺丰)以及中国邮政。干线也是采用与其他公司合作的方式。

除了在硬件配套和队伍建设方面的努力外，一些有实力有远见的电商企业试图通过先进技术来提高物流的效率。如2013年5月28日，阿里巴巴集团、银泰集团联合复星集团、富春集团、顺丰集团、三通一达(申通、圆通、中通、韵达)以及相关金融机构共同宣布“中国智能物流骨干网(简称CSN)”项目正式启动，合作各方共同组建的“菜鸟网络科技有限公司”正式成立。“菜鸟”小名字大志向，其目标是通过5～8年的努力打造一个开放的社会化物流大平台，在全国任意一个地区做到24小时送达。

解决物流问题的另外一个方法是将商品数字化，进而实现物流数字化，对客户购买的商品用网上传送代替传统的物流配送，从而裁减掉实体物流环节。例如，电子杂志的订阅，电话充值卡、游戏卡、电子机票、演出票、体育赛事票的网上购买，网上挂号、诊疗，视频点播和购买等。

9.2.4 网络安全

虽然互联网的普及给我们的工作、生活、娱乐带来了很大的便利和乐趣，但随之而来的网络信息安全问题也不可小视。对网络信息安全的威胁影响了电子商务的更快速普及。影响网络信息安全的因素很多，有些是自然的，有些是人为的。对于影响电子商务的网络信息安全的隐患主要是人为故意攻击，这是信息和信息系统面临的最大安全威胁。针对信息和信息系统进行的攻击可以分为主动攻击和被动攻击两类。主动攻击采取各种方式破坏信息的完整性、有效性、真实性，如计算机病毒；被动攻击是在不影响网络正常运行的情况下，通过截获、窃听、破译等方式获取系统中的重要机密信息，如计算机木马。这两类攻击都会对信息系统造成很大的危害，并且使机密信息泄露。

关于网络信息安全的内容，我们在本书第10章中专门详细介绍，在此不再赘述。

9.2.5　网络信用

除了上述信息流、资金流、物流和网络安全等要素之外，网络信用问题或者诚信问题也在电子商务中扮演了越来越重要的作用。

在网络信用体系的建设过程中，包括国家信用管理体制和法规的建设和完善，以及商家信用认证系统的建立和完善。

目前在中国的网络信用体制建设中，国家对以下环节进行监管：

(1) 网站备案和审核。

- 通信管理局：经营性网站 ICP 认证和非经营性网站 ICP 备案制。
- 工商局：经营性网站备案。
- 特种行业：审批制度。

(2) 制定相关政策法规，如《中华人民共和国电子签名法》的出台。

(3) 企业信用信息系统，如图 9.14 所示。

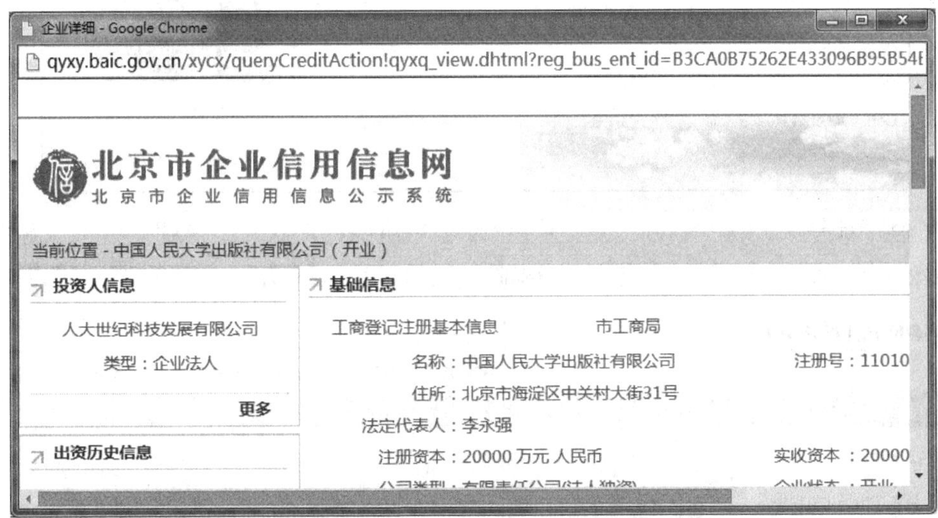

图 9.14　北京市企业信用信息系统

而从商业的角度，则通过发展第三方的交易中介、支付中介、数字认证、诚信分级、认证商户等方式，促进信用体系的建设和发展。

9.3　电子商务的分类

参与电子商务的主体主要包括商家(Business)、消费者(Customer)、政府机构(Government)，相应的电子商务可以分为以下几大类型：

(1) B2B(商家对商家)的电子商务是企业与企业之间的电子商务，即电子商务的供需双方都是商家(包括厂家和商户)，它们通过互联网进行产品、服务和信息的商务活动，

利用互联网技术及相应的商务网络平台完成电子商务,如发布供求信息、订货及确认订货、支付过程及票据的签发/传送和接收、确定配送方案并监控配送过程等。典型例子包括阿里巴巴、慧聪、环球资源、中国制造网等(参见图 9.15)。B2B 按服务对象可分为外贸 B2B 及内贸 B2B,按行业性质可分为综合 B2B(也称 B2B 门户)和垂直 B2B。B2B 电子商务是整个电子商务领域的重头戏,根据艾瑞咨询的统计报告,2013 年中国的 B2B 电子商务交易规模占整个电商交易额的 77.9%。

图 9.15 阿里巴巴网站和中国制造网

(2) B2C(商家对消费者)模式可以看作是企业通过网络进行零售活动,消费者通过网络在网上购物、在网上支付。B2C 型电子商务的典型代表国外有亚马逊,国内则有卓越、当当和京东等,如图 9.16 和图 9.17 所示。

(3) C2C(个人对个人)一般是以在线交易平台的形式出现,交易双方可以利用这个平台进行在线交易。卖方可以在该平台上开设网店、商铺,而买家可以在此平台上进行购物。个人对个人的交易在电子商务的总交易额中所占比例最小,但覆盖的人群最广,影响

图 9.16　Amazon 电商网站

图 9.17　京东电商网站

面也最大。目前比较困扰 C2C 型电子商务的主要问题是交易者的诚信问题，随着第三方交易中介、支付中介的介入和相应法规的实施，对 C2C 型的交易会产生非常积极的促进作用。C2C 型电子商务的典型代表是淘宝，如图 9.18 所示。

(4) B2B2C 电子商务平台。除了上述 B2B、B2C、C2C 等类型的电子商务外，还有一类沟通厂商和消费者的电子商务平台。电子商务平台一方面连着厂家和商家，厂商可以在这个电子商务平台上开设店铺进行电子商务销售活动；另一方面它们又连着消费者，消费者在电子商务平台网站浏览商品，并通过这个平台直接购买，电子商务平台承担了中介的角色，一方面解决了买卖双方最担心的交易诚信问题，另一方面会聚商品信息，使消费者在更大的范围内放心地选购到价廉物美的商品。这种模式的典型代表如天猫商城。此外一些有实力的 B2C 企业除了通过进行自己的销售活动外，也允许其他企业在其网站上开设网络店铺，这样这些 B2C 电商网站也就同时具备了 B2B2C 的特点，如京东和当当等。

图 9.18 淘宝网

(5) G2B(政府对企业)模式将政府与企业之间的各项事务都可以涵盖在其中。包括政府采购、招投标、税收、商检、管理条例发布等。这种模式可以归入电子政务的范畴。

(6) G2C(政府对个人)模式目前在国内的应用还不太多。在少数发达国家,个人的涉税事务均可以通过网络办理,即是 G2C 模式的典型案例。

(7) C2B(个人对企业)模式是以消费者为中心的电商模式。真正的 C2B 应该先有消费者需求产生而后有企业生产,即先有消费者提出需求,后有生产企业按需求组织生产。通常情况为消费者根据自身需求定制产品和价格,或主动参与产品设计、生产和定价,产品、价格等彰显消费者的个性化需求,生产企业进行定制化生产。从现阶段看,在某些特殊领域(如家具定制)已经有了 C2B 模式的具体应用,但要实现大规模的 C2B 模式普及还有很多困难。

9.4 电商应用实例

利用电子商务网站或者软件进行如网络购物等活动时,通常都要求用户注册网站账号或者第三方支付平台账号,需要利用银行账号进行线上支付时也需要通过网上银行提前开通网上支付功能或者快捷支付功能。相应的操作步骤按照相关网站向导依次进行即可,这里不再赘述。

9.4.1 网络购物

对于个人用户而言,基本的网络购物主要是通过一些 B2C 和 C2C 类型的电子商务网站进行的。不同网站有不同特点,可以根据实际需要进行选择。比如要选购一些比较特殊的东西可以到产品丰富的 C2C 网站上查找,如果要选购比较成熟的要求保证质量的产品应该到一些专业的 B2C 网站。总体来说,网络购物的基本步骤为:

(1) 登录购物网站。

(2) 浏览并挑选商品。

(3) 购买并进行订单确认。

(4) 网上支付。

(5) 等待收货。

(6) 评价。

具体过程中还会辅以其他的一些工具或技巧，如使用电商专业 IM 工具(如阿里旺旺)与卖家交流了解商品详细信息或砍价，利用比价插件(如如意淘)对不同店铺的同一商品进行价格比较等。

例如，我想买一款性价比较高的数码相机，我选择数码设备领域比较著名的京东商城。登录京东商城网站 http://www.jd.com/，通过商品分类找到“数码相机”类别，如图 9.19 所示。

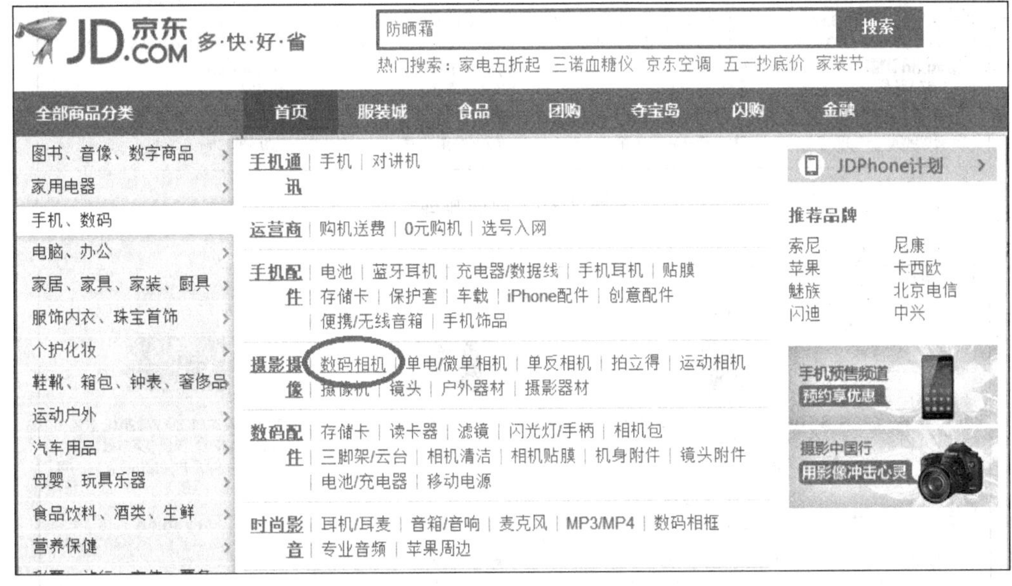

图 9.19 京东商城商品类别

在出现的商品列表中，根据自己的需求设置不同的限定参数来筛选商品。如可以限定品牌、价格范围、有效像素值、液晶屏大小、颜色等，如图 9.20 所示。

筛选完成后可以在筛选结果中查看具体某一款产品的具体参数及有关评论，勾选几款自己初步感兴趣产品下方的“对比”复选框将它们加入到对比栏中。然后单击对比栏中的“对比”按钮，会显示如图 9.21 所示的对比列表。

经过对比选定一款要购买的商品，单击其图片链接进入商品页面，设置购买款式和购买数量后，单击“加入购物车”按钮将其添加到购物车中。如果还要购买其他商品可以重复上面的步骤。否则在后续的页面中单击“去购物车结算”按钮，在出现的购物列表中对商品的型号数量等确认无误后，单击“去结算”按钮，出现如图 9.22 所示的订单确认页面。这里用户设置和确认收货人信息、收货地址、支付方式、发票信息和商品清单。

图 9.20 商品筛选

基本信息对比

商品图片	佳能（Canon） IXUS 265 HS 数码相机 银色（1600万像素 3英寸液晶屏 12倍光学变焦 25mm广角 遥控拍摄）	索尼（SONY） DSC-H300	三星（SAMSUNG） WB201F 数码相机 红色（1420万像素 3英寸触摸屏 18倍光变 24mm广角 内置8G卡 WiFi连接）
京东价	¥1249.00	¥1499.00	¥1299.00
所属品牌	佳能（Canon）[8983]	索尼（SONY）	三星
产地	中国大陆	中国大陆	中国大陆
售后服务	一年质保	一年质保	一年质保
包装规格	台		
产品毛重	0.39	0.88	0.368
⊟ 基本参数	佳能（Canon） IXUS 265 HS 数码相机 银色（1600万像素 3英寸液晶屏 12倍光学变焦 25mm广角 遥控拍摄）[纠错]	索尼（SONY） DSC-H300[纠错]	三星（SAMSUNG） WB201F 数码相机 红色（1420万像素 3英寸触摸屏 18倍光变 24mm广角 内置8G卡 WiFi连接）[纠错]
品牌	佳能 Canon	索尼	三星 SAMSUNG
系列	IXUS		
型号	IXUS 265 HS		

商品对比 高亮显示不同 显示相同项 固定

图 9.21 商品信息对比

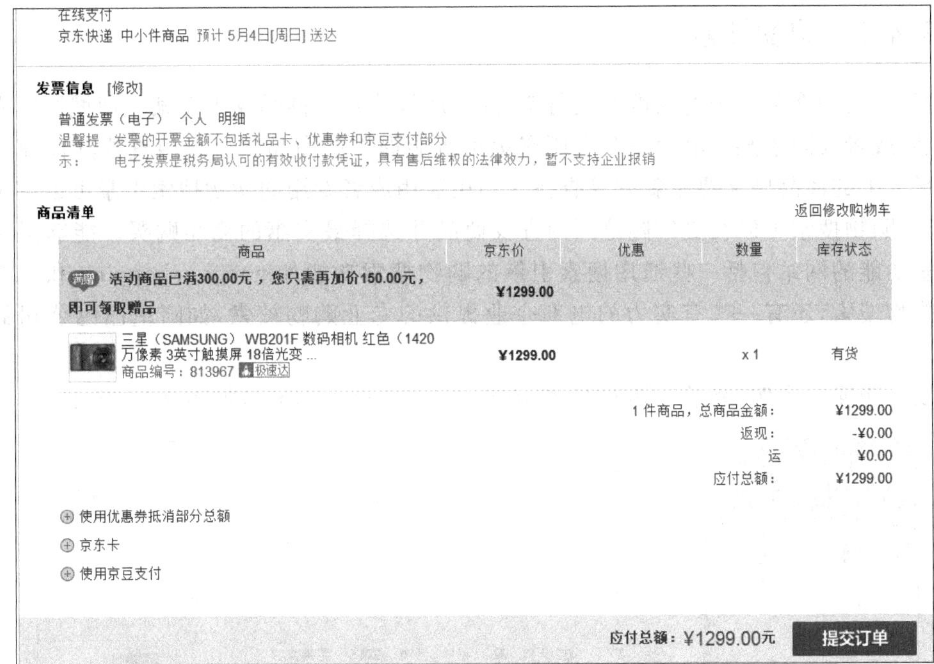

图 9.22 确认订单

订单信息确认无误后，单击“提交订单”，在如图 9.23 所示的页面中选择银行卡并按照提示向导进行支付。支付成功后等待京东送货即可。至此，一次完整的电子商务网站购物活动就完成了。

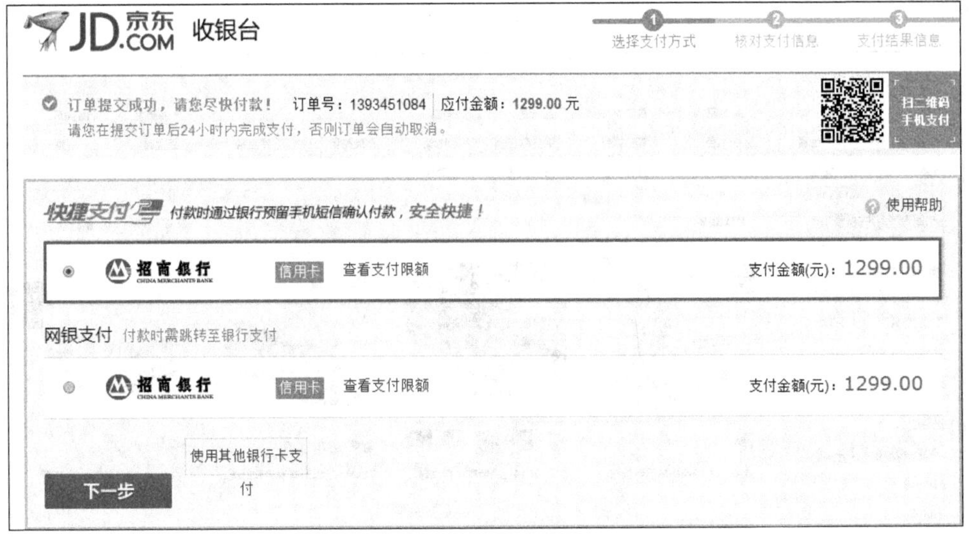

图 9.23 网上支付

9.4.2 购物搜索

通常,我们在某一个电商网站进行购物时,所能找到的商品仅限于某一商城所能提供的商品,或者仅限于某一电商平台上所有卖家所能提供的商品。如果想查找其他商城或电商平台上的商品则需要重新登录查找。利用通用或者专用的购物搜索引擎可以解决这个问题,购物搜索可以在更广阔范围内查找商品并选择最实惠的商品购买。能够提供购物搜索功能的网站包括一些通用搜索引擎的购物搜索功能如 google shopping 和 360 so 中的购物搜索,还有一些有实力的电商企业提供的专业购物搜索,如阿里巴巴公司的一淘网。

以一淘搜索为例,登录一淘网网站 http://www.etao.com/,如图 9.24 所示。

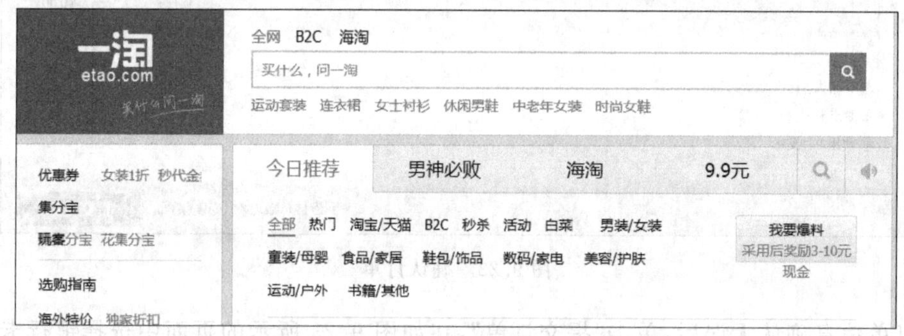

图 9.24 一淘网主页

在搜索框中输入要搜索的商品的关键词,如“帆布鞋”。得到的搜索结果如图 9.25 所示。

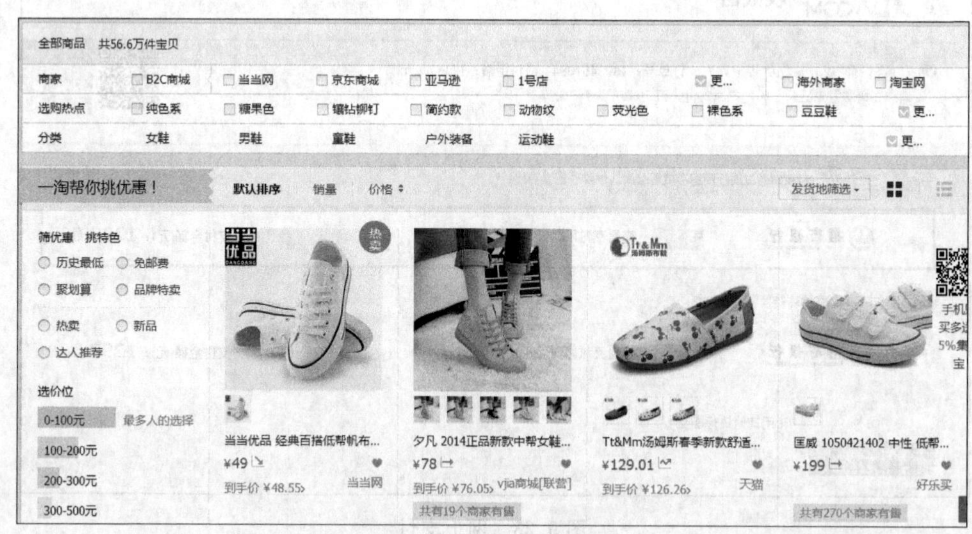

图 9.25 一淘商品搜索结果

商品列表中的每个商品信息包括商品图片、商品名称、商品价格以及来自哪个电商网站等。这里我们还可以进一步对商品进行筛选，如指定商家（如只看1号店）或者限定商家性质（如B2C商城或者海外商家）、商品特性或类别（如要求是女鞋）、发货地（如北京）等。也可以在左侧筛选区域限定商品优惠属性及价格区间等。对感兴趣的商品单击对应的收藏图标，在“我的一淘”下拉菜单中选择“我的收藏”来查看想买的商品列表。在我的收藏页面可以查看收藏商品有无降价信息。单击某一款收藏商品的链接可以查看商品的详细信息、价格趋势、相同商品在其他商家的报价等信息，如图9.26所示。确定购买则选择某一种购买方式即可，例如可以跳转到商品原网站下单购买。

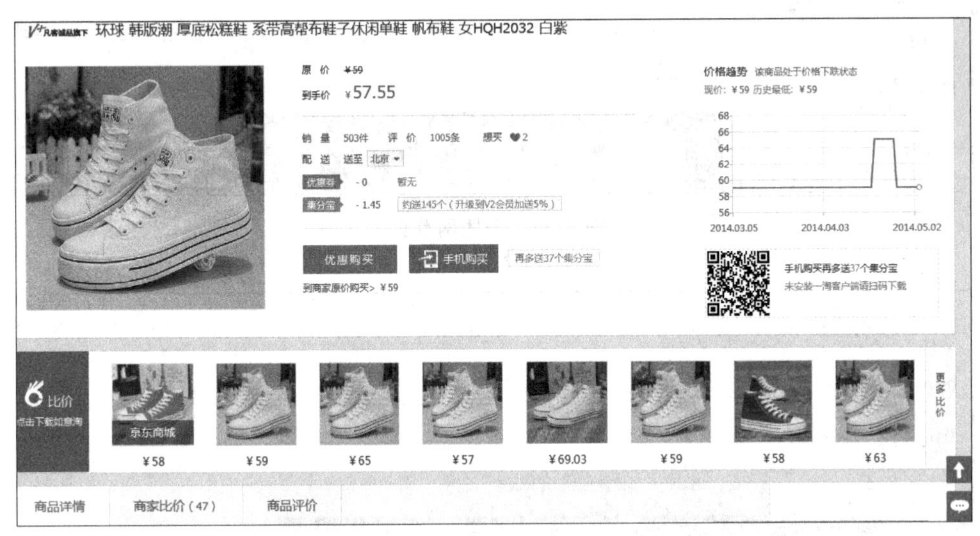

图9.26 一淘网提供的商品详情和比价信息

9.4.3 团购 & 团购搜索

团购是近几年来新兴的一种电子商务模式，通过消费者自行组团、专业团购网站、商家组织团购等形式，提升用户与商家的议价能力，极大程度地获得商品让利，根据薄利多销的原理，商家可以给出低于零售价格的团购折扣和单独购买得不到的优质服务。在经历了爆发式增长后的整体行业洗牌，团购已经回归理性发展状态，成为2013年增长最快的网络应用。团购的应用主要通过专业的团购网站进行，这些团购网站发展较好的有美团网、糯米网、大众点评网、拉手网等。以美团网（www.meituan.com）为例，网站首页如图9.27所示。

选择区域范围（城市、城区、商圈等）以及团购类型（美食、电影、景点等）后会显示满足要求的团购活动列表，如图9.28所示。单击任意一个团购项目可以查看团购项目的详细情况，如商家地址、有效期限和使用条件、具体包含的商品或服务内容等。确定购买则单击“立即抢购”按钮，登录后继续完成后续的提交订单、网上支付、获取美团券、凭美团券消费等环节即可。后续购买流程跟普通的网络购物基本类似，不同的是团购购买成功后除了会获得具体的商品外，更多的是获得电子版的消费凭证，凭借电子或打印的消费凭证到商家店中去享受相应的服务。

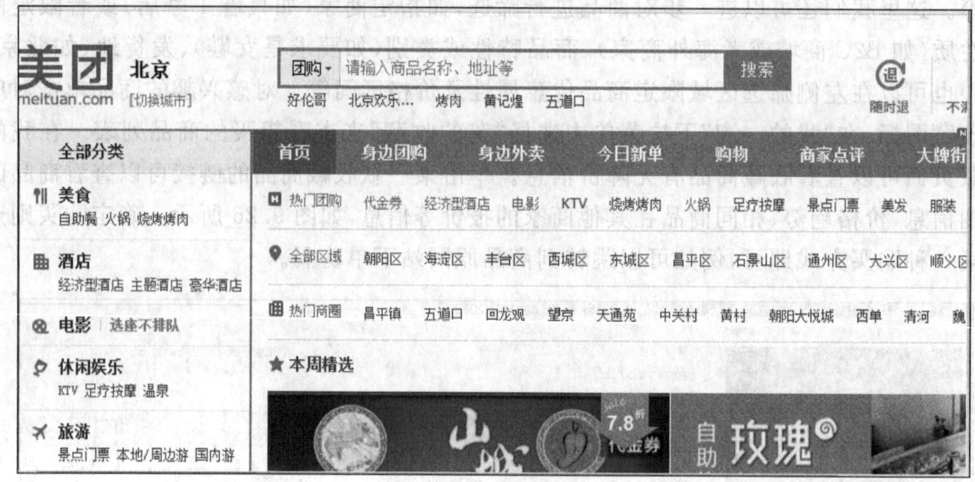

图 9.27 美团网首页

图 9.28 筛选团购商品

除了使用特定的团购网站购买团购产品外，还可以使用团购搜索网站将搜索范围扩展到更多的团购网站。能提供团购搜索服务的网站有百度团购、360 团购等。以百度团购(tuan.baidu.com)为例，其首页界面如图 9.29 所示。

同样，可以对地理位置、产品类别等进行限定，如在美食类中查找北京市海淀区远大路附近的烧烤类团购项目，查找到的结果如图 9.30 所示。

可以看到，搜索结果来自多个团购网站，如糯米网、拉手网、美团网、窝窝团、大众点评

图 9.29　百度团购搜索

图 9.30　团购搜索结果

等。单击查看团购商品的详细情况，确定购买后单击相应的购买按钮执行后续的提交订单和网上支付等购买过程，方法同其他购物流程。

9.4.4　旅行预订

随着社会经济的发展和生活水平的提高，因公出差和外出旅行成为大家生活中非常普遍的行为。外地出差或旅行必须考虑的问题包括交通、住宿和游览等。由于目的地与居住地相距遥远，处理这些事情显得非常烦琐，在网络应用还不发达的时候往往要耗费很多的人力和时间，或者为了省事委托给旅行社处理。现在，随着电子商务服务水平的提高以及在各个生活领域的普及，这些事务完全可以通过专业旅行网站一站式提前搞定。比较著名的旅行服务网站有携程、途牛、马蜂窝、艺龙、驴妈妈等。这些网站通常都能提供火车票、机票、酒店、景区门票、团购活动、旅游攻略的信息搜索和在线预订功能。而致力于聪明地安排消费者的旅行，竭力为消费者提供最全面、性价比最高的产品、可靠的服务和便捷技术工具的垂直旅游搜索引擎“去哪儿”更是凭借完备的移动端支持在 2013 年获得出人意料的优秀业绩。图 9.31 为去哪儿网(http://www.qunar.com/)的首页页面。

图 9.31　去哪儿网首页

9.4.5　网络金融

2013 年 6 月，随着第三方支付平台支付宝联合天弘基金上线的个人余额增值理财产品“余额宝”的推出，“互联网金融”这个神秘新词闯进人们的视野。

本质上讲，互联网金融是指依托支付、云计算、社交网络以及搜索引擎等互联网工具，实现资金融通、支付和信息中介等业务的一种新兴金融。

2013 年被看成了互联网金融这个新时代的元年，互联网企业搅局给以银行为代表的传统金融行业带来前所未有的压力。现在，不论是互联网公司、电商、基金、券商，甚至商业银行均已开始悄然布局并迅速推出相关产品。

当前互联网金融格局，由传统金融机构和非金融机构组成。传统金融机构主要为传统金融业务的互联网创新以及电商化创新等，非金融机构则主要是指利用互联网技术进行金融运作的电商企业、P2P 模式的网络借贷平台、众筹模式的网络投资平台、挖财类的手机理财 APP 以及第三方支付平台等。下面我们简单介绍近年来发展迅速的互联网企业主导的网络理财产品和 P2P 网贷的相关内容。

1. 网络理财

互联网金融中的网络理财主要表现为网络用户通过电商网站或软件在线购买理财产品。这些理财产品有传统金融机构推出的传统理财产品；也有由互联网企业通过对接其他金融机构货币基金推出的新型理财产品，如余额宝等。其中，后者作为一种新兴事物而备受关注。典型代表包括阿里余额宝、腾讯微信理财通、百度百发（百赚）、京东小金库、网易现金宝、苏宁零钱包等。

相对于传统金融机构的理财产品，这些产品具有手续简单、投资门槛低、随时监控收益情况、在不影响资金流动性（资金随时赎回）的前提下让客户享受到高出活期存款收益多倍的超额收益。

需要注意的是，作为新兴事物的网络理财产品面临很多不确定因素，如高收益如何维持、监管体系处于构建期相关政策不稳定或不明朗、与传统金融机构如何合作共赢等。网民在投资此类产品时要充分考虑其存在的风险。

图 9.32 和图 9.33 为余额宝和百度理财网站首页。

图 9.32　阿里余额宝

图 9.33　百度理财

2. P2P 网贷

P2P 网贷,是指由具有资质的网站(第三方公司)作为中介平台,个人通过网络平台相互借贷,贷款方在 P2P 网站上发布贷款需求,投资人则通过网站将资金借给贷款方。P2P 网贷最大的优越性,是使传统银行难以覆盖的借款人在虚拟世界里能充分享受贷款的高效与便捷。目前,国内著名的网贷平台有上海拍拍贷、北京人人贷、深圳人人聚财等。

P2P 网贷的运营模式根据不同的考量因素可以分为不同的类别。

1) 纯平台模式和债权转让模式

根据目前我国 P2P 网贷公司相关借贷流程的不同,P2P 网贷可以分为纯平台模式和债权转让模式两种。

(1) 纯平台模式

纯平台模式是指借贷双方借贷关系的达成是通过双方在平台上直接接触,一次性投标达成。纯平台模式保留了欧美传入的 P2P 网贷本来面貌,即出借人根据需求在平台上自主选择贷款对象,平台不介入交易,只负责信用审核、展示及招标,以收取账户管理费和服务费为收益来源。

(2) 债权转让模式

债权转让模式是指通过平台上专业放贷人介入借贷关系之中,一边放贷一边转让债权来连通出借人和借款人,实现借贷款项从出借人手中流入借款人手中。债权转让模式又称"多对多"模式,是指借贷双方不直接签订债权债务合同,而是通过第三方个人先行放款给资金需求者,再由第三方个人将债权转让给投资者。其中,第三方个人与 P2P 网贷平台高度关联,一般为平台的内部核心人员。P2P 网贷平台则通过对第三方个人债权进行金额拆分和期限错配,将其打包成类似于理财产品的债权包,供出借人选择。由此,借、贷双方经由第三方个人产生借贷关系的模式使原本"一对一"、"一对多"或者"多对一"的 P2P 借贷关系变为"多对多"的债权关系。当然,此种模式下,P2P 网贷平台也承担着借款人的信用审核以及贷后管理等相关职责。

2) 纯线上模式和线上线下相结合模式

在国内,由于征信体系不健全,个人信用情况难以判断,所以大部分 P2P 网贷平台的线上工作只能完成国外 P2P 流程的一部分,而用户获取、信用审核及筹资过程在不同程度上已由线上转向线下,P2P 网贷平台的运营模式也因此可以分为纯线上模式和线上线下相结合模式。

(1) 纯线上模式

P2P 网贷纯线上模式是指,P2P 网贷平台作为单纯的网络中介存在,负责制定交易规则和提供交易平台,从用户开发、信用审核、合同签订到贷款催收等整个业务主要在线上完成。纯线上模式的 P2P 网贷平台的优势在于规范透明、交易成本低,但也存在着数据获取难度大以及坏账率高的缺陷,正是这种缺陷制约了纯线上模式的快速发展。由于没有线下审贷环节,在纯线上模式中对贷款人进行信用审核,是通过搭建数据模型来完成,利用模型对采集到的相关信息进行分析,从而对借款人给出一个合理的信用评级和安全的信用额度。但是如何获得进行信用测评的个人或企业的征信数据对于我国 P2P 网贷公司来说是一大难题。

(2) 线上线下相结合模式

线上线下相结合的模式，是指P2P网贷公司在线上主攻理财端，吸引出借人，并公开借贷业务信息以及相关法律服务流程，而线下则强化风险控制、开发贷款端客户。借款人在线上提交借款申请后，平台会通过所在城市的门店或代理商采取入户调查的方式审核借款人的资信、还款能力等情况。线上线下相结合的模式是海外纯线上模式在中国的本土化转型，较为适合中国信用环境尚不完善的情况，并成为绝大多数P2P网贷公司的选择。

3) 无担保模式和有担保模式

在我国P2P网贷平台采用的增信手段中，除了直接实地信用审核的线下模式之外，还有一种就是采用担保机制来有效降低出借人可能遭受的借款资金损失的风险，因此根据有无担保机制，P2P网贷可以分为无担保模式和有担保模式。

(1) 无担保模式

无担保模式保留了P2P网贷模式的原始面貌，平台仅发挥信用认定和信息撮合的功能，提供的所有借款均为无担保的信用贷款，由出借人根据自己的借款期限和风险承受能力自主选择借款金额和借款期限。贷款逾期和坏账风险完全由出借人自己承担，网站不做本金保障承诺，也未设立专门的风险准备金以弥补出借人可能发生的损失。

(2) 有担保模式

为有效拓展出借人客户，提高平台的交易量和知名度，现今许多P2P网贷平台都引入担保机制，保障出借人借出的款项能够及时收回，至少保障本金的偿还。根据担保机构的不同，有担保模式又可分为第三方担保模式和平台自身担保模式，平台自身担保模式主要包括两种方式，一是平台利用自由资金收购出借人已逾期债权，二是通过设立风险准备金的方式来填补出借人的本金损失。

由于网贷平台实质上只是中介机构，进入门槛低，审批手续比较简单，几万元就能注册。因此，网贷平台正处于鱼龙混杂的格局。新平台不断涌现，伴随着业内出现不少问题。主要风险关注点有资质风险、管理风险、资金风险和技术风险等。

P2P网贷在不断发展中也慢慢渗透到普通用户的生活中，其中以模拟现实生活中的小额借贷类应用为典型代表。如2013年3月份上线试运行11月份正式推广的速溶360(http://www.surong360.com/)。

速溶360网站，面向18～28岁阶段的在校大学生(也面对一部分毕业学生)，通过同学之间、校友之间的微金融借贷交易行为，形成速溶360"信用脸谱"，并在此基础上产生信用社交。创始人薛梓闻说今后速溶360会更多一些社交，想做成面向3000万大学生的人人网。自正式上线以来，速溶360交易量以月均10%的速度稳步增长。目前覆盖的高校有500多所，注册用户约10万人，其中超过10%的用户发生过金融行为，人均1500元左右。

速溶360的产品亮点体现在两个方面：安全的P2P金融和信用社交。

在安全方面，针对学生对象的特点采取以下几方面的措施来降低坏账率：

• 严格的前期的审核。学生身份需要视频、学生证、学籍、身份证、邮箱、手机五重审核认证。

- 贷款金额随身份调整。如,本科生的额度为3000元,研究生的额度为5000元。
- 弹性的借款周期。一般的借款周期是1～6个月,临近毕业的学生,借款周期也相应缩短了。
- 与学校建立联动的逾期催收机制。

在信用社交方面,通过学生借款及还款情况,为其建立信用体系。好的信用,就能得到微金融交易的权力,而良好的交易行为,又能进一步提高信用,进而获得更大的微金融交易权力。同时,速溶360还将用户信用情况以信用指数形式与其他平台(如电商、求职、旅行等)进行对接、共享,为用户建立一个基于互联网的信用脸谱。2014年1月份,速溶360正式联手人民银行旗下上海资信,成为第一家也是唯一一家输出学生信用的公司,其用户一毕业,人民银行即有其信用情况,这为其获得一些金融服务提供便利。

图9.34为速溶360网站首页窗口。

图9.34 速溶360网站

9.4.6 移动电商

随着移动终端设备和无线网络的普及和发展,在移动支付的基础上,电子商务的有关应用迅速渗透到移动领域,并且得到快速发展,如手机银行、手机购物、移动缴费、手机旅行预订等。除此之外,通过与社交和位置服务(LBS)相结合又衍生出许多新的应用,如移动打车、AA收款、电子红包、附近美食等。移动电商的功能通过在智能手机上安装相应的移动APP并绑定银行卡来实现。例如,图9.35为微信"我的银行卡"的相关功能,图9.36为支付宝钱包所支持的有关功能。

图 9.35　微信“我的银行卡”功能列表

图 9.36　支付宝钱包功能列表

9.5 思考与练习

1. 什么是电子商务?
2. 电子商务的要素有哪些,各自的表现形式有哪些?
3. 电子商务如何分类,每种类型的特点是什么?
4. 访问本章所提到过的电子商务实例网站,了解其运作原理和流程。
5. 推荐其他的电子商务应用工具或网站。

第10章

网络安全

Internet 技术的快速发展极大地方便了人们的工作和生活，网络信息已经成为社会发展的重要组成部分，广泛涉及经济、教育、科技、军事、政府等多个领域。通过网络存储、传输和处理的信息很多都是敏感信息，甚至是国家机密。但由于网络组成的多样性异地性以及网络结构的开放性和互联性等特点，使得这些信息极易受到来自世界各地的各种人为攻击。最近一段时间发生的支付宝、携程用户信息泄露事件以及“心脏出血”(基础安全协议 OpenSSL 源代码漏洞)事件证明信息安全问题与每个网络用户都息息相关，而著名的“棱镜门”事件更是证明国家之间的信息战绝不是耸人听闻，并由此引发全球信息安全热潮。本章将对网络信息安全的相关概念和目标、面临的威胁和防护措施等进行概括性地介绍。

10.1 网络安全的概念和目标

国际标准化组织将信息安全定义为：“为数据处理系统建立和采取的技术和管理的安全保护，保护计算机硬件、软件和数据不因偶然和恶意的原因而遭到破坏、更改和泄露。”此外，对于动态的信息系统而言，信息安全还应能够保证系统连续正常地运行。即信息安全一般包括实体安全、运行安全、信息安全和管理安全四个方面的内容，也就是说，信息安全包括信息系统的安全和信息安全，并以信息安全为最终目标。

网络安全是信息安全在计算机网络领域的引申，即网络安全是为保证网络系统和网络信息安全的一系列措施和技术的总和。

网络安全的目标包括 5 个方面：

- 网络信息的保密性：指信息内容不应被未授权用户获取和使用。
- 网络信息的完整性：指信息不能被未授权用户修改，包括信息的修改、增加、破坏和删除等。
- 网络信息和网络系统的可用性：指网络信息或网络系统应该能够被授权用户正常使用。
- 网络信息和网络系统的可控性：指授权用户应该在预先设置好的权限范围内使用网络信息和网络系统，且管理员能够控制权限的设定。

• 网络主体的可验证性：指能够有效验证通信双方所声称身份的真实性。

10.2 网络安全威胁

影响网络安全的因素很多,有些是自然的,有些是人为的。总的来说,产生网络安全威胁的因素主要有四个方面：

• 自然威胁。如火灾、水灾、雷击、地震等。
• 系统或软件的脆弱性和后门。网络系统或软件在设计时由于安全性考虑不周,可能存在缺陷,或者软件设计者或使用者为了方便管理而设置的一些后门。这些缺陷和后门如果被非法用户知晓和利用就会给系统带来危害。
• 人为无意失误。如设置的系统或账号密码过于简单,或者将账号及密码随手记录在不安全的地方,在公共场合随意共享账号密码等,都有可能给系统或账户造成威胁。
• 人为故意攻击。这是网络信息和网络系统面临的最大安全威胁。针对信息和系统进行的攻击可以分为主动攻击和被动攻击两类。主动攻击采取各种方式破坏信息的完整性、有效性、真实性,如计算机病毒;被动攻击是在不影响网络正常运行的情况下,通过截获、窃听、破译等方式获取系统中的重要机密信息,如计算机木马。这两类攻击都会对信息系统造成很大的危害,并且使机密信息泄露。

从网络威胁的实现手段来看,网络安全威胁的表现形式主要有计算机病毒、蠕虫病毒、木马、网络监听、恶意网页、电子欺骗和拒绝服务攻击等。

10.2.1 计算机病毒

计算机病毒是指编制或者在计算机程序中插入的破坏计算机功能或者毁坏数据、影响计算机使用并且能够自我复制的一组计算机指令或者程序代码。就像生物病毒一样,计算机病毒具有独特的复制能力,可以很快地蔓延,又常常难以根除。它们能把自身附着在各种类型的文件、电子邮件或者存储设备上。当收取电子邮件或文件被复制、存储(磁盘、U 盘、光盘等)、通过网络从一个用户传送到另一个用户时,它们就随之蔓延开来。

1. 发展

计算机病毒是伴随着计算机技术的发展而不断发展变化的。早在 20 世纪 40 年代,在实际商业计算机还未出现之前就已经有了与计算机病毒相关的理论研究,典型代表是 1949 年冯·诺依曼提出的程序自我复制理论。20 世纪 50 年代美国贝尔实验室的三个程序员自创的电子游戏“核心大战”(Core War),其核心玩法是对战双方将各自编写的一小段程序输入计算机中进行互相攻击,目标是在保证自己存活(自我修复和自我复制)的前提下将对方吃掉。“核心大战”游戏中的程序被认为是计算机病毒的雏形。1975 年美国科普作家 John Bruner 在科幻小说 *Shockwaver Rider* 中首次使用了“计算机病毒”这个词,1984 年美国南加州大学博士 Fred Cohen 在其论文《计算机病毒实验》中正式提出。

1986 年巴基斯坦兄弟 Basit 和 Amjad 为了打击对自己公司销售软件的盗版行为编写了巴基斯坦(pakistan)病毒,其表现是可以将装有盗版软件的磁盘写满。巴基斯坦病毒也就是我们后来所称的大脑(Brain)病毒,是第一个在个人计算机上广泛流行的病毒。1988 年康奈尔大学研究生 Morris 设计的带有蠕虫特点的莫里斯病毒成功入侵阿帕网(ARPANET),造成直接经济损失 9600 万美元。1991 年海湾战争中,美军第一次将计算机病毒用于实战,在空袭巴格达的战斗中成功破坏对方指挥系统并使之瘫痪。1998 年台湾学生陈盈豪设计的 CIH 病毒是第一个能够破坏硬件的病毒,并且在随后的若干年中在包括中国在内的世界多个地区多次大规模爆发,造成巨大的经济损失和心理恐慌。此后直至 21 世纪初的若干年中,随着互联网的普及和发展出现很多大量利用网络进行传播的新病毒或者病毒变种,如蠕虫病毒。

2. 特征

与生物病毒类似,计算机病毒具有以下一些特征:

- 传染性:传染性是计算机病毒最重要的特征,是判断一段程序代码是否为计算机病毒的依据。病毒程序一旦侵入计算机系统就开始搜索可以传染的程序或者存储介质,然后通过自我复制迅速传播。由于目前计算机网络日益发达,计算机病毒可以在极短的时间内,通过局域网或者各种规模的网络(甚至通过 Internet)迅速传播。
- 潜伏性:计算机病毒具有依附于其他媒体而寄生的能力,这种媒体我们称之为计算机病毒的宿主。依靠病毒的寄生能力,病毒传染合法的程序和系统后,并不立即发作,而是悄悄隐藏起来,然后在用户不察觉的情况下进行传染。这样,病毒的潜伏性越好,它在系统中存在的时间也就越长,病毒传染的范围也越广,其危害性也越大。
- 隐蔽性:计算机病毒是一种具有很高编程技巧、短小精悍的可执行程序。它通常粘附在正常程序、电子邮件或磁盘的系统扇区中,或者磁盘上标为坏簇的扇区以及一些空闲概率较大的扇区中。病毒想方设法隐藏自身,就是为了防止用户察觉。
- 条件触发性:计算机病毒一般都设置了若干触发条件。在满足这些触发条件时进行传染或者进行破坏和攻击。触发的实质是一种条件的控制,病毒程序可以依据设计者的要求,在一定条件下实施攻击。这个条件可以是敲入特定字符,使用特定文件,某个特定日期或特定时刻(如"黑色星期五"病毒的发作日期是遇到既是某月的 13 日又是星期五的日期),也可以是病毒内置的计数器达到一定次数等。
- 表现性或破坏性:无论何种病毒程序,一旦侵入系统都会对操作系统的运行造成不同程度的影响。既使不产生直接破坏作用的病毒程序也要占用系统资源(内存空间、磁盘存储空间及 CPU 运行时间等)。而绝大多数病毒程序要显示一些文字或图像,影响系统的正常运行。还有一些病毒程序删除文件,加密磁盘中的数据,甚至摧毁整个系统和数据,使之无法恢复,造成不可挽回的损失。因此,病毒程序的副作用轻者降低系统工作效率，重者导致系统崩溃、数据丢失。

- 非授权可执行性：用户在执行正常的程序时，把系统控制权交给这个程序，并分配给它相应的系统资源，使之能够运行完成用户的需求。因此程序执行的过程对用户是透明的。而计算机病毒是非法程序，但它具有正常程序的一切特性：可存储性、可执行性。它隐藏在合法的程序或数据文件中，当用户运行正常程序时，病毒伺机窃取到系统的控制权，得以抢先运行，然而此时用户还认为在执行正常程序。

3. 分类

可以按照以下方式对计算机病毒进行分类：

(1) 按寄生方式分为引导型病毒、文件型病毒、网络型病毒及复合型病毒。

引导型病毒是指寄生在磁盘引导区或主引导区的计算机病毒。此种病毒利用系统引导时，不对主引导区的内容正确与否进行判别的缺点，在引导系统的过程中侵入系统，驻留内存，监视系统运行，待机传染和破坏。按照引导型病毒在硬盘上的寄生位置又可细分为主引导记录病毒和分区引导记录病毒。主引导记录病毒感染硬盘的主引导区；分区引导记录病毒感染硬盘的活动分区引导记录。

文件型病毒是指能够寄生在文件中的计算机病毒。这类病毒程序感染可执行文件(.EXE 或.COM 文件)或数据文件(诸如.DOC 或.XLS 等)。

网络型病毒是指病毒依附在网页、下载文件以及电子邮件中进行传播，其中电子邮件病毒是最主要的形式。

复合型病毒是指具有多种传播方式的计算机病毒。这种病毒扩大了病毒程序的传染途径，它既感染磁盘的引导记录，又感染可执行文件，还可能通过网络传输进行感染。当染有此种病毒的磁盘用于引导系统、调用执行染毒文件或查阅染毒的电子邮件时，病毒都会被激活。因此在检测、清除复合型病毒时，必须全面彻底地根治。如果只发现该病毒的一个特性，把它只当作一种类型的病毒进行清除，虽然好像是清除了，但还留有隐患，这种经过消毒后的"洁净"系统更具有攻击性。

(2) 按破坏性分为良性病毒和恶性病毒。

良性病毒是指那些只是为了表现自身，并不彻底破坏系统和数据，但会占用CPU时间、增加系统开销、降低系统工作效率的一类计算机病毒。这种病毒多数是恶作剧者的产物，其目的不是为了破坏系统和数据，而是为了让使用染有病毒的计算机用户通过显示器或扬声器看到或听到病毒设计者的编程技术。这类病毒如早期的小球病毒(表现为屏幕上进行直线运动并在屏幕边界反弹)、扬基病毒(每个工作日下午5点就播放美国传统乐曲"扬基"并停止计算机的其他工作)等。还有一些人利用病毒的这些特点宣传自己的政治观点和主张。也有一些病毒设计者在其编制的病毒发作时进行人身攻击。

恶性病毒是指那些一旦发作后就会破坏系统或数据甚至造成计算机系统瘫痪的一类计算机病毒。这种病毒危害性极大，有些病毒发作后可以给用户造成不可挽回的损失。

要想避免和降低计算机病毒的危害，应针对计算机病毒的传播途径(文件、电子邮件、磁盘、网络)进行防范。在计算机中安装实时防毒软件，并定时查杀计算机系统中的病毒是较好的防范方法。

10.2.2　蠕虫病毒

蠕虫是一种通过网络传播的恶性病毒，它具有病毒的一些共性，如传播性、隐蔽性、破坏性等，同时具有自己的一些特征，如不利用文件寄生（有的只存在于内存中），对网络造成拒绝服务，以及和黑客技术相结合等。

在产生的破坏性上，蠕虫病毒比普通病毒厉害得多，网络的普及使蠕虫可以在很短时间内蔓延整个网络，造成网络瘫痪。

历史上著名的蠕虫病毒如 1988 年的"莫里斯"病毒，2000 年的"爱虫"病毒，2001 年的"红色代码"病毒、"尼姆达"病毒和"求职信"病毒，2003 年的"SQL 蠕虫王"，以及 2004 年的"震荡波"病毒等。

1. 蠕虫的分类

根据使用者情况将蠕虫病毒分为两种：一种是面向企业用户和局域网而言，这种病毒利用系统漏洞，主动进行攻击，可以对整个局域网造成瘫痪性的后果；另一种是针对个人用户的，通过 Internet（主要是电子邮件、恶意网页形式）迅速传播的蠕虫病毒。

在这两种蠕虫中，第一种具有很大的主动攻击性，而且爆发也有一定的突然性，但相对来说，查杀这种病毒并不是很难。第二种病毒的传播方式比较复杂和多样，利用了网络软件的漏洞，并对用户进行欺骗和诱使，这样的病毒造成的损失是非常大的，同时也是很难根除的（比如求职信病毒，在 2001 年就已经被各大杀毒厂商发现，但直到 2002 年底依然排在病毒危害排行榜的首位）。

蠕虫一般不采取插入文件的方法，而是复制自身在互联网环境下进行传播。普通计算机病毒的传染能力主要是针对计算机内的文件系统而言，而蠕虫病毒的传染目标是互联网内的所有计算机。

局域网条件下的共享文件夹、电子邮件、网络中的恶意网页、大量存在着漏洞的服务器等，都成为蠕虫传播的良好途径。网络的发展也使得蠕虫病毒可以在几个小时内蔓延全球，而且蠕虫的主动攻击性和突然爆发性使其危害性让人侧目。

2. 蠕虫的工作原理

"蠕虫"病毒一旦在计算机中建立，就去收集与当前机器联网的其他机器的信息，它能通过读取公共配置文件并检测当前机器的联网状态信息，尝试利用系统的缺陷在远程机器上建立引导程序，并把"蠕虫"病毒带入到它所感染的每一台机器中。

"蠕虫"病毒程序能够常驻于一台或多台机器中，并有自动重新定位的能力。假如它能够检测到网络中的某台机器没有被占用，它就把自身的一个复制（一个程序段）发送到那台机器。每个程序段都能把自身的复制重新定位于另一台机器上，并且能够识别出它自已所占用的那台机器。

在网络环境下，蠕虫病毒可以按指数规模增长并进行传染。蠕虫病毒侵入计算机网络，可以导致计算机网络效率急剧下降、系统资源遭到严重破坏，短时间内造成网络系统瘫痪。因此网络环境下蠕虫病毒防治必将成为计算机防毒领域的研究重点。

3. 蠕虫病毒的新特性

与传统意义上的计算机病毒相比,蠕虫病毒具有一些新的特性:

- 传染方式多。蠕虫病毒入侵网络的主要途径是通过工作站传播到服务器硬盘中,再由服务器的共享目录传播到其他的工作站。但蠕虫病毒的传染方式比较复杂。
- 传播速度快。在单机上,病毒只能通过存储设备从一台计算机传染到另一台计算机,而在网络中则可以通过网络通信机制,借助高速电缆进行迅速扩散。由于蠕虫病毒在网络中传染速度非常快,使其扩散范围很大,不但能迅速传染局域网内所有计算机,还能通过远程工作站将蠕虫病毒在一瞬间传播到千里之外。
- 清除难度大。在单机中,再顽固的病毒也可通过杀毒软件将病毒清除;而网络中只要有一台工作站未能杀毒干净,就可使整个网络重新全部被病毒感染,甚至刚刚完成杀毒工作的一台工作站马上就能被网上另一台工作站的带毒程序所传染。因此,仅对工作站进行病毒杀除不能彻底解决网络蠕虫病毒的问题,一般需要先断网,再对网络中的所有计算机进行杀毒,然后再联网。
- 破坏性强。网络中蠕虫病毒将直接影响网络的工作状态,轻则降低速度,影响工作效率,重则造成网络系统的瘫痪,破坏服务器系统资源,使多年的工作毁于一旦。

10.2.3 计算机木马

计算机木马的名称来源于古希腊战争中的特洛伊木马故事。希腊人围攻特洛伊城,很多年不能得手,后来想出了木马的计策,他们把士兵藏匿于巨大的木马中。在敌人将其作为战利品拖入城内后,木马内的士兵爬出来,与城外的部队里应外合而攻下了特洛伊城。

计算机木马的设计者套用了同样的思路,把木马程序插入正常的软件、邮件等宿主中。在受害者执行这些软件的时候,木马就可以悄悄地进入系统,开放进入计算机的途径。

木马的实质只是一个客户端/服务器程序。客户端/服务器模式的原理是一台主机提供服务(服务器),另一台主机接受服务(客户机)。作为服务器的主机一般会打开一个默认的端口并进行监听(Listen),如果有客户机向服务器的这一端口提出连接请求(Connect Request),服务器上的相应程序就会自动运行,来应答客户机的请求,这个程序称为守护进程。对于木马来说,被控制端相当于一台服务器,控制端则相当于一台客户机,被控制端为控制端提供服务。

多数木马都会把自身复制到系统目录下,并加入启动项,启动项一般都是加在注册表中的。木马启动后就会建立与远程控制端的连接,并根据控制端的指令进行毁坏文件、盗取数据、修改注册表、控制系统、安装后门等操作。木马是黑客入侵不可缺少的工具,更是网上情报刺探的主要手段。

如果你的机器有时死机,有时又重新启动;在没有执行什么操作的时候,却在拼命读写硬盘；系统莫明其妙地对软驱进行搜索；没有运行大的程序，而系统的速度越来越慢，系统资源占用很多；用任务管理器调出任务表，发现有多个名字相同的程序在运行，而且可能会随时间的增加而增多，这时你就应该查一查你的系统，是不是有木马在你的计算机里安家落户了。

木马从某种意义上来说也是一种病毒，我们常用的病毒防护软件也都可以实现对木马的查杀，这些病毒防护软件查杀其他病毒很有效，对木马的检查也比较成功，但由于一般情况下木马在电脑每次启动时都会自动加载，因此不容易彻底地清除。杀病毒软件用于防止木马的入侵更有效。

现在的网络防火墙软件比较多，一般而言，防火墙启动之后，一旦有可疑的网络连接或者木马对电脑进行控制，防火墙就会报警，同时显示出对方的IP地址、接入端口等提示信息，通过设置之后即可使对方无法进行攻击。

利用防火墙来实现对木马的查杀，只能检测发现木马并预防其攻击，但不能彻底清除它。

对木马不能只采用防范手段，还要将其彻底地清除，专用的木马查杀软件一般都带有这些特性，这类软件目前也比较多，如360安全卫士等。

随着网络的普及，木马的传播越来越快，而且新的变种层出不穷，我们在检测清除它的同时，更要注意采取措施来预防它，下面列举几种预防木马的方法。

- 不要执行来历不明的软件。很多木马病毒都是通过绑定在其他软件中来实现传播的，一旦运行了这个被绑定的软件就会被感染，因此在下载软件的时候需要特别注意，尽量去软件的官方站或信誉比较高的站点下载。在软件安装之前一定要用反病毒软件检查一下，建议用专门查杀木马的软件来检查，确定无毒后再使用。
- 不要随意打开邮件附件。现在很多木马病毒都是通过邮件来传递的，而且有的还会连环扩散，因此对邮件附件的运行尤其需要注意。
- 将资源管理器配置成始终显示文件的扩展名。将Windows资源管理器配置成始终显示文件的扩展名，如果碰到某些可疑的文件扩展名时就应该引起注意。
- 尽量少用共享文件夹。如果因工作等原因必须将电脑设置成共享，则最好单独设置一个共享文件夹，把所有需共享的文件都放在这个共享文件夹中，而不要将系统目录设置成共享。
- 运行反木马实时监控程序 。木马防范重要的一点就是在上网时最好运行反木马实时监控程序，它们一般都能实时显示当前所有运行程序并有详细的描述信息。此外再加上一些专业的最新杀毒软件、个人防火墙等进行监控基本就可以放心了。
- 经常升级系统。很多木马都是通过系统漏洞来进行攻击的，软件公司发现这些漏洞之后都会在第一时间内发布补丁，很多时候打过补丁之后的系统本身就是一种最好的木马防范办法。

10.2.4 网络监听

网络监听工具是提供给管理员的一种管理工具。使用这种工具,可以监视网络的状态、数据流动情况以及网络上传输的信息。支持网络监听功能的软件有很多,如 Sniffer、Wireshark 等。

除了用于网络管理和检测外,网络监听工具也是黑客们常用的工具。当信息以明文的形式在网络上传输时,便可以使用网络监听的方式来进行攻击。将网络接口设置在监听模式,便可以源源不断地将网上传输的信息截获。网络监听可以在网上的任何一个位置实施,如局域网中的一台主机、网关或远程网的调制解调器之间等。黑客们用得最多的是截获用户的口令。

对网络监听的防范措施包括:

- 对网络进行逻辑或物理分段,将非法用户与敏感网络分离。
- 利用交换式集线器代替共享式集线器来连接局域网用户,使得数据包只在两个交换节点间进行传送,而不是广播给集线器上的所有用户。
- 对传输的机密信息进行有效加密,这样即便数据被监听和窃取也很难被破解。
- 利用虚拟局域网(VLAN)技术,将以太网广播通信变为点对点通信。
- 利用反监听工具检测网络上是否存在非法监听,如 Antisniffer。

10.2.5 电子欺骗

电子欺骗 (Spoofing) 是与未经授权访问有关的一种威胁。电子欺骗有多种形式和名称,如仿冒、身份窃取、抢劫、伪装和全球通用名(WWN)欺骗等。

抗击欺骗的方法就是让窃取者提供一些只有被授权的用户才知晓的特殊信息。对于用户来说,需要提供密码;对于设备而言,需要提供全球通用名。

当实体及用户的身份被鉴别后,传输就可以在授权设备之间安全地流动,但在连接中流动的数据仍然会受到数据窃取(Sniffing)的威胁。

10.2.6 恶意网页

恶意网页是指在源代码中嵌入了一段恶意程序的网页,当用户在不知情的情况下打开恶意网页时,其所包含的恶意程序会被执行,从而达到破坏数据、运行恶意程序、破坏系统的目的。恶意网页通常被用来传播病毒、安装木马、强制浏览网站或广告、强制安装插件等。

早期的恶意网页大多是些不健康的网站和个别别有用心的个人网站,现在很多合法网站被人非法攻击后修改,也成了恶意网页,身兼被害者和害人者双重身份。

中了恶意网页后的症状可能包括:

- 经常被强制弹出广告。
- 主页被锁定,不能修改。
- IE 的标题栏、工具栏等被修改得面目全非。

- 计算机硬盘里多了一些不健康的照片。
- 除了某些网站以外,任何网站也不能访问。
- 在鼠标右键菜单中加入自己网站名称等。
- 消耗系统资源,使计算机变得很慢。
- 试图自动链接某网站。
- 个人资料泄露。

目前的个人防护杀病毒软件一般都已经具备监控和防卫恶意网页的功能。

10.2.7　拒绝服务攻击

拒绝服务攻击(Denial of Service,DOS)是一种最简单、最容易实施和最常用的网络攻击方式。与其他网络攻击不同,拒绝服务攻击不以破坏系统和获取数据为目的,而是通过各种破坏手段耗尽网络系统各种资源,从而使得服务器不能正常提供网络服务、合法用户不能正常使用网络服务。典型的攻击方式有同步洪流(SYN Flood)攻击、IP 欺骗性攻击、Ping 洪流攻击、Land 攻击、Smurf 攻击等。其基本原理是通过反复发送大量伪造的虚假连接来占据正常连接通路和系统资源。

对付拒绝服务攻击的防御措施主要是对系统资源的分配进行限制,如最大内存占用、CPU 占用时间、最大生成文件等。

10.2.8　黑客入侵(未经授权的访问)

"黑客"是英文单词"hacker"的中文音译。最初,"黑客"(hacker)是一个褒义词,指的是那些尽力挖掘计算机程序最大潜力的计算机精英。这些人为计算机和网络世界而发狂,对任何有趣的问题都会去研究,他们的精神是一般人所不能领悟的。这样的"黑客"(hacker)是一个褒义词。

但慢慢的,有些人打着黑客的旗帜,做了许多并不光彩的事。真正的黑客们叫他们骇客(英文单词为"creaker"),认为 cracker 很懒,不负责任,不够明智。真正的黑客们以他们为耻,不愿和他们做朋友。

其实,黑客和骇客从行为上看并没有一个十分明显的界限。他们都入侵网络,破解系统。但从他们的出发点上看,却有着本质的不同:黑客是为了建立新的信息安全而努力,为了提高技术水平而入侵,免费与自由是黑客们的理想,他们梦想的网络世界是没有利益冲突,没有金钱交易,完全共享的自由世界;而骇客们为了达到自己的私欲,进入别人的系统大肆破坏。黑客们拼命地研究,是为了完善网络,使网络更加安全;骇客们也在钻研,他们是为了成为网络世界的统治者。

随着网络应用越来越普及,打着黑客旗号干骇客勾当的人也越来越多。媒体和普通民众不能分辨,因此,现在很多人经常把黑客与骇客混为一谈了。"黑客"这个词也慢慢向贬义靠拢了。现在为了区分二者往往将只寻找系统漏洞而不进行破坏的黑客称为白帽黑客,而将利用漏洞破坏网络谋取私利的黑客称为黑帽黑客。

黑客往往会综合利用多种方式入侵网络,如利用系统漏洞、通过多种方式破解账号口令、安装木马窃取数据控制系统、通过 SQL 注入和恶意网页等入侵网站服务器等。

10.3 网络安全防护

目前,针对互联网上的各种安全威胁,主要可以通过以下几大安全技术来保证网络系统和网络信息的保密性、完整性、可用性、可控性和可验证性等安全需要。

10.3.1 病毒扫描与清除技术

为了防止计算机病毒、蠕虫、木马等对系统或网络产生破坏性影响,在打开网络文件或复制文件之前应该对文件进行病毒扫描以检测其是否被病毒感染。对本地存放的文件也应该定期进行病毒扫描和清除以防止其产生潜在危害。病毒扫描检测是指通过一定的检测手段来识别病毒,并对可疑情况进行报警。病毒检测主要通过病毒特征扫描、完整性检查、分析法、校验法和行为封锁法五种手段进行。检测到病毒存在后需要进行病毒的清除才能真正消除病毒的隐患。病毒清除的关键在于如何在保证有效数据安全的情况下将病毒剥离。

通常病毒的扫描检测和清除都是通过专业的杀毒软件来实现的。目前多数专业杀毒软件都有实时扫描的功能,能够时刻监视用户和系统的文件操作,自动检测病毒。

10.3.2 数据加密技术

数据加密技术是指通过某种变换算法和一组称之为密钥的特定数据将原始可理解信息转换为不可理解的加密信息,并且加密信息只能使用特定密钥和相应算法才能还原为可理解的原始信息的技术。数据加密技术也称为密码学技术。利用数据加密技术对网络信息进行加密保护后,即便在传输或存储的过程中信息被窃取和截获,由于窃取者不了解信息的加密规律或解密密钥,也就无法识别信息的真实意义,从而保证网络系统中机密信息的安全。数据加密技术被广泛用在军事、金融、电子商务等多个领域。

数据加密技术的发展可以分为古代密码、古典密码和现代密码三个大的阶段。

1. 古代密码(手工阶段)

早在几千年前,简单的数据加密技术就被广泛的应用在军事、情报等重要领域。例如,公元前 440 年出现在古希腊战争中的隐写术。为了安全传送军事情报,奴隶主剃光奴隶的头发,将情报写在奴隶的光头上,待头发长长后将奴隶送到另一个部落,再次剃光头发,原有的信息就复现出来,从而实现这两个部落之间的秘密通信。斯巴达人于公元前 400 年应用 Scytale 加密工具在军官间传递秘密信息。Scytale 实际上是一个锥形指挥棒,周围环绕一张羊皮纸,将要保密的信息写在羊皮纸上。解下羊皮纸,上面的消息杂乱无章、无法理解,但将它绕在另一个同等尺寸的棒子上后,就能看到原始的消息。我国古代有以藏头诗、藏尾诗、漏格诗及绘画等形式来将真实意思隐藏在诗文或画卷中特定位置的记载,使人难以发现隐藏其中的“话外之音”。这些密码技术中，信息的隐藏都是通过手工或简单工具辅助完成的。

2. 古典密码(机械阶段)

古典密码的加密方法一般是通过机械工具或电动工具实现文字置换。古典密码系统已经初步体现出近代密码系统的雏形，它比古代加密方法复杂，其变化较小。古典密码的代表密码体制主要有单表代替密码、多表代替密码及转轮密码。Caesar 密码就是一种典型的单表加密体制；多表代替密码有 Vigenere 密码、Hill 密码；著名的 Enigma 密码就是第二次世界大战中使用的转轮密码。

3. 现代密码

1949 年香农发表了一篇题为《保密系统的通信理论》的著名论文，该文首先将信息论引入了密码，从而把已有数千年历史的密码学推向了科学的轨道，奠定了密码学的理论基础。该文利用数学方法对信息源、密钥源、接收和截获的密文进行了数学描述和定量分析，提出了通用的密钥密码体制模型。自此，现代密码学技术快速发展，随着计算机技术的快速发展，现代密码技术的加密和解密过程通常都是利用特定的计算机软件自动完成。

现代密码学技术主要有三个特点：

- 加密算法和加密密钥分开。
- 加密算法可以公开，但密钥保密。
- 加密系统的安全性取决于密钥的保密性。

数据加解密的基本流程如图 10.1 所示。

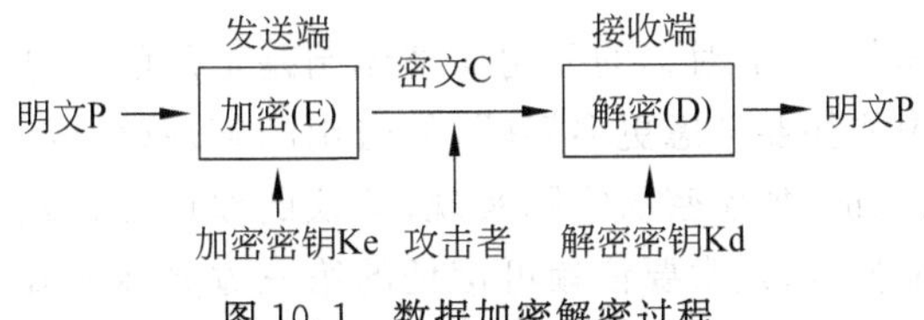

图 10.1 数据加密解密过程

根据加密密钥与解密密钥是否相同，现代密码学分为对称密钥机制和公开密钥机制。

在对称密钥机制中，加密和解密密钥是相同的，即上图中的 Ke＝Kd。对称密钥机制也称为单密钥机制或私有密钥机制。通信双方通过某一方式获得一个可共用的密钥，之后使用这个共用密钥进行对传输数据的加密和对接收数据的解密，这个共用密钥只有通信双方知道，其他用户不知道，以此来保证机密性。典型的对称密钥加密标准有 DES、TDEA、AES 等。

与对称密钥机制不同，公开密钥加密机制使用两个不同的密钥分别对信息进行加密和解密操作，即 Ke≠Kd。而且通常加密密钥是公开的(公钥)，而解密密钥是保密的(私钥)。发送方利用接收方公开的加密密钥对传输数据进行加密并发送给接收方，接收方利用只有自己知道的解密密钥对接收的密文信息进行解密。由于只有接收方自己知道解密密钥，因此其他用户无法正确解密截获的密文信息。公开密钥密码机制的典型算法是

RSA 算法。

10.3.3 数字签名技术

数字签名和日常工作中的手写签名的功能是一样的,是用来证明签名者身份或者证明发送信息的真实性和完整性。同手写签名一样,数字签名也必须具有下述特征:

- 签名是可信的:签名的行为是慎重认真的。
- 签名是不可伪造的:真正的签名者和所声称的签名是一致的,而不是其他人仿造的所声称者的签名。
- 签名是不可重用的:签名只对当前信息有效,不能将对当前信息的签名用于对其他信息进行签名。
- 签名是不可改变的:信息被签名后就不能再改变了,或者改变会被察觉。
- 签名是不可抵赖的:签名者签名后不能声称他没有签名。

数字签名技术是以公开密钥密码机制为基础的,具体过程为:

- 发送者用自己的私钥加密信息
- 发送者将加密信息发送给接收者
- 接收者用发送者的公钥解密信息与信息原文对比以验证发送者签名,如果解密信息与原信息一致则证明发送者的签名有效且信息是完整的,因为只有发送者才有自己的私钥。

具体应用中往往要结合其他技术,如单向散列函数、加密、时间戳等。

10.3.4 数据认证技术

在现代网络安全体制中,非对称的公钥加密体制是常用的信息保密机制和身份认证技术。但在实际应用中往往要考虑更多问题,如密钥的管理(生成、存储、分发、有效性验证、销毁)、主体身份的认证、加解密的实际实现、争议的取证和仲裁等。实际解决这些问题的技术称为数据认证技术,通常要依赖可信任的第三方具体实施。目前被广泛采用的数据认证技术是 PKI(Public-key Infrastructure)技术。PKI 技术是指创建、管理、存储、发布和撤销基于公钥密码系统的数字证书所需要的硬件、软件、人员和过程的集合,是利用公钥原理与技术来实施和提供安全服务的普适性的安全基础设置。PKI 采用基于数字证书的身份认证和基于对称密钥的数据保护机制,其基本功能包括用户注册、证书申请、密钥产生、密钥更新、密钥备份、密钥恢复、证书撤销、证书归档等。PKI 的基本元素是数字证书,核心构成是认证中心(CA:Certification Authority)和注册中心(RA:Registration Authority)。

10.3.5 防火墙技术

防火墙(Firewall)是指在两个网络之间执行访问控制策略的一个或一组安全系统,是硬件系统和软件系统的集合。防火墙是设置在内部网络和外部网络之间的一道屏障,根据设置的规则对内部网络进行保护,防止发生潜在的不可预测的破坏性入侵。防火墙通常会被设置在内部网与 Internet 外网之间的路由器或堡垒主机上，进出内部网的所有通信流都要经过防火墙，只有符合防火墙安全策略的通信才能穿过防火墙，不符合安全策略的通信会被阻止。防火墙本身要具有非常强大的抗攻击性。

防火墙的关键技术包括包过滤技术、代理服务技术、状态检测技术和自适应代理技术。

防火墙的基本功能包括：

- 根据安全策略对进出网络的数据通信进行授权访问控制，阻断不安全访问。
- 对内部网络进行分段，并对重点网段隔离保护。
- 对重要的网络存取和访问活动做实时记录，通过对日志数据进行统计监测网络状态，识别和提前预警可疑动作。
- 强化和完善安全策略。

防火墙是保护内部网络安全的重要技术之一，但它不是万能的。防火墙的局限性表现为：

- 不能阻止被病毒感染的信息的传输。
- 对不经过防火墙的连接无能为力。
- 不能防止来自网络内部的攻击。
- 不能防备新的网络安全问题。
- 安全策略的配置和管理比较复杂，容易产生安全漏洞。

10.3.6　虚拟专网技术

虚拟专网(Virtual Private Network，VPN)技术是指将物理上分布在不同地点的网络通过公用网络连接而成的逻辑上的虚拟子网，通过采用认证、加密、封装、密钥管理等技术构建安全的数据隧道来保证传输信息的安全性。虚拟专网一般应提供如下功能：

- 数据加密：对传输信息进行加密防止信息泄露。
- 信息和身份认证：鉴别用户身份，并对信息的完整性和真实性进行验证。
- 访问控制：为不同的用户提供不同的访问权限。
- 地址管理：为虚拟专网用户分配专业网络地址。
- 密钥管理：生成并更新加密密钥。
- 多协议支持：能够实现对 Internet 多种基本协议的兼容支持。

10.3.7　网络安全防护策略

在对上述具体防护技术的应用上，通常个人计算机主要通过安装和设置木马和病毒实时监控和查杀软件来保证计算机信息的安全。而对于企业级别的信息安全保障而言，则可以通过高级信息安全保障体系来防护。高级安全保障体系一般实行以下七层安全防护：

- 实体安全。包括机房安全、设施安全、动力、灾难预防与恢复等。
- 平台安全。包括操作系统漏洞检测与修复、网络基础设施漏洞检测与修复、通用基础应用程序漏洞检测与修复、信息安全产品部署、整体网络系统平台安全综合测试、模拟入侵与安全优化等。

- 数据安全。包括介质与载体安全防护、数据访问控制、数据完整性、数据可用性、数据监控和审计、数据存储与备份安全等。
- 通信安全。包括通信线路和网络基础设施安全性测试与优化、安装网络加密设施、设置通信加密软件、设置身份鉴别机制、设置并测试安全通道、测试各项网络协议运行漏洞等。
- 应用安全。包括业务软件的程序安全性测试(bug 分析)、业务交往的防抵赖测试、业务资源的访问控制验证测试、业务实体的身份鉴别检测、业务现场的备份与恢复机制检查、业务数据的唯一性、一致性、防冲突检测、业务数据的保密性测试、业务系统的可靠性测试、业务系统的可用性测试等。
- 运行安全。包括应急处置机制和配套服务、网络系统安全性监测、信息安全产品运行监测、定期检查和评估、系统升级和补丁提供、跟踪最新安全漏洞及通报、灾难恢复机制与预防、系统改造管理、信息安全专业技术咨询服务等。
- 管理安全。包括人员管理、培训管理、应用系统管理、软件管理、设备管理、文档管理、数据管理、操作管理、运行管理、机房管理等。

10.4 个人计算机安全防护

随着 Internet 的普及,与计算机安全相关的一些问题也越来越突出,计算机病毒、木马、黑客、网络安全等术语为越来越多的人所了解。计算机病毒、木马和非法入侵已经成为妨碍人们正常和高效使用计算机和网络的主要障碍之一。

要想避免和降低计算机病毒、木马等的危害,应针对它们的传播途径(文件、电子邮件、磁盘、网络)进行防范。在计算机中安装病毒和木马实时监控和防杀软件,并定时查杀计算机系统中的病毒是较好的防范方法。

计算机病毒和木马实时监控和防杀软件可以保护计算机免受病毒、蠕虫、木马程序以及可能有害的代码和程序的威胁。它可以配置为对本地驱动器和网络驱动器以及电子邮件和附件进行扫描,而且还可以配置应用程序对扫描程序发现的所有病毒感染做出响应,并生成有关的操作报告。

对于普通用户可以使用一些便于操作、功能齐全的网络安全软件来保证本机数据和网络的安全。如 360 杀毒、360 安全卫士、百度杀毒、百度卫士、金山毒霸(新毒霸)、金山卫士等。国外的一些著名的安全软件如卡巴斯基、诺顿、McAfee、Avira(小红伞)、熊猫云杀毒等。

例如,图 10.2 是免费辅助安全软件 360 安全卫士的工作界面,具有电脑体检、漏洞修复、木马查杀、优化加速等多种功能,简单易用,深受用户欢迎。

图 10.3 是德国著名免费杀毒软件 Avira(小红伞)的启动窗口。Avira 自带防火墙,能有效地保护个人计算机以及工作站免受病毒侵害。软件只有百兆大小,却可以检测并

移除超过 60 万种病毒,能够支持网络更新。

图 10.2　360 安全卫士

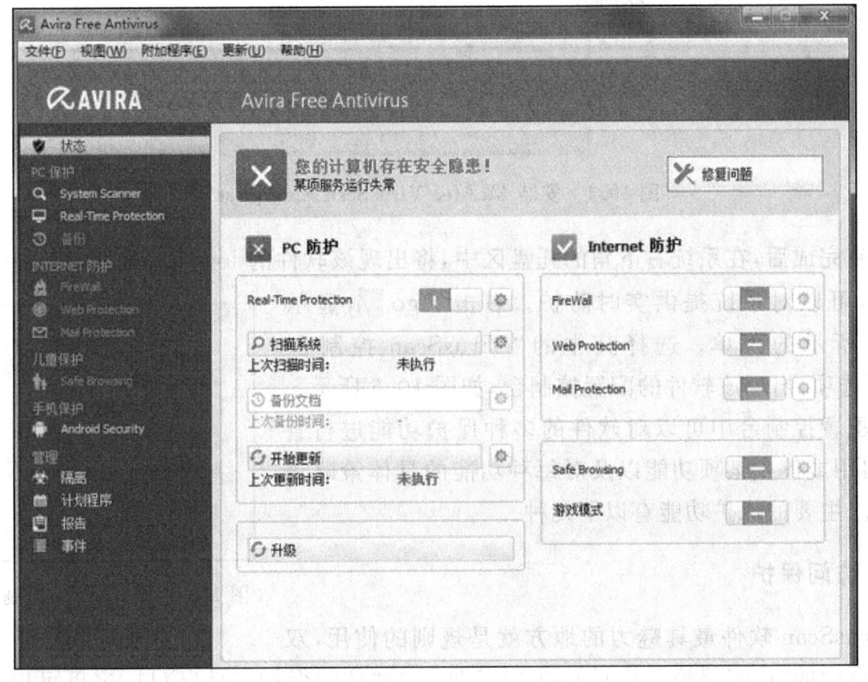

图 10.3　杀毒软件 Avira(小红伞)

如果用户具有一定的计算机基础知识,并且对个人计算机的安全性有特定的要求,可以采用一些能够自定义安全规则的安全软件。这里我们介绍一下国际上三大流行安全软件厂商之一的 McAfee 的病毒扫描软件 VirusScan 的功能和使用。

如图 10.4 所示,安装 McAfee VirusScan Enterprise 并更新病毒库。

图 10.4　安装 McAfee VirusScan Enterprise

安装完成后,在系统右下角的托盘区中,将出现该软件的 logo,表明该软件已经常驻内存,可以对系统提供实时防护。右击 logo,显示图 10.5 所示的菜单。选择其中的"VirusScan 控制台(V)…"选项,出现该软件的配置控制台,如图 10.6 所示。

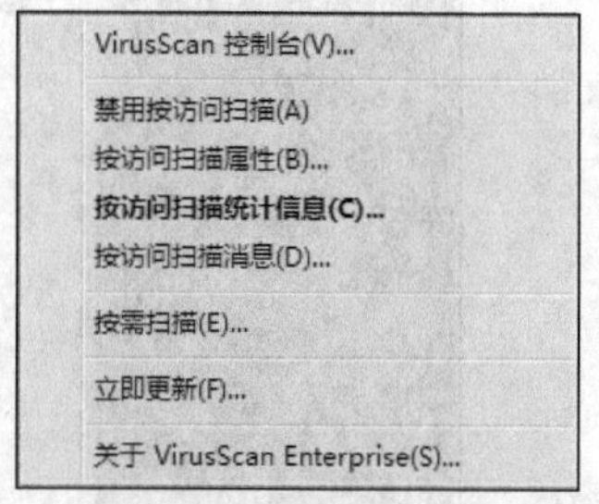

图 10.5　VirusScan 控制菜单

在配置控制台中可以对软件的多种保护功能进行管理,如启用或停止某项功能以及对每种功能的具体策略进行配置。主要的保护功能有以下几种。

1. 访问保护

VirusScan 软件最具魅力的地方就是规则的使用,双击控制台中的"访问保护",打开如图 10.7 所示的"访问保护属性"窗口,这里可以对要使用的保护规则进行选择和配置,以防止对计算机进行有害更改,并启用防止终止 McAfee 进程的选项。访问保护通过限制对指定的端口、文件、共享资源、注册表项和注册表值的

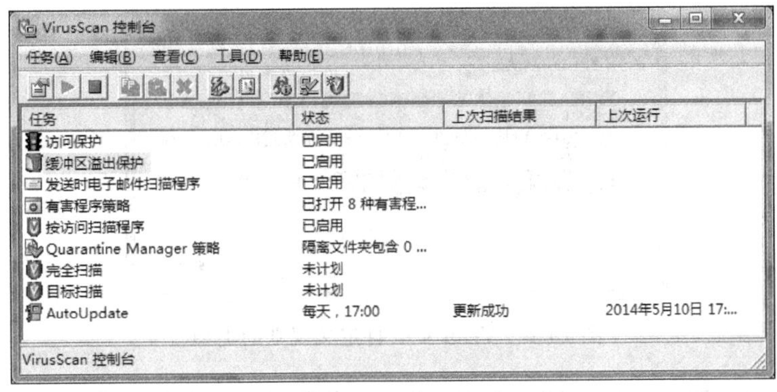

图 10.6　VirusScan 配置控制台

访问来防止对计算机的有害更改。VirusScan Enterprise 的按访问扫描功能会将所请求操作与访问保护中配置的规则列表进行对比，在发生违反访问规则的行为时根据对应规则的设置进行阻挡或报告操作。它还通过防止用户停止 McAfee 进程，对这些进程进行保护。这种保护在病毒爆发前和爆发期间都很关键。

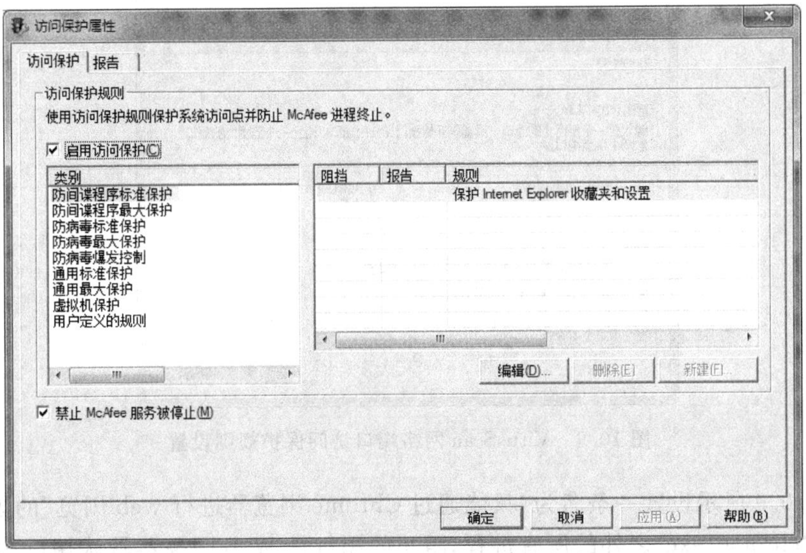

图 10.7　VirusScan 访问保护属性设置

可使用的规则包括预定义规则和用户自定义规则两个大类。预定义规则针对一些通用的网络安全问题设置，用户可以根据需要选择不同类别中的某些规则使用。对于一些特殊的安全要求可以自己设置自定义规则来保护。下面简单介绍一下用户定义规则的定义方式。

选中“用户定义的规则”，单击右侧列表下方的“新建”按钮，在图 10.8 中选择要创建的规则类型。

首先选择“端口阻止规则”，此类规则通过对网络端口的限制来阻止本地程序访问外部网络，或者防止外网计算机访问本地计算机的某个或某些端口。单击“确定”按钮显示

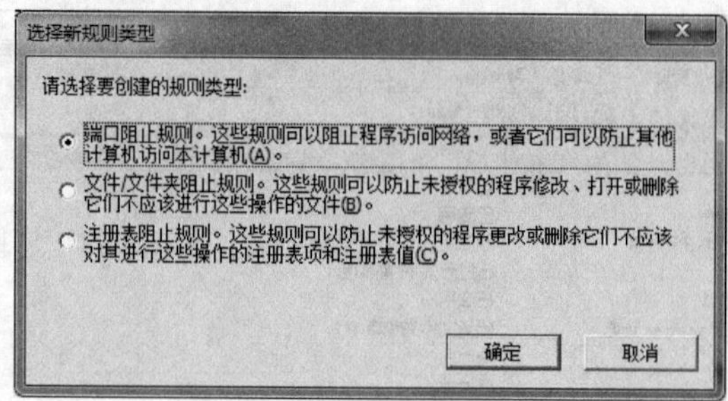

图 10.8 VirusScan 自定义规则的类型

如图 10.9 所示的“网络端口访问保护规则”窗口来设置规则具体内容，如规则名称、规则适用的进程名称、要排除的进程、要阻止的端口范围以及网络连接的方向。

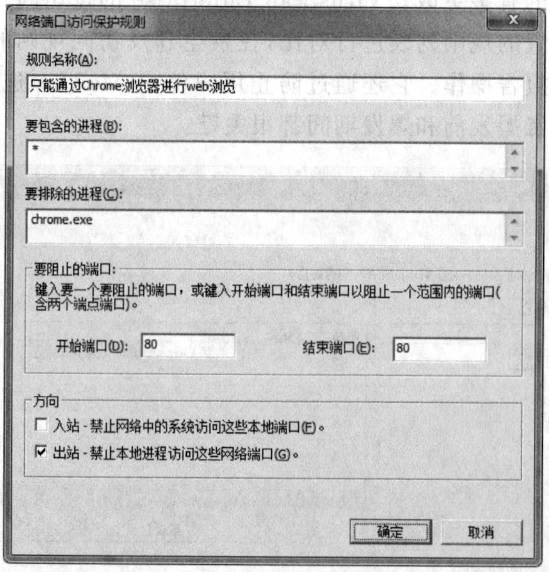

网络端口访问保护规则
规则名称(A):
只能通过Chrome浏览器进行web浏览
要包含的进程(B):
*
要排除的进程(C):
chrome.exe
要阻止的端口:
键入要一个要阻止的端口，或键入开始端口和结束端口以阻止一个范围内的端口(含两个端点端口)。
开始端口(D): 80 结束端口(E): 80
方向
入站 - 禁止网络中的系统访问这些本地端口(F)。
出站 - 禁止本地进程访问这些网络端口(G)。
确定 取消

图 10.9 VirusScan 网络端口访问保护规则设置

按图 10.9 所示设置一条名为“只能通过 Chrome 浏览器进行 web 浏览”的规则，要阻止的是除“chrome. exe”之外的所有进程，阻止的端口是 Web 服务器默认端口 80，方向是“出站”。保存规则并应用规则后用 Chrome 之外的浏览器(如 IE)浏览网页的连接就会被阻止并记录到日志文件中，如图 10.10 所示。而使用 Chrome 浏览器则可以正常浏览网页。

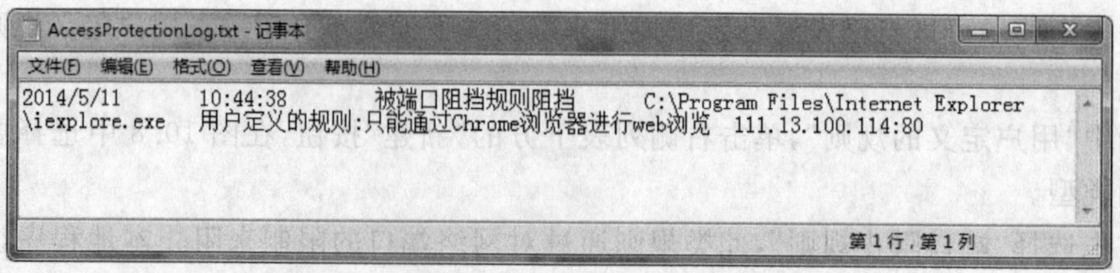
AccessProtectionLog.txt - 记事本
文件(F) 编辑(E) 格式(O) 查看(V) 帮助(H)
2014/5/11 10:44:38 被端口阻挡规则阻挡 C:\Program Files\Internet Explorer\iexplore.exe 用户定义的规则:只能通过Chrome浏览器进行web浏览 111.13.100.114:80
第 1 行，第 1 列

图 10.10 VirusScan 日志文件——端口阻挡

日志信息中详细记录了阻止产生的时间、访问规则类型、对应的进程、具体规则的名称以及访问的主机 IP 地址和端口号。

我们再创建一条文件保护规则，新建用户定义规则后，在图 10.8 所示的窗口中选择第二种类型“文件/文件夹阻止规则”。这类规则可以防止未授权程序修改、打开和删除它们无权访问的文件。文件保护规则的创建窗口如图 10.11 所示。

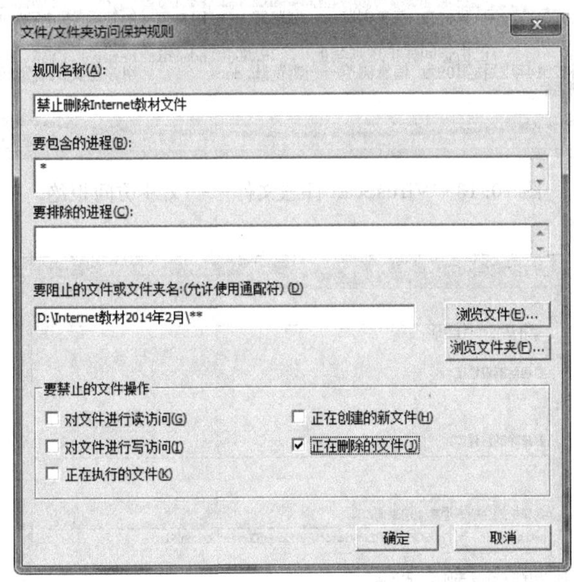

图 10.11　VirusScan 文件保护规则设置

设置、保存并应用规则后，如果对文件夹“D:\Internet 教材 2014 年 2 月\”下的文件进行删除操作时会出现如图 10.12 所示的访问拒绝提示窗口。此操作会被记录到日志文件中，如图 10.13 所示。

图 10.12　文件访问拒绝提示

最后我们创建一条注册表阻止规则，此类规则可以保护注册表项和注册表值不被未授权用户更改和删除，从而保证软件的正常运行以及相关设置不被修改。在图 10.8 中选择“注册表阻止规则”，打开如图 10.14 所示的“注册表访问保护规则”设置窗口。

按照图 10.14 中内容设置一条“禁止修改开机启动项”的注册表保护规则，规定任何

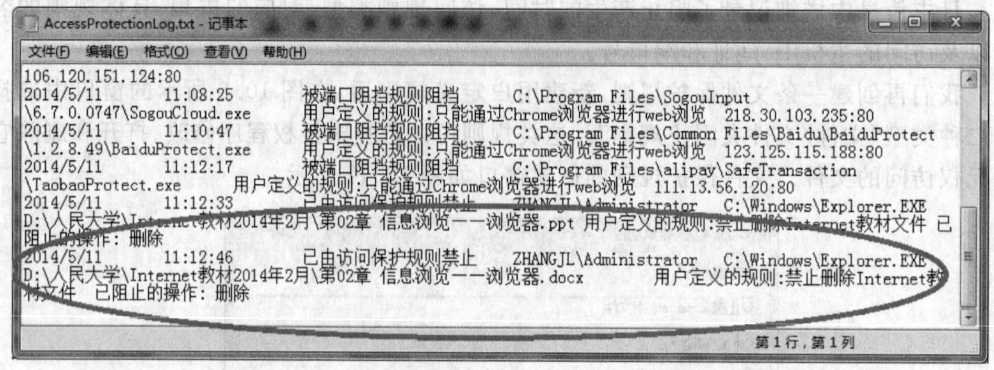

图 10.13　VirusScan 日志文件——文件访问拒绝

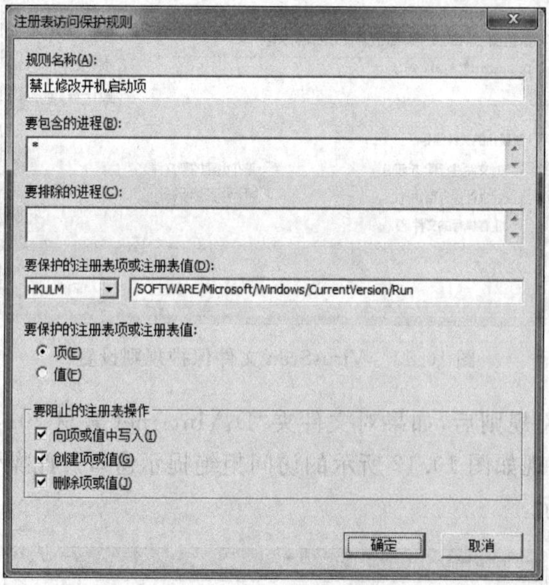

注册表访问保护规则
规则名称(A):
禁止修改开机启动项
要包含的进程(B):
*
要排除的进程(C):
要保护的注册表项或注册表值(D):
HKULM /SOFTWARE/Microsoft/Windows/CurrentVersion/Run
要保护的注册表项或注册表值:
项(E)
值(E)
要阻止的注册表操作
向项或值中写入(I)
创建项或值(G)
删除项或值(J)
确定 取消

图 10.14　VirusScan 注册表保护规则设置

进程都不能对注册表项“HKEY_LOCAL_MACHINE\SOFTWARE\Microsoft\Windows\CurrentVersion\Run”进行任何的修改。保存并应用后通过某种方式改变开机启动项(如 360 安全卫士的启动项优化功能)，改变会被阻止，通过查看日志文件可以验证，如图 10.15 所示。

2. 缓冲区溢出保护

缓冲区溢出是一种可利用的攻击技术，它利用应用程序或进程中的软件设计缺陷强制它们在计算机中执行代码。应用程序具有大小固定的缓冲区，用于存储数据。如果攻击者向其中一个缓冲区发送的数据或代码太多，则该缓冲区会溢出。然后，计算机会执行作为程序溢出的代码。由于代码的执行发生在应用程序的受保护部分，而这部分内容通常需要具有较高的或管理员级别的权限才能访问，因此入侵者可以获得执行命令的权限

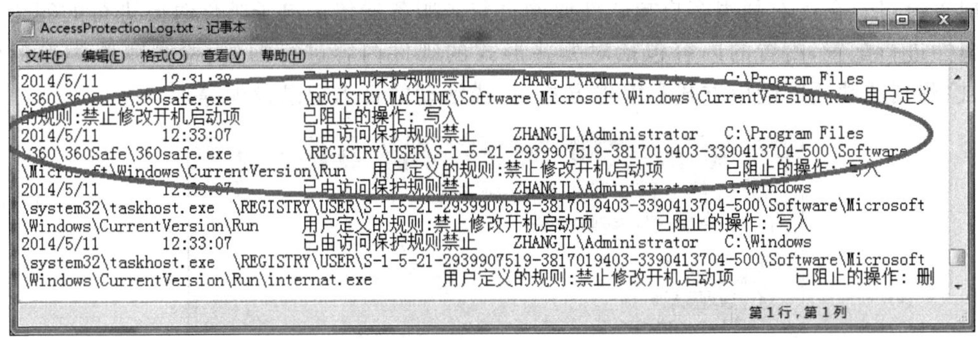

图 10.15　VirusScan 日志文件——注册表修改阻止

(通常他们没有这种访问权限)。攻击者可以利用这一缺陷在计算机上执行自定义黑客攻击代码，并危及计算机的安全和数据完整性。

缓冲区溢出保护用于防止利用缓冲区溢出在计算机上执行任意代码。它会监视用户模式 API 调用，并识别缓冲区溢出调用。双击控制台中的"缓冲区溢出保护"，打开如图 10.16 所示的"缓冲区溢出保护属性"配置窗口对此类保护的模式、排除项和相关活动记录属性进行配置。

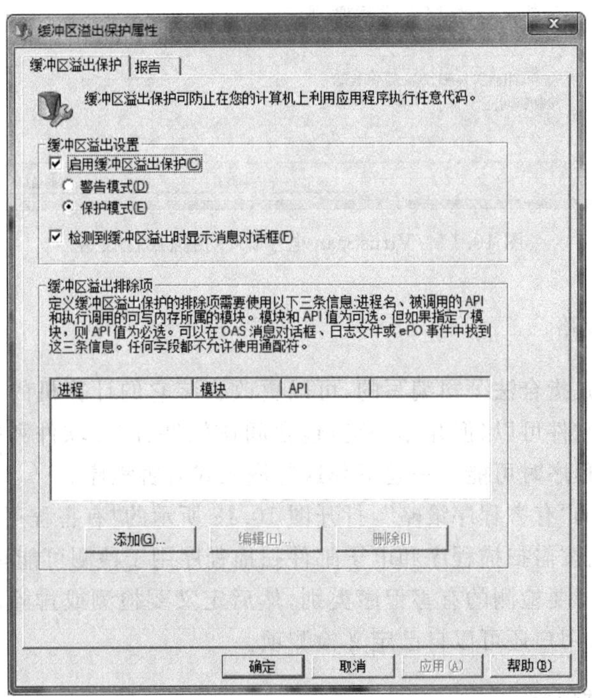

图 10.16　VirusScan 缓冲区溢出保护属性设置

3. 发送时电子邮件扫描程序

控制台中双击"发送时电子邮件扫描程序"，打开如图 10.17 所示的电子邮件扫描属性配置窗口。在此对利用客户端软件或网页登录服务器传送电子邮件时要进行的安全扫描属性进行配置,配置的内容包括对哪些形式的邮件内容进行扫描、检测哪些类型的威胁、检测到威胁后的响应方式和警告方式、扫描活动的日志记录设置等。

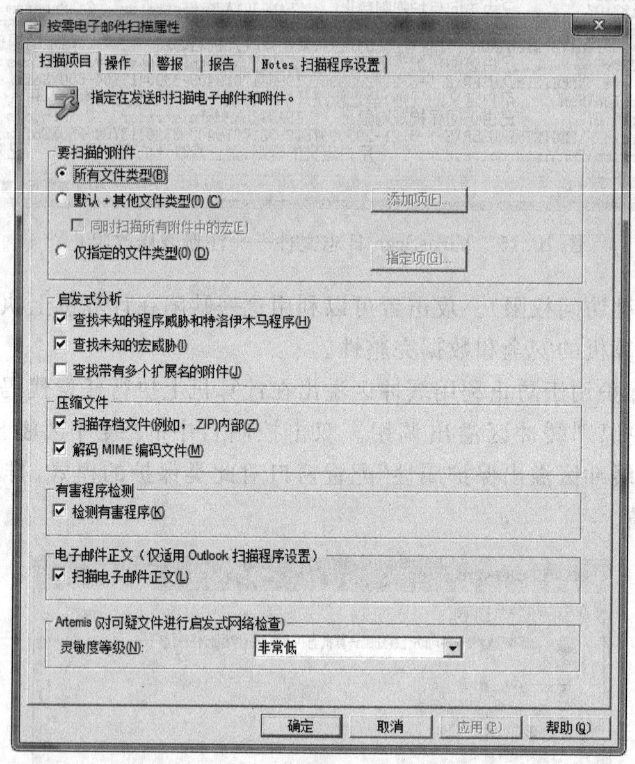

图 10.17 VirusScan 电子邮件扫描属性设置

4. 有害程序策略

潜在有害程序是指合法公司编写的、可以更改安装它的计算机的安全状态或隐私策略的软件程序。此软件可以(但并非一定)包含间谍软件、广告软件和拨号程序等。用户在下载实际需要的程序时可能会一起下载这些嵌入式有害程序。

双击控制台中的"有害程序策略",打开图 10.18 所示的"有害程序策略"配置窗口,配置按访问扫描程序、按需扫描程序和电子邮件扫描程序用于检测可能有害的程序的策略。从预定义列表中选择要检测的有害程序类别,然后定义要检测或排除的其他程序。除了预定义的检测项外,用户还可以自己定义检测项。

5. 按访问扫描程序

启动按访问扫描可以根据访问保护中设置的规则实时对系统的当前活动进行扫描检测,实时检查系统的安全状态保证系统安全。双击此功能条目打开图 10.19 所示的"按访问扫描属性"配置窗口,设置按访问扫描的扫描区域、启动时机、扫描时长、脚本扫描、威胁响应、消息报告和日志记录等相关选项。

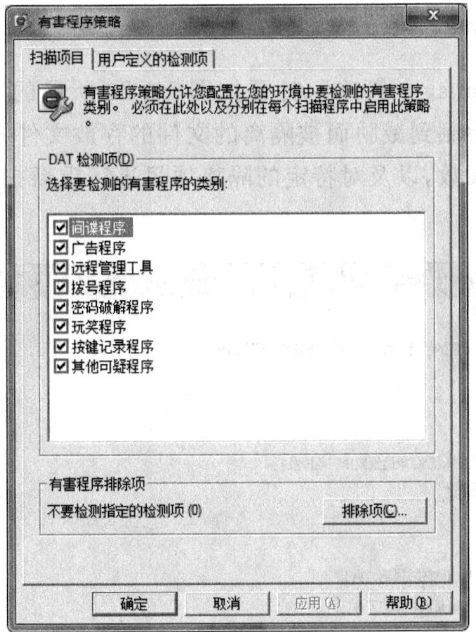

图 10.18　VirusScan 有害程序策略设置

图 10.19　VirusScan 按访问扫描属性设置

6. Quarantine Manager 策略

双击“Quarantine Manager 策略”，打开如图 10.20 所示的“Quarantine Manager 策略”配置窗口，配置由于检测到威胁而被隔离的文件的存放文件夹的位置和自动删除隔离项目前保留隔离项目的天数，以及对特定的隔离项目进行重新扫描、检查误报、恢复、删除等管理操作。

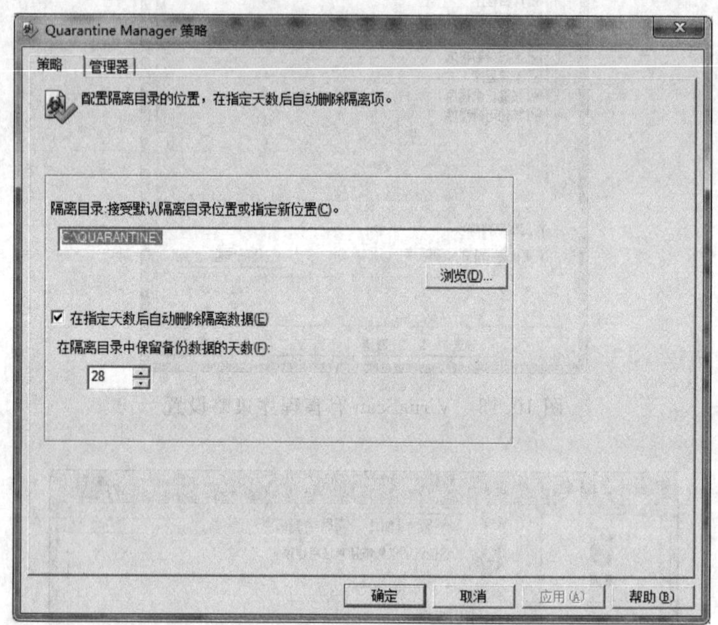

图 10.20 VirusScan Quarantine Manager 策略设置

7. 按需扫描

按需扫描是指随时或者按照预订时间对系统当前所有内容或指定内容进行扫描以检测已经存在的威胁。双击“完全扫描”或者“目标扫描”，打开“按需扫描属性-完全/目标扫描”配置窗口，如图 10.21 所示。此窗口中可以对按需扫描的扫描位置、扫描项目、排除项、性能、操作、报告等属性进行设置，并且可以立即启动或者在设定的时间启动按需扫描。

8. AutoUpdate(自动更新病毒库)

双击“AutoUpdate”，打开图 10.22 所示的配置窗口，立即获取最新的 DAT 文件、扫描引擎和产品升级，或者配置定期更新计划。

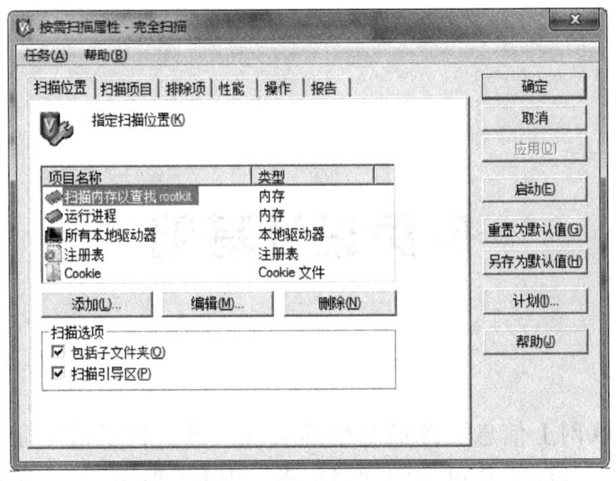

图 10.21　VirusScan 按需扫描属性设置

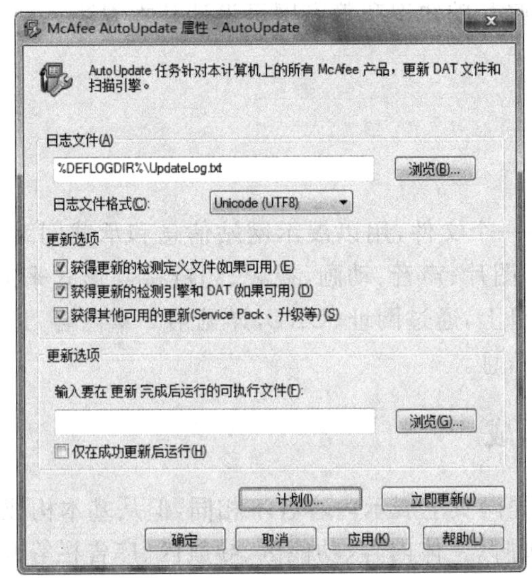

图 10.22　VirusScan 自动更新属性设置

10.5　思考与练习

1. 什么是网络安全？网络安全的目标是什么？
2. 造成网络安全威胁的因素有哪些？
3. 网络威胁的主要形式有哪些？各自有哪些特点？
4. 主要的网络安全防护技术及基本原理。
5. 高级安全保障体系包含哪些内容？
6. 掌握一种专用的安全工具。了解其他安全工具的功能特点。

第11章 网页设计基础

目前，网页是互联网上信息资源最基础的表现形式。网页除了能满足网络用户基本的信息浏览需求外，还可以承载更多的网络服务，如电子邮件、电子商务、文件下载等。根据信息展示的需要对网页进行布局和内容设计是网站建设最重要的一个环节，本章将介绍与网页设计相关的一些基础知识和静态网页设计基本方法。

11.1 网页

网页（Web Page）是一个文件，用以展示网站信息和承载网站服务，是构成网站的基本元素，通过文字、表格、图片、声音、动画、视频、超链接等形式来展示网站信息。网页存放在网络中的某台计算机上，通过网址（URL，详见第 2 章内容）进行定位，用户利用浏览器软件下载并浏览网页信息。

11.1.1 网页构成

虽然不同网站的不同网页上展示内容各不相同，但从基本构成上来讲，通常要包含标题、网站 LOGO、页眉、页脚、主体内容、功能区、导航区、广告栏等几个部分。

1. 标题

原则上，每个网页都应该设置标题，用以对网页中的主要内容进行概括和提示。网页标题不显示在网页窗口内部，而是显示在浏览器软件的标题栏。

2. 网站 LOGO

LOGO 是一个网站的标志和代表，是网站对外宣传自身形象的工具，用以集中体现网站的文化内涵和内容定位。LOGO 一般要放置在网站中比较醒目的位置，目的是要使其突出，容易被人识别与记忆，从而帮助网站进行宣传和推广。在二级网页中，页眉位置一般都留给 LOGO。另外，LOGO 往往被设计成为一种可以回到首页的超链接。

3. 页眉

网页页眉一般位于网页的上端，容易引起浏览者的注意。通常，很多网站都会在页眉中设置宣传本网站的内容，如网站宗旨、网站 LOGO 等，也有一些网站将这个“黄金地段”作为广告位出租。

4. 主体内容

主体内容是网页中的最重要的元素，用以表现当前页面的最主要的信息内容。对于最底层页面，主体内容往往是对具体信息的详细展示。而对于网站的上层页面，主体内容则往往是对某些主题相关页面的内容概括和索引链接，通常由下一级内容的标题、内容提要、内容摘编的超链接构成。主体内容借助超链接，可以利用一个页面，高度概括几个页面所表达的内容，而首页的主体内容甚至能在一个页面中高度概括整个网站的内容。

由于人们的阅读习惯是由上至下、由左至右，所以主体内容的内容分布通常也按照这个规律进行安排，将最重要的信息放置在页面主体的左上方。

5. 页脚

网页的最底端部分被称为页脚，页脚部分通常被用来介绍网站所有者的具体信息和联络方式，如名称、地址、联系方式、版权信息等。其中一些内容被做成标题式的超链接，引导浏览者进一步了解详细的内容。

6. 功能区

功能区是网站主要功能的集中表现。一般位于网页的右上方或右侧边栏。功能区包括电子邮件、信息发布、用户名注册、登录网站等内容。有些网站使用了 IP 定位功能，定位浏览者所在地，然后可在功能区显示当地的天气、新闻等个性化信息。

7. 导航区

导航区是网页构成中与主体内容同样重要的组成元素，其功能是概括网站信息类别，帮助用户快速了解网站主要内容，并快捷灵活地跳转到感兴趣的栏目页面。导航区可以出现在页面的左侧、右侧、顶部和底部，以顶部和左侧居多。为了便于用户浏览，有时会在页面的多个位置同时设置导航区。

8. 广告区

广告区是网站实现赢利或自我展示的区域，一般位于网页的页眉、右侧和底部。广告区内容以文字、图像、Flash 动画和视频为主，通过吸引浏览者单击链接的方式达成广告效果。

11.1.2　网页类型

根据网页显示时是否需要在服务器端运行处理程序，可以将网站上的网页分为静态网页和动态网页两种类型。

静态网页是指网页由服务器传输到客户端显示后不再需要与服务器进行任何交互的网页，是指没有后台数据库、不含程序和不可交互的网页。静态网页的内容是预先设计好的,在显示过程中不会发生任何变化。静态网页设计的基础语言是 HTML 语言,它的文件扩展名是.htm、.html、.shtml、.xml 等,内容包含文本、图像、声音、动画、客户端脚本和 ActiveX 控件及 Java 小程序等。静态网页是实实在在在服务器上存在的网页文件,每个静态网页都有固定网址(URL),具有设计简单、内容稳定、便于搜索、加载速度快、服务器负载低等优点。缺点是功能单一、交互性差、网页制作和维护工作量大。

动态网页是跟静态网页相对的一种网页编程技术。虽然动态网页的代码是固定的,但是其显示内容是可以随着时间、环境或者数据库操作的结果而发生改变,可以大大减轻网页设计和网站维护的工作量。动态网页内容是通过与服务器进行交互、由服务器根据当前环境检索最新数据进行处理来实时生成的。动态网页内容实际上并不是独立存在于服务器上的网页文件,只有当用户请求时服务器才临时生成并返回给用户一个完整的网页,因此动态网页没有固定的网址,动态网页地址中通常带有标志性符号"?"。动态网页一般以数据库技术为基础,实现如用户注册、用户登录、在线调查、用户管理、订单管理等个性化信息浏览。动态网页文件的扩展名为.jsp、.asp、.php 等,动态网页设计将基本的 HTML 语法规范与 Java、ASP 和 PHP 等脚本语言、数据库编程等多种技术进行融合,实现对网站内容和风格的高效、动态和交互式的管理。

11.2 HTML 基础

HTML 语言是 Internet 上众多网页的基础。HTML 为英文 Hyper Text Markup Language(超文本标记语言)的缩写,属于一种标记控制语言。所谓标记控制语言,是指在源文件中插入排版控制标记(命令),通过专门的解析器解析后显示和打印排版后的效果。所谓超文本,就是 HTML 语言文件经解析后的结果除了文本外,还可以表现图形、图像、音频、视频、链接等非文本要素。

HTML 语言的解析器主要为网页浏览器,例如微软公司出品的 Internet Explorer 等。图 11.1 为新浪网新闻频道,而图 11.2 为该页面的 HTML 语言源代码。图 11.2 中的源代码文件是服务器中存储的实际数据,图 11.1 中的页面效果是通过浏览器对图 11.2 所示源代码文件进行解析后显示得到的。

11.2.1 HTML 文件编辑

网页设计本质上是根据预定的网页显示目标编辑代码、生成 HTML 文件的过程。虽然 HTML 能够表现超文本形式的内容,但其文件本身是纯文本格式的。因此,能够支持文本格式的编辑器都可以对其进行编辑。简单的 HTML 文件编辑,使用 Windows 系统自带的记事本(Notepad)文本编辑器即可,如图 11.3 所示。

在一些所见即所得的网页设计专用软件中,往往也都支持 HTML 代码编辑模式,如图 11.4 为网页设计软件 Dreamweaver 中的代码编辑器。

此外,其他的一些专业的文本编辑软件同样可以进行 HTML 代码的编辑,并提供强大的编辑处理功能。例如 IBM 公司出品的 UltraEdit 软件,如图 11.5 所示。

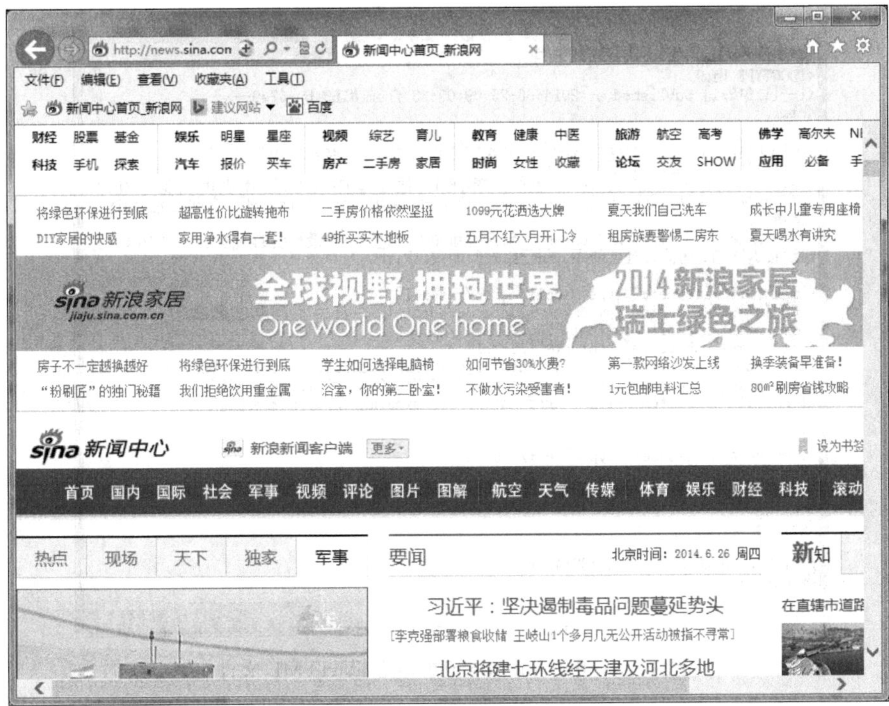

图 11.1 新浪新闻频道页面

```
<!DOCTYPE html>
<!--[1,912,1] published at 2014-06-26 09:09:53 from #153 by 6749-->
<html>
<head>
<meta http-equiv="Content-type" content="text/html; charset=gb2312" />
<title>新闻中心首页_新浪网</title>
<meta name="keywords" content="新闻,时事,时政,国际,国内,社会,法治,聚焦,评论,文化,教育,新视点,i
<meta name="description" content="新浪网新闻中心是新浪网最重要的频道之一，24小时滚动报道国内、

<link rel="alternate" type="application/rss+xml" href="http://rss.sina.com.cn/news/marquee/ddt
<meta name="stencil" content="PGLS000023" />
<meta name="publishid" content="1,912,1" />
<meta name="verify-v1" content="6HtwmypggdgP1NLw7NOuQBI2TW8+CfkYCoyeB8IDbn8=" />
<meta name="msvalidate.01" content="0EBC6AF737F6405C0F32D73B4AA6A640" />
<link rel="apple-touch-icon" href="http://i0.sinaimg.cn/dy/news3.png" />

<!--
<link rel="stylesheet" type="text/css" href="http://news.sina.com.cn/css/87/index2013/style.cs
-->

<style>

/* 1,87,323 2013-06-17 23:33:45 */
/* part */
/* 标题字 */
.p_left{ width:340px; float:left;}
.p_middle{ width:360px; float:left;  margin-left:20px}
.p_right{ width:260px; float:left; margin-left:20px;}

.part_01{ margin-top:15px;}
.part_03 .Tit_06{ height:38px;}
```

图 11.2 新浪新闻频道页面的 HTML 源代码

图 11.3　用 Windows 记事本编辑 HTML 文件

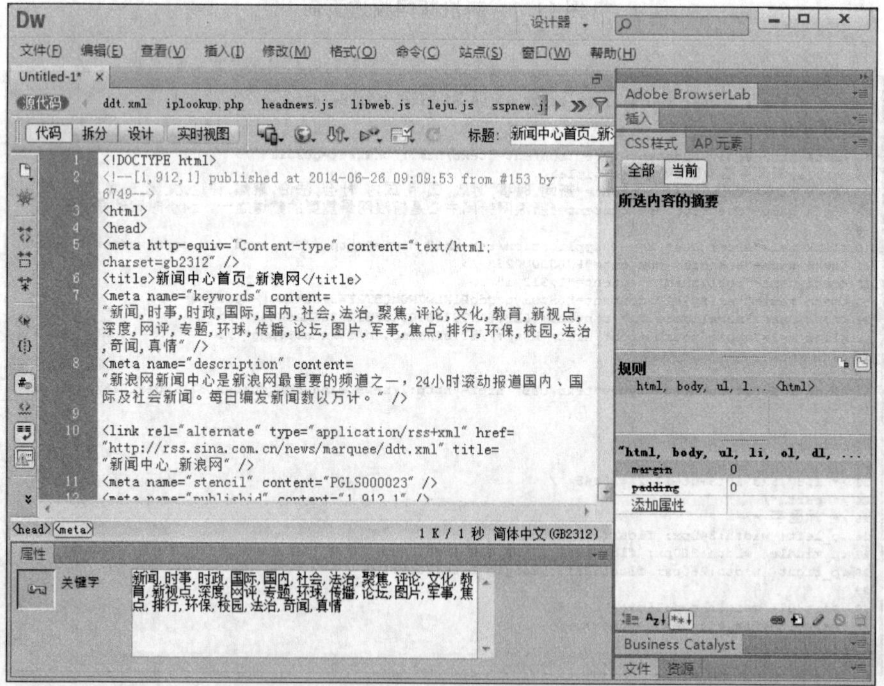

图 11.4　用 Dreamweaver 中的代码编辑模式编辑 HTML 代码

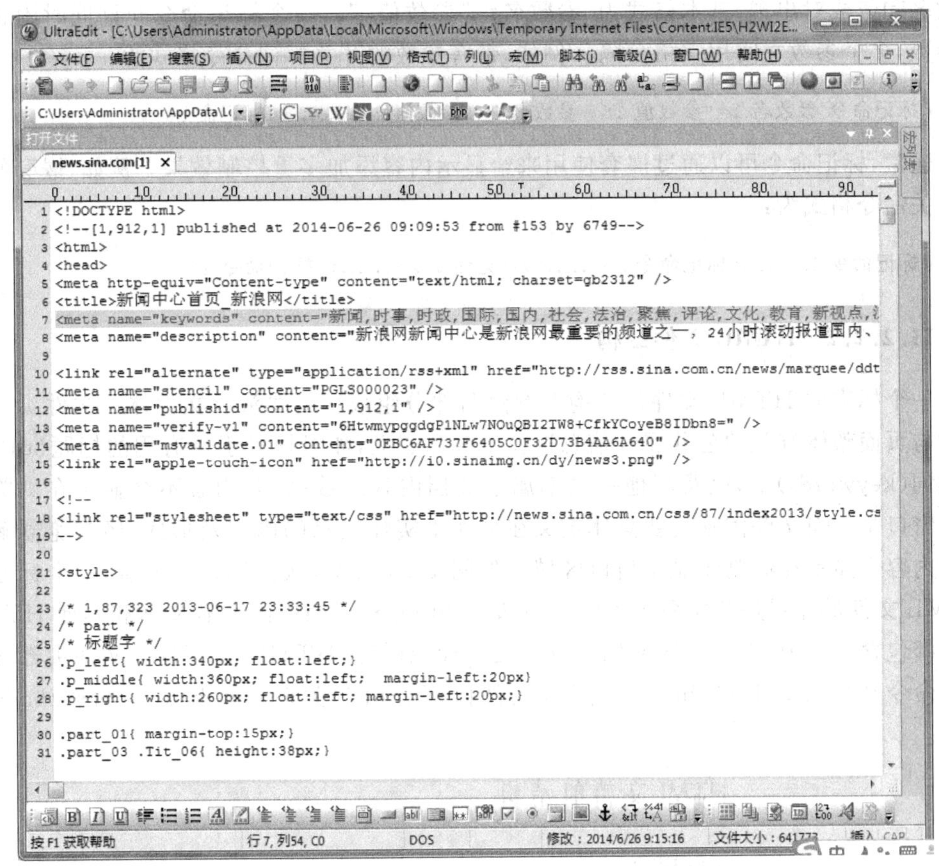

图 11.5　用 UltraEdit 软件编辑 HTML 代码

11.2.2　HTML 标记命令格式及文件结构

11.2.2.1　HTML 标记命令

HTML 网页文件是通过标记命令来界定网页内容的多种效果显示的，如文本样式、插入图像、定义超级链接等。这些标记命令也被称为 HTML 标签。HTML 文件中的标记命令均以“＜＞”括住，即标记命令的基本格式为“＜标记命令＞”，标记命令对大小写不敏感。

HTML 标记命令分为非开关命令和开关命令两大类。单独出现的标记命令是非开关命令，调用格式为“＜标记命令＞”，作用位置为命令出现的位置。除此之外，大部分标记命令则是成对出现的开关命令，以界定命令的作用范围，由起始命令和结束命令共同组成。开关命令的调用格式为“＜标记命令＞……＜/标记命令＞”。起始命令“＜标记命令＞”和结束命令“＜/标记命令＞”之间的内容受对应的标记命令控制。

除了使用基本标记命令外，往往需要给标记命令附带有关参数（属性）来扩展标记命令的控制效果。参数通常是附加给 HTML 的起始命令，而不是结束命令。参数通常由参数名和值成对出现,基本格式为"参数名="参数值""。一个标记命令允许同时附带多个参数,多个参数之间用空格分隔。例如,带有参数的开关标记命令格式为:

```
<标记命令 参数名 1="参数值 1"  参数名 2="参数值 2">……</标记命令>
```

通常,标记命令可以通过嵌套使用来给显示内容添加多重控制效果。例如,嵌套使用的开关命令格式为:

```
<标记命令 1>……<标记命令 2>……</标记命令 2>……</标记命令 1>
```

11.2.2.2 HTML 文件结构

一个标准的 HTML 文件从结构上看由两部分组成:文件头和文件体。文件头主要是对与页面整体有关的公共属性信息进行说明和定义,如对搜索引擎有用的标题(title)、关键词(keywords)等,以及其他一些不属于文档内容的数据,其内容不会显示在浏览器显示窗口中。而文件体则是要具体定义在页面中实际显示的内容及形式,经浏览器解析后其内容会显示在浏览器显示窗口区域。如图 11.6 所示,从代码构成上看,一个标准的 HTML 文件最外层是开关命令＜html＞和＜/html＞,文档中的所有文本和其他 HTML 标签都包含在其中,它表示该文档是以超文本标识语言(HTML)编写的。文件头部分由开关命令＜head＞和＜/head＞界定,文件体部分由开关命令＜body＞和＜/body＞界定。

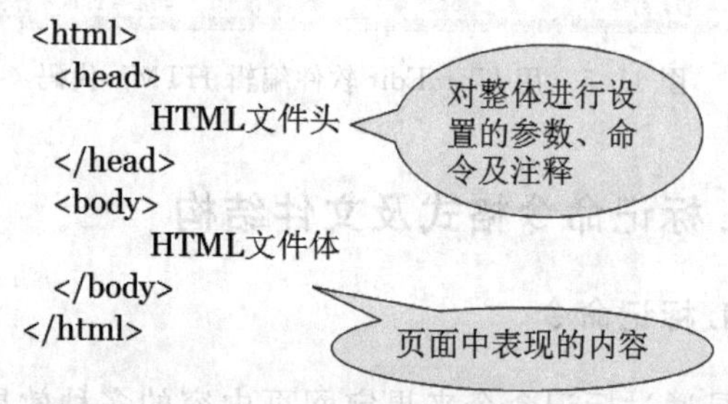

图 11.6 HTML 文档结构

例如,一个简单的 HTML 文件的代码如下:

```
<html>
<head>
<title>Title of page</title>
</head>
<body>
This is my first homepage. <b>This text is bold</b>
</body>
</html>
```

将上述代码保存为 file.html 文件并用浏览器软件打开后的效果如图 11.7 所示。

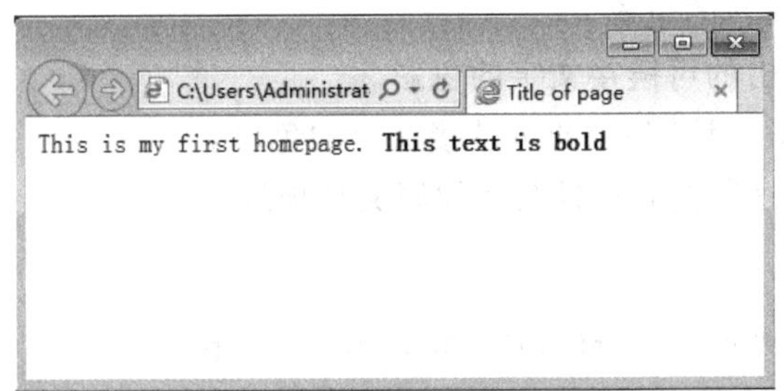

图 11.7　在网页浏览器中解析 HTML 文件

11.2.3　HTML 常见标记命令及参数

下面我们介绍一些常见信息形式对应的 HTML 基本命令和典型参数，运用这些命令就可以设计和编制简单的 HTML 网页文件了。

1. 文件结构

常用的与文件结构和文件整体信息相关的标记命令有：

(1) html

在 HTML 文档的最外层，表明文件是用 HTML 标记语言编写，用 HTML 语法进行解析，是开关命令。

(2) head

head 用来定义文件头，内部包含与文件整体信息定义相关的标记命令，如 title、meta 命令等。是开关命令。

(3) title

title 用来定义网页的标题，在文件头中定义，用于概括文档的内容，浏览器通常将 title 元素显示在文档窗口的标题中，是开关命令。

(4) meta

meta 是用来在 HTML 文档中模拟 HTTP 协议的响应头报文，或者记录页面的有关信息，如说明生成工具、网页关键词、内容描述、作者、检索和查询设置、文字和语言、到期时间、页面跳转等。meta 标签用于网页的文件头中。

(5) body

body 用来定义文件体内容，如文本、图片、超级链接等，是开关命令。Body 标记命令可以附带下列参数：

- bgcolor：背景色彩。

颜色的定义可以使用颜色名称，如 red(红)、green(绿)、blue(蓝)、yellow(黄)、white(白)、black(黑)等。也可以使用颜色的十六进制代码 #rrggbb 来表示，即用颜色的红、绿、蓝三个分量的十六进制代码表示。r、g、b 的取值范围为 0,1,2,3,4,5,6,7,8,9,a,b,c,d,e,f。如代码 #ff0000 代表红色，#0000ff 代表蓝色，#ffff00 代表黄色。

- text：非可链接文字的色彩。

• link：可链接文字的色彩。

• alink：正被单击的可链接文字的色彩。

• vlink：已经单击(访问)过的可链接文字的色彩。

• background：设定页面背景图像的源文件地址。

例如,代码

```
<body link="blue" vlink="#ff00ff" background="pic.jpg">
```

将超级链接所对应的文字设置为蓝色,已经被访问过的超级链接的文字设置为紫色,用图片文件 pic.jpg 的内容设置页面的背景图像。

2. 文本

此处介绍一些与文本格式控制相关的标记命令与对应参数。

(1) 标题 hn

hn 标记命令用于设置网页中的标题文字,被设置的文字将以黑体或粗体的方式显示在网页中,是开关命令。基本格式为"<hn align=参数>标题内容</hn>",实际包含 h1~h6 六级标题,h1 是最大一级标题,h6 是最小一级标题。align 参数说明对应标题的对齐方式,可取 left、center、right 三个值,分别对应左、中、右三种标题对齐方式。<hn>标签本身具有换行的作用,标题总是从新的一行开始。

(2) 段落 p

p 标记命令用以划分段落,是开关命令。也可以附带 align 参数来定义段落的对齐方式。<p>标签具有换行作用,段落总是从新的一行开始。

(3) 换行 br

br 标记命令是折行命令,可以在不新建段落的情况下换行,不是开关命令。

(4) 居中对齐 center

center 标记命令控制对应的内容在页面中居中对齐显示,是开关命令。

(5) 引文(缩排)blockquote

<blockquote>标记命令用来建立一个引文,是开关命令。特别适合较长文本的引用,引文显示时将会自动右移,左边空出几个格,加以区别。

(6) 水平分割线 hr

hr 标记命令用来绘制水平分割线,是单独使用的非开关命令。用于段落与段落之间的分隔,使文档结构清晰明了,使文字的编排更整齐。hr 命令可以附带下列参数来控制分割线的样式:

size：设置水平分割线的粗细,单位是像素。

width：设置水平分割线的宽度,单位是像素或者百分比。

align：设置水平分割线的对齐方式,取值可以是 left、center 、right。

color：设置水平分割线的颜色,取值可以是颜色名称或者颜色代码。

(7) 字模控制 font

font 标记命令是字模控制命令,是开关命令。主要通过附带 size、color 和 face 三个参数来控制文字的大小、颜色和字体。

size：控制文字的大小，共分 1～7 七个级别，1 号字最小，7 号字最大。

color：控制文字的颜色。

face：控制文字的字体，取值为系统中安装了的字体的名称，如黑体、隶书等。

(8) 特定文字样式

除了上述 font 标记命令外，HTML 还提供了下述一些特定文字样式标记命令来丰富文字效果：

粗体标记命令 b：将文字加粗，是开关命令。

斜体标记命令 i：将文字倾斜显示，是开关命令。

下划线标记命令 u：为文字添加下划线，是开关命令。

强调标记命令 strong：通常会将文字加粗显示，是开关命令。

缩小标记命令 small：将文字字号缩小一级，是开关命令。

放大标记命令 big：将文字字号放大一级，是开关命令。

(9) 字符实体

字符实体用来显示被标记命令占用或忽略的字符，如空格、符号“<”等，以及无法通过键盘直接输入的字符，如“©”等。一个字符实体由三部分组成，第一部分是符号“&”意味着要定义一个字符实体，第二部分是字符实体的名称或编号，第三部分是分号表示字符实体定义结束。常用的字符实体和对应的符号如表 11.1 所示。

表 11.1　HTML 语言中常用字符实体

特殊或专用字符	字符实体	特殊或专用字符	字符实体
<	<	©	©
>	>	×	×
&	&	®	®
"	"	空格	

(10) 列表

HTML 中常见的文字列表有无序列表、有序列表和定义列表三种。

① 无序列表：各条列表项间并无顺序关系的列表。

无序列表对应的标记命令为 ul 命令，是开关命令。<ul>和</ul>之间需使用<li>标记命令来定义具体的无序列表项。ul 和 li 标记命令可以附带 type 参数来定义列表项符号样式，可取值有 disc(实心圆)、circle(空心圆)和 square(方块)。定义无序列表的基本格式为：

```
<ul type="项目符号样式">
    <li>第一项</li>
    <li>第二项</li>
    <li>第三项</li>
</ul>
```

② 有序列表：各条列表项之间有顺序关系的列表，各列表项前带有顺序编号，插入和删除一个列表项，编号会自动调整。

有序列表对应的标记命令为 ol 命令，是开关命令。同样使用<li>标记命令来定义具体的有序列表项。列表项顺序标号的样式由两个参数决定：start 和 type。start 参数定义列表的起始编号，取值为阿拉伯数字，附加给<ol>标记命令。type 参数用来定义编号的样式，附加给<ol>和<li>标记命令均可，可取五种编号形式：

1：使用阿拉伯数字编号。

A：使用大写英文字母编号。

a：使用小写英文字母编号。

I：使用大写罗马数字编号。

i：使用小写罗马数字编号。

定义有序列表的基本格式为：

```
<ol start="起始编号"type="项目符号样式">
    <li>第一项</li>
    <li>第二项</li>
    <li>第三项</li>
</ol>
```

③ 定义列表：定义列表也叫描述性列表，是对多个列表项分别进行描述和解释的列表。

定义列表对应的标记命令为 dl 命令，是开关命令。<dl>和</dl>内部的每个列表项都要使用两个层次的标记命令进行定义。第一层为列表项标记命令<dt>，第二层为注释项标记命令<dd>，注释项的内容会自动向右缩进显示。<dt>和<dd>命令都能够自动换行，通常是成对使用的，也可以一个列表项对应于几个解释项。定义列表的基本格式为：

```
<dl>
    <dt>列表项 1</dt><dd>注释项 1</dd>
    <dt>列表项 2</dt><dd>注释项 2</dd>
    <dt>列表项 3</dt><dd>注释项 3</dd>
</dl>
```

下列代码是文本控制命令综合应用的一个简单例子：

```
<html>
<head>
<title>文本控制</title>
</head>
<body background="background_pic.jpg">
<h1 align="center"><font face=华文行楷>文本标记命令</font></h1>
<hr size=3 color=blue width=100%>
<font size=4 face=华文行楷>
```

HTML 中,常用的文本控制命令有：

```
<font face=隶书 color=#ff33dd>
<blockquote>
<ol type=A>
<li><b><i><u>标题命令 hn</u></i></b></li>
<li><b><i><u>段落命令 p</u></i></b></li>
<li><b><i><u>折行命令 br</u></i></b></li>
<li><b><i><u>引文缩排命令 blockquote</u></i></b></li>
<li><b><i><u>水平分割线命令 hr</u></i></b></li>
<li><b><i><u>字模控制命令 font</u></i></b></li>
<li><b><i><u>列表</u></i></b></li>
<font color=black>
<ul type=circle>
<li>无序列表 ul</li>
<li>有序列表 ol</li>
<li>定义列表 dl</li>
</ul>
</font>
</ol>
</blockquote>
</font>
<br>通过这些命令的综合应用,可以设计样式丰富的网页
</font>
</body>
</html>
```

将上述代码保存为 HTML 文件 text. html 后用浏览器打开,显示效果如图 11.8 所示。

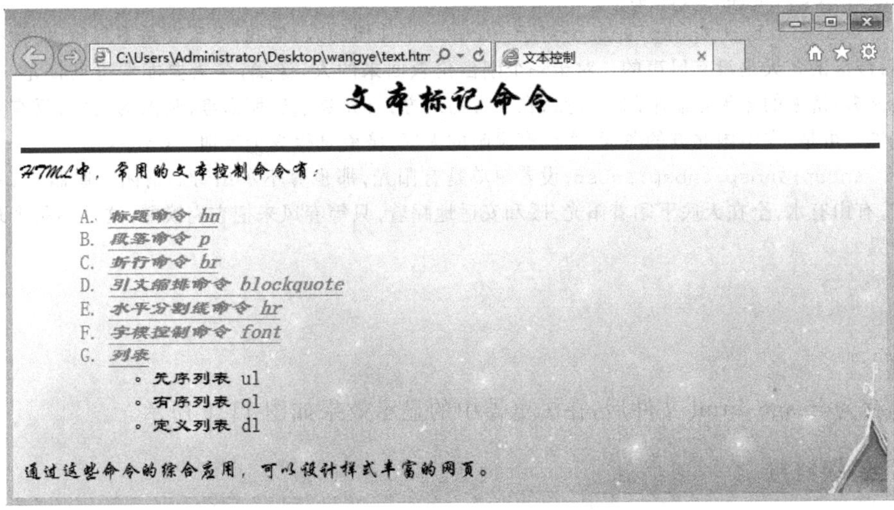

图 11.8　文本控制标记命令综合应用显示效果

3. 图片

图片是网页中一种常见的信息表现形式,要在网页中插入图片内容,需要使用 img 标记命令。img 命令在出现的位置插入指定的图片文件内容,不是开关命令。其基本应用格式为:

```
<img src="图片文件地址">
```

img 标记命令必须带有 src 参数来指定图片文件位置。如果图片来自于网络,则 src 参数的取值为图片的网址 URL;如果图片存放在本地计算机,则 src 参数的取值是图片文件在本地计算机中的绝对路径或者是相对于当前网页位置的相对路径。

除了 src 参数外,img 命令还可以带有下列参数:

- border:指定图片边框的宽度,单位为像素。
- alt:指定图片的别名,即当鼠标移动到图片上时显示的文字。
- width:指定图片的显示宽度,单位可以是像素,也可以是图片占所在窗口宽度的百分比。
- height:指定图片的显示高度,单位可以是像素,也可以是图片占所在窗口高度的百分比。
- align:指定图片的对齐方式,水平对齐可取值有 left 和 right 两种。

例如,下列一段关于图片引用的 HTML 代码:

```
<html>
<head>
<title>图片控制</title>
</head>
<body background="background_pic.jpg">
<imgsrc="winter.jpg" align=right>
<font face=楷体 size=4>
        对于一个在北平住惯的人,像我,冬天要是不刮风,便觉得是奇迹;济南的冬天是没有风声的。对于一个刚由伦敦回来的人,像我,冬天要能看得见日光,便觉得是怪事;济南的冬天是温晴的。自然,在热带的地方,日光是永远那么毒,晴朗的天气,反有点叫人害怕。可是,在中国北方的冬天,而能有温晴的天气,济南真得算个宝地。<br><br>
        设若单单是有阳光,那也算不了出奇。请闭上眼睛想:一座老城,有山有水,全在天底下晒着阳光,暖和安适地睡着,只等春风来把它们唤醒,这是不是个理想的境界?
</font>
</body>
</html>
```

保存为 image.html 文件后,在浏览器中的显示效果如图 11.9 所示。

4. 超级链接

HTML 中的超级链接为网络用户提供了一种有别于顺序浏览的全新的信息阅读方

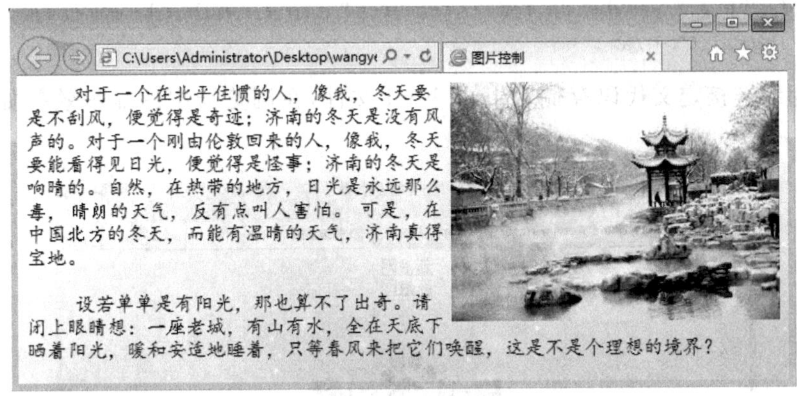

图 11.9　图片控制显示效果

式。通过给网页中的文字、图片等元素添加超级链接可以允许用户在浏览网页时随时跳转到感兴趣的其他页面或者当前网页的其他位置进行浏览。超级链接的定义需要使用 a 标记命令，a 命令是开关命令。<a>和</a>之间的内容会被定义为指向其他页面或位置的超级链接，基本格式为：

```
<a href="目的资源地址">当前显示的文字、图片或其他资源</a>
```

a 命令通常带有 href 参数来指定单击链接后跳转的位置名称或页面文件地址。这里的文件地址可以是网络文件的网址或者本地文件的绝对或相对地址。

另外，a 命令经常带有 target 参数来对连接内容的显示窗口进行指定。target 参数的取值范围为：

- _blank：在新窗口中打开链接页面。
- _self：在当前窗口中打开链接页面。
- _parent：在父窗口中打开链接页面。
- _top：在顶层窗口中打开链接页面。
- 窗口名称：在特定名称的窗口中打开页面。

下面给出几种定义超级链接的例子：

- 在当前窗口中打开新浪网主页的链接。

```
<a href="http://www.sina.com.cn">新浪网</a>
```

- 在新窗口中打开新浪网主页的链接。

```
<a href="http://www.sina.com.cn" target="_blank">新浪网</a>
```

- 邮箱链接，单击后打开默认的邮件系统给指定的收件人 dadong@21bj.com 写信和发信。

```
<a href="mailto: dadong@21bj.com">给我写信</a>
```

- 图片上加链接，单击百度 logo 图片打开百度首页。

```
<a href="http://www.baidu.com"><img src="http://www.baidu.com/img/
baidu_logo.gif"></a>
```

上述超级链接定义代码存储为 link.html 文件，在浏览器中的显示效果如图 11.10 所示。

图 11.10 超级链接显示效果

5. 表格

表格是网页中一种常见的信息表现形式，也是对网页内容进行布局和排版的主要方法之一。本节介绍表格创建和控制相关的标记命令和属性参数。

(1) table

table 标记命令用来定义一个完整表格，是开关命令，在表格定义的最外层。可以附带下列一些常见参数扩展功能：

- border：定义表格边框的宽带，单位是像素。不带此参数时表格是一个无边框的表格。
- width：定义整个表格的宽度，单位是像素或者百分比。
- height：定义整个表格的高度，单位是像素或者百分比。
- align：定义表格在显示窗口中的对齐方式，可取值有 left(左)、center(中)、right(右)三种。
- cellspacing：定义表格中表格单元间间隙的大小，单位是像素。
- cellpadding：定义表格中每个表格单元内容周围空白填充区域的大小，单位是像素。
- bgcolor：定义整个表格的背景颜色。
- background：定义整个表格的背景图像的地址。
- rules：控制表格单元间分割线的显示。取值有三种：rows(显示行与行间的分割线)、cols(显示列与列间的分割线)、none(不显示任何分割线)。不带此参数时表示显示所有分割线。

(2) tr

tr 标记命令用来定义表格中的一行，是开关命令。<tr>标签出现时意味着一个新的表行的开始，</tr>标签出现时意味着一个表行定义的结束。Tr 标记命令在<table>

</table>命令内部使用。常见的参数有：

- align：定义表行中所有表格单元中内容的水平对齐方式，可取值有 left(左)、center(中)、right(右)三种。
- valign：定义表行中所有表格单元中内容的垂直对齐方式，可取值有 top(顶部)、middle(中间)、bottom(底部)、baseline(基线)四种。
- bgcolor：定义整个表行的背景颜色。
- background：定义整个表行的背景图像的地址。

(3) th/td

th 和 td 命令是用来具体定义表格中每一个表格单元内容的标记命令，是开关命令。th 命令用来定义表头单元格，表头单元格中的文字会加粗显示；而 td 命令用来定义普通单元格。th 和 td 命令需要在<tr></tr>之间使用，二者的用法和参数基本相同。除了文字外，表格单元中的内容可以是超级链接和图片等多种形式及组合，通过在 th 和 td 命令中嵌套 a 命令和 img 命令实现。th 和 td 命令可带有的参数有：

- colspan：定义当前表格单元所跨越的列数，默认值是 1。
- rowspan：定义当前单元格所跨越的行数，默认值是 1。
- align：定义当前表格单元中内容的水平对齐方式，可取值有 left(左)、center(中)、right(右)三种。
- valign：定义当前表格单元中内容的垂直对齐方式，可取值有 top(顶部)、middle(中间)、bottom(底部)、baseline(基线)四种。
- bgcolor：定义当前表格单元的背景颜色。
- background：定义当前表格单元的背景图像的地址。

(4) caption

caption 命令用来定义表格的标题，是开关命令，必须在<table></table>内部使用。可带有的参数有：

- align：定义表格标题相对于表格的水平对齐方式，可取值有 left(左)、center(中)、right(右)三种。
- valign：定义表格标题相对于表格的垂直对齐方式，可取值有 top(上方)和 bottom(下方)两种。

下列代码是关于表格定义的一个简单的例子：

```
<html>
<head>
<title>表格控制</title>
</head>
<body>
<table border align=center cellpadding=8 background="background_pic.jpg">
<tr align=center valign=middle>
<thcolspan=3><font face=楷体 size=6>中国知名门户网站</font></th>
</tr>
```

```
<tr align=center valign=middle>
<th><font size=5>网站名称</font></th>
<th><font size=5>首页网址</font></th>
<th><font size=5>网站 LOGO</font></th>
</tr>

<tr align=center valign=middle>
<td><font face=隶书 size=5>新浪网</font></td>
<td><a href="http://www.sina.com.cn"><font face=arial size=4>
http://www.sina.com.cn</font></a></td>
<td><a href="http://www.sina.com.cn"><img src="http://i1.sinaimg.cn/dy/deco/
2013/0329/logo/LOGO_1x.png"></a></td>
</tr>

<tr align=center valign=middle>
<td><font face=隶书 size=5>搜狐网</font></td>
<td><a href="http://www.sohu.com"><font face=arial size=4>
http://www.sohu.com</font></a></td>
<td><a href="http://www.sohu.com"><img src="http://www.sohu.com/upload/
images20140108/sohulogo.png"></a></td>
</tr>

<tr align=center valign=middle>
<td><font face=隶书 size=5>凤凰网</font></td>
<td><a href="http://www.ifeng.com"><font face=arial size=4>
http://www.ifeng.com</font></a></td>
<td><a href="http://www.ifeng.com"><img src="http://y0.ifengimg.com/2014/
02/07/08482232.gif"></a></td>
</tr>
</table>
</body>
</html>
```

将上述代码保存为 table.html 文件，并用浏览器打开后的显示效果如图 11.11 所示，单击表格中的网址或网站 logo 图片会打开网址所对应的网站。

6. 框架集划分和框架引用

所谓框架集划分，也称为多框架划分或页面分帧，是指将整个浏览器显示窗口划分为多个独立的显示区域(框架，帧)，每一框架对应着一个独立的页面文件。通过多框架划分可以更好地对页面进行排版布局和显示控制，并可以减小单个页面文件的大小，加快页面显示速度。

(1) 框架集划分

HTML 中，frameset 标记命令用来进行窗口的多框架框架集划分，是开关命令，将替

图 11.11　表格控制显示效果

代 body 命令。Frameset 标记命令要附加 cols 和 rows 两个参数中的一个或者全部来控制框架窗口划分的方向、个数和大小。Cols 参数用来在水平方向划分框架，rows 参数用来在垂直方向划分框架。Cols 参数的取值是水平方向上从左到右划分出来的多个框架的宽度大小序列，单位是像素或者百分比，宽度值之间用逗号分割，最后一个框架可以不写具体值而用 * 号代表剩下的全部宽度。Rows 参数的取值是垂直方向上从上到下划分出来的多个框架的高度大小序列，格式与 cols 参数相同。用 frameset 标记命令划分出多个框架后，要用 frame 标记命令依次为划分出来的框架指定初始显示文件。Frame 标记命令通常带有 src 参数来指定初始显示网页文件的地址。以水平方向框架划分为例，下列代码可以将整个页面窗口在水平方向上划分为 3 个框架，从左到右三个框架分别占整个窗口宽度的 30%、20%和 50%，并依次显示 A. html、B. html 和 C. html 三个网页文件的内容。

```
<html>
<head>
<title>页面分帧</title>
</head>
<frameset cols=30%,20%,50%>
    <frame src="A.html">
    <frame src="B.html">
    <frame src="C.html">
</frameset>
</html>
```

上述代码存储为 HTML 文件，并准备好 A. html、B. html 和 C. html 三个文件的内容后，用浏览器显示会得到如图 11.12 所示的效果。垂直方向框架的划分使用 frameset 命令的 rows 参数，方法与 cols 参数的使用方法相似，这里不再赘述。

如果要在水平和垂直方向进行不规则的框架划分，则需要对 frameset 标记命令进行

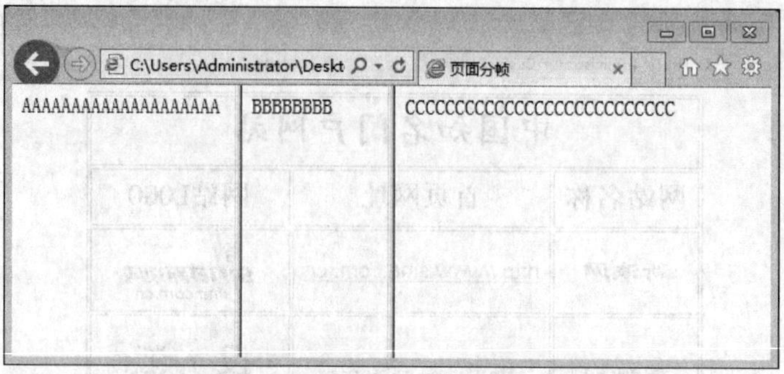

图 11.12 水平方向多框架划分效果

嵌套调用,即先在一个方向上进行框架划分,再在某一个子框架的 frame 命令调用位置用 frameset 命令代替,对当前框架在另一个方向进行窗口划分。以下面的代码为例,首先在水平方向划分两个框架,指定左侧窗口的显示文件为 A. html,在右侧框架中再次调用 frameset 标记命令将其在垂直方向上划分为上下两个框架,并分别为这两个窗口指定显示文件为 B. html 和 C. html。

```
<html>
<head>
<title>页面分帧</title>
</head>
<frameset cols=30%,*>
   <frame src="A.html">
   <frameset rows=40%,*>
      <frame src="B.html">
      <frame src="C.html">
   </frameset>
</frameset>
</html>
```

上述代码存储为 HTML 文件,用浏览器显示会得到如图 11.13 所示的效果。

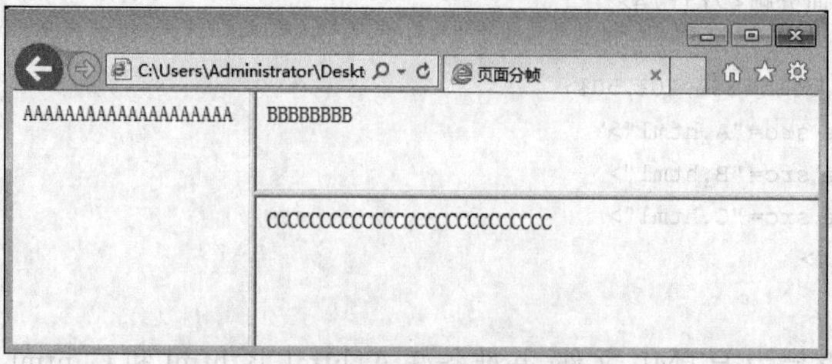

图 11.13 不规则框架窗口划分效果

(2) 框架引用

经过页面分帧划分出来的框架窗口可以在打开超级链接时引用，以将超级链接对应的页面内容显示在指定的窗口区域。要对某一划分的框架窗口进行引用，必须对其命名。在定义超级链接时，通过 target 参数指定打开框架窗口的名称，就可以将超级链接的内容显示在具有此名称的框架窗口中。框架窗口的命名是通过给 frame 标记命令添加 name 参数并指定框架名称实现的。例如将上述代码进行如下修改并保存为 frame. html 文件：

```
<html>
<head>
<title>页面分帧</title>
</head>
<frameset cols=30%, * >
    <frame src="List.html">
    <frameset rows=50%, * >
        <frame src="B.html" name="B_window">
        <frame src="C.html" name="C_window">
    </frameset>
</frameset>
</html>
```

将 List. html 定义为如下代码：

```
<html>
<head>
<title>超级链接</title>
</head>
<body>
<center>
<a href="http://www.sina.com.cn" target="B_window">在 B 窗口显示新浪网</a><br>
<a href="http://www.sohu.com" target="C_window">在 C 窗口显示搜狐网</a><br>
<center>
</body>
</html>
```

用浏览器浏览框架划分页面，并分别单击两个超级链接后的效果如图 11. 14 所示。

11.2.4　HTML 文件设计实例

利用上述 HTML 标记命令和参数设计一个简单的网页综合实例。在此实例中，演示上面所述五种不同信息形式(文本、图片、超级链接、表格和页面分帧)的子实例效果。完整的实例除了需要用到上面章节中已经设计好的网页文件 text. html、image. html、link. html、table. html 和 frame. html 外，还需要定义下面四个网页文件：

index. html：首页页面，在此页面进行页面分帧处理，将页面分为三个子窗口。上方

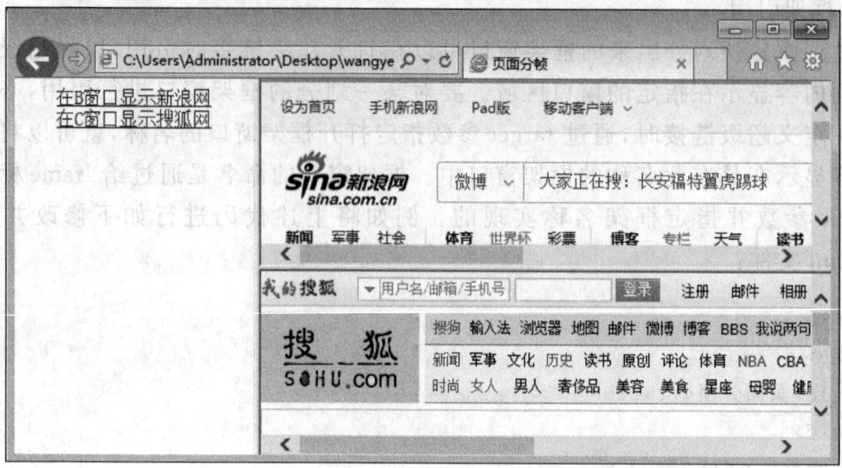

图 11.14 窗口引用效果

窗口显示实例标题，下方左侧导航窗口显示指向五个子实例的超级链接，下方右侧窗口作为子实例效果的演示窗口。

```
<html>
<head>
<title>HTML 语言示例演示</title>
</head>
<frameset rows=30%, * >
<frame src="intro.html">
<frameset cols=30%, * >
<frame src="dir.html">
<frame src="start.html"name="demo_window">
</frameset>
</frameset>
</html>
```

intro.html：实例标题页面，利用表格排版将内容在上方窗口中水平和垂直方向居中显示。

```
<html>
<head>
<title>HTML 语言示例演示</title>
</head>
<body background="background_pic2.jpg">
<table width=100% height=100%>
<tr><td align=center valign=middle>
<font face=华文行楷 size=5><h1>HTML 语言示例演示</h1></font>
</td></tr>
</table>
```

```
</body>
</html>
```

dir.html：子实例名称列表页面，显示在下方左侧窗口中。每个列表项都定义为指向对应子实例页面的超级链接，并指定超级链接的显示窗口为下方右侧窗口。

```
<html>
<head>
<title>类型</title>
</head>
<body background="background_pic2.jpg">
<font face=隶书 size=6>
<ul type=circle>
<li><a href="text.html" target="demo_window">文本控制</a><br><br></li>
<li><a href="image.html" target="demo_window">图片控制</a><br><br></li>
<li><a href="link.html" target="demo_window">超级链接</a><br><br></li>
<li><a href="table.html" target="demo_window">表格控制</a><br><br></li>
<li><a href="frame.html" target="demo_window">页面分帧</a></li>
<ul>
</font>
</body>
</html>
```

start.html：下方右侧窗口的初始显示页面。

```
<html>
<head>
<title>Welcome</title>
</head>
<body background="background_pic2.jpg">
<table width=100% height=100%>
<tr><td align=center valign=middle>
<font size=5><h1>效果演示窗口</h1></font>
</td></tr>
</table>
</body>
</html>
```

用浏览器打开 index.html 网页文件的显示效果如图 11.15 所示。

单击列表中的每一个超级链接条目会在演示窗口中显示对应子实例的显示效果，例如单击“图片控制”后的效果如图 11.16 所示。

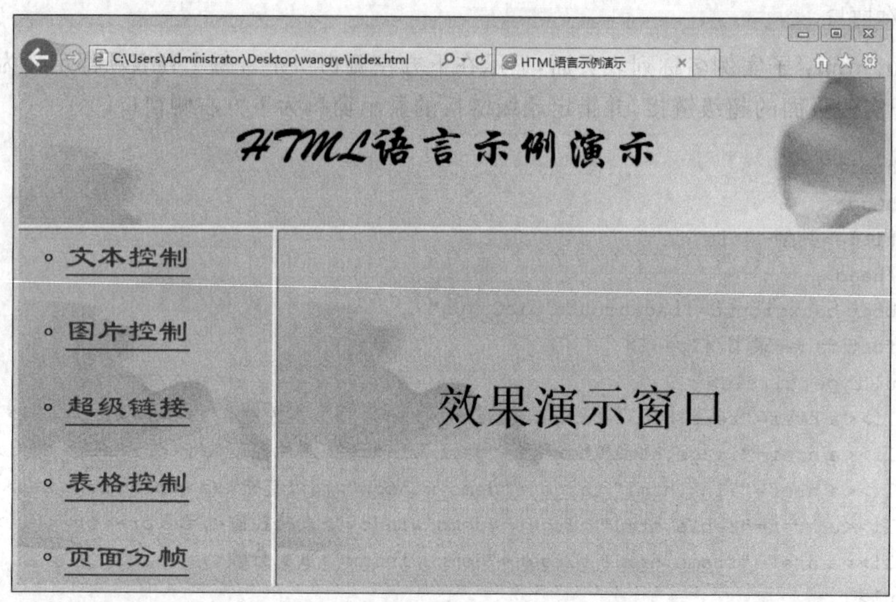

图 11.15 HTML 网页设计综合实例初始界面

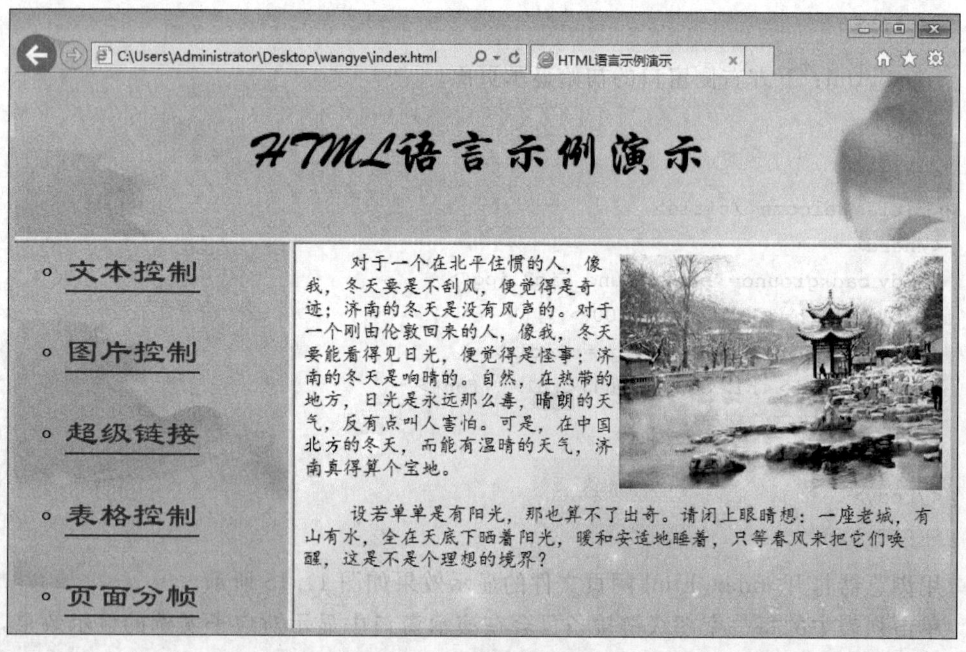

图 11.16 单击“图片控制”超级链接后的显示效果

11.3　Dreamweaver 网页设计

本节介绍如何利用 Dreamweaver 软件进行简单的静态网页设计。

11.3.1　Dreamweaver 简介

Dreamweaver 是 Adobe 公司开发的一款集网页制作和网站管理于一体的所见即所得网页编辑器软件，是针对专业网页设计师的跨平台视觉化网页开发工具。Dreamweaver 功能强大，可以帮助设计者快速高效地设计极具吸引力的网页，并且能够支持利用 ASP、JSP、PHP、ASP. NET 等多种程序的动态网页编写与调试。图 11. 17 为 Dreamweaver CS6 的工作界面。

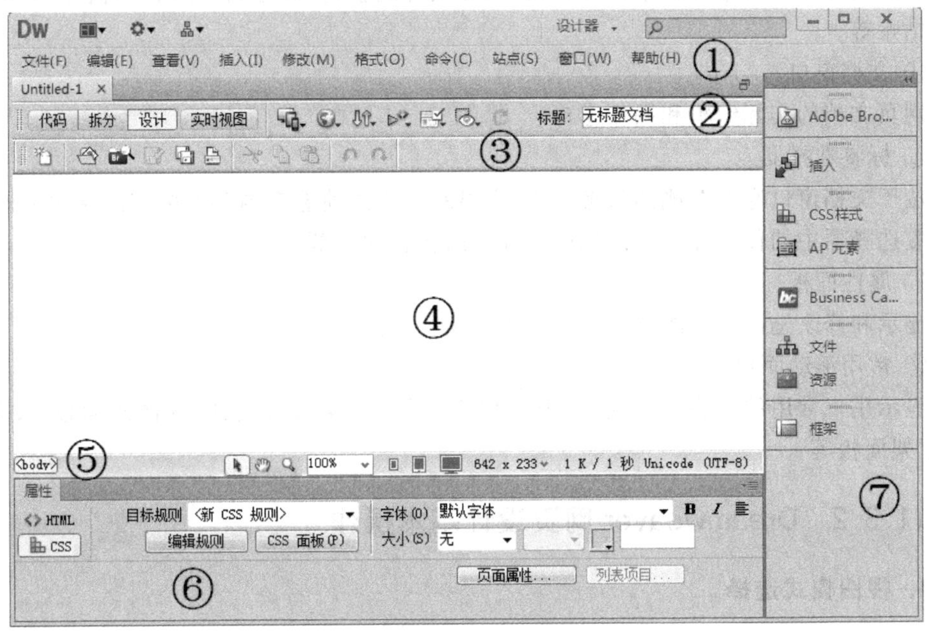

图 11. 17　Dreamweaver CS6 工作界面

在图 11. 17Dreamweaver CS6 工作界面中，包含七个主要部分：

① 菜单栏

以菜单选择的方式提供了 Dreamweaver 的绝大部分操作功能，十个主菜单和功能如表 11. 2 所示。

② 文档工具栏

提供与文档设计与查看相关的功能按钮，如视图模式选择、通过浏览器预览、W3C 验证、兼容性检查、设置文档标题等。

表 11.2 Dreamweaver 菜单及功能

菜单名称	菜 单 功 能	菜单名称	菜 单 功 能
文件	文件打开、保存、关闭、导入导出等	格式	调整页面元素的版面格式,如缩进、对齐等
编辑	文本编辑,如复制、粘贴、查找等	命令	自动化操作,如录制和播放命令等
查看	辅助功能,如窗口缩放、切换视图等	站点	建立和管理站点等
插入	插入各种信息元素,如图像、表格等	窗口	控制各种窗口面板的显示、隐藏和布局等
修改	修改页面元素,如编辑图像、拆分表格等	帮助	提供本地和在线帮助信息

③ 标准工具栏

提供文档操作的标准化常用工具按钮,如文件的新建、保存、打开以及内容的剪切、复制和粘贴等。

④ 文档窗口

网页文档的实际编辑和操作窗口。

⑤ 标签选择器

位于文档窗口底部左侧的状态栏中,它显示环绕当前选定内容的标签的层次结构,单击标签选择器中的任意标签可以选中该标签所包含的全部内容。

⑥ 属性面板

显示和修改选定元素或整个文档的各种相关属性。

⑦ 常用浮动面板

显示用户常用的一些控制面板,方便用户操作,如插入面板、CSS 样式面板、文件面板、框架面板等。

11.3.2 Dreamweaver 网页设计基本操作

1. 视图模式选择

Dreamweaver 是一款所见即所得的网页设计工具,支持用户在文档窗口中直接插入并控制各种网页元素,而不需要进行 HTML 代码的编写,简化网页设计工作。但 Dreamweaver 也支持用户通过编写代码的方式进行网页设计以实现复杂网页效果的设计。因此在 Dreamweaver 中提供了四种视图模式供用户选择:代码、拆分、设计和实时视图。用户可以通过单击文档工具栏中的对应按钮进行视图模式的切换。这四种视图模式的特点如下。

1) 代码视图

在文档窗口中仅显示网页文件对应的 HTML 或者其他语言代码,可以进行代码的编辑和修改。

2）设计视图

在文档窗口中仅显示网页元素的内容，在此可以所见即所得地插入各种网页元素，如文本、图片、表格等，并通过属性面板等对选中的元素属性进行修改。

3）拆分视图

同时显示代码视图和设计视图，兼顾二者的优点。Dreamweaver CS6 中代码视图位于文档窗口的左侧，设计视图位于文档窗口的右侧，二者相互对应。

4）实时视图

在文档窗口中实时查看网页在浏览器窗口中的实际显示效果，此模式下不可以对网页文件进行编辑。

2. 网页设计基本步骤

Dreamweaver 中设计一个新的网页文件的基本步骤为：

- 新建一个网页文件，“文件→新建→HTML 空白页”。
- 选择存储位置保存文件，“文件→存储/存储为”。
- 编辑设计文件。

3. 文本

设计视图下，在网页的某一位置直接输入文本内容即可在当前位置插入文本元素，其编辑方式与其他的文本编辑软件基本类似。输入的文本可做样式上的调整，如更改字体、大小、颜色等。选中要修改样式的文字，在属性面板中添加 CSS 样式或者指定 HTML 格式。在如图 11.18 所示的设计视图中，选中第一行文本“第 12 章 Dreamweaver 网页设计”。

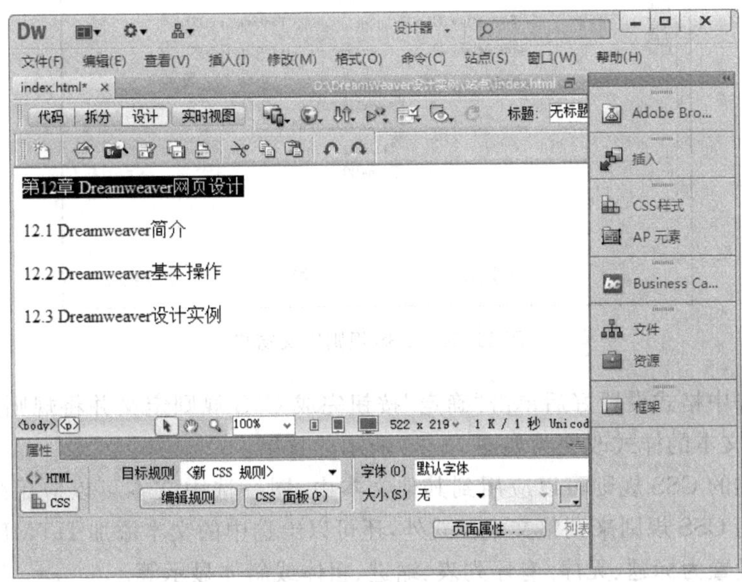

图 11.18　Dreamweaver 设计视图中输入文本元素

属性面板 CSS 模式下,目标规则选择"＜新 CSS 规则＞",单击"编辑规则"按钮,打开图 11.19 所示的"新建 CSS 规则"窗口。

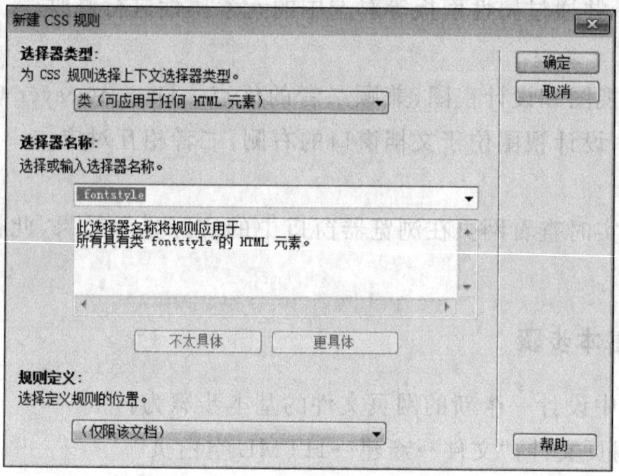

图 11.19　新建 CSS 规则窗口

"选择器类型"设置为"类",输入选择器名称,单击"确定"按钮,打开图 11.20 所示的"CSS 规则定义"窗口。在此窗口中设置规则的具体内容,如"类型"中设置字体为"隶书"、字号为 24、粗体、颜色为棕褐色(#CC6600),在"区块"中设置文本对齐方式为"center"(居中对齐)。

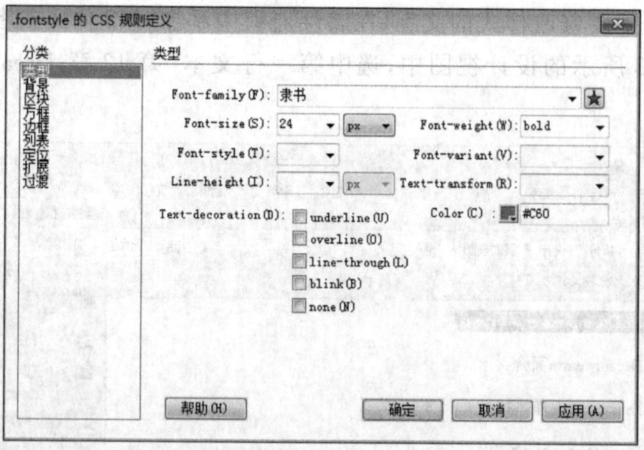

图 11.20　CSS 规则定义窗口

上述窗口中格式设置好后单击"确定"按钮完成 CSS 规则定义并将规则应用于选中的文本,选中文本的样式改变为如图 11.21 所示的效果。

创建为类的 CSS 规则可以应用到其他文本中,同一选中文本可以应用多个 CSS 规则。除了使用 CSS 规则来调整文本样式外,还可以给选中的文本添加 HTML 格式,如将选中的文本设置为标题、无序/有序列表、缩进、粗体或斜体显示等。

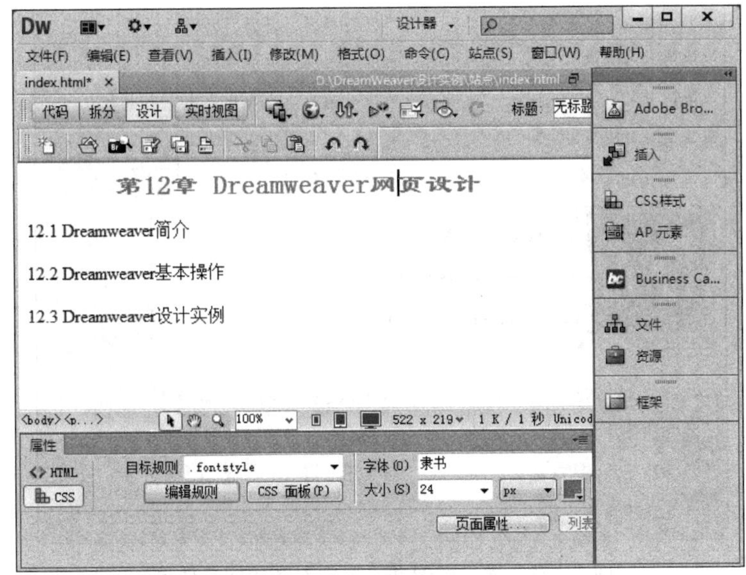

图 11.21　应用 CSS 规则后的文本效果

4. 图片

设计视图下,将鼠标放置在要插入图片的位置,选择"插入→图像"菜单,在打开的"选择图像源文件"窗口中选择要插入的图像文件,如图 11.22 所示。如果要插入网络上的一幅图片,则将网络图片的网址(URL)输入到窗口中的"URL"地址框中即可。

图 11.22　选择图像源文件窗口

"选择图像源文件"窗口中单击"确定"按钮在随后出现的窗口中输入替换文本,即可完成图片的插入。选中设计视图中插入的图片,右键菜单中选择"对齐→左对齐"后的网页如图 11.23 所示。

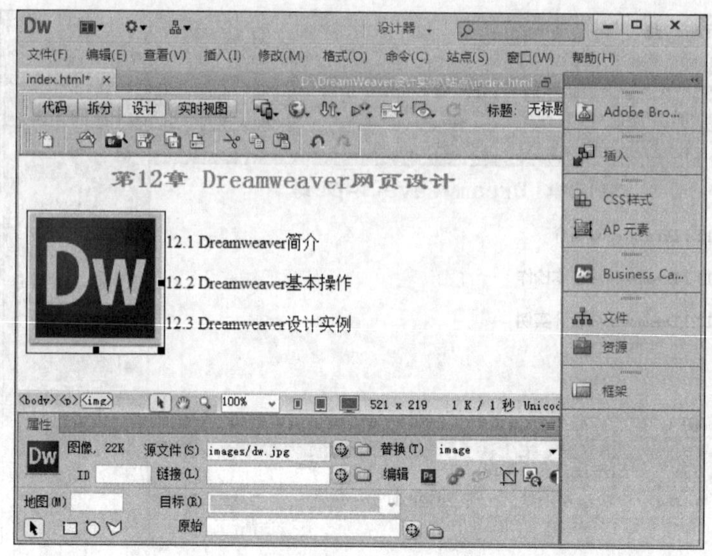

图 11.23 插入图像并设置左对齐的网页效果

5. 超级链接

在 Dreamweaver 中,超级链接的定义非常简单。只要选中要添加超级链接的元素,在属性面板中的 HTML 格式设置中设置“链接”的位置、文件或者网址即可。

1) 链接本地网页文件

选中要添加超级链接的元素,单击属性面板的“链接”栏右侧的文件夹图标,在打开的“选择文件”窗口中选择要链接的网页文件,单击“确定”按钮即可。例如图 11.24 中将每行标题链接到一个指定的本地网页。

图 11.24 定义指向本地文件的超级链接

2）链接外网网页文件

选中要添加超级链接的元素，在属性面板的“链接”栏中输入要链接的网址即可。如图 11.25 中将文字“Adobe 公司”定义为一个指向 Adobe 中国官网的超级链接。

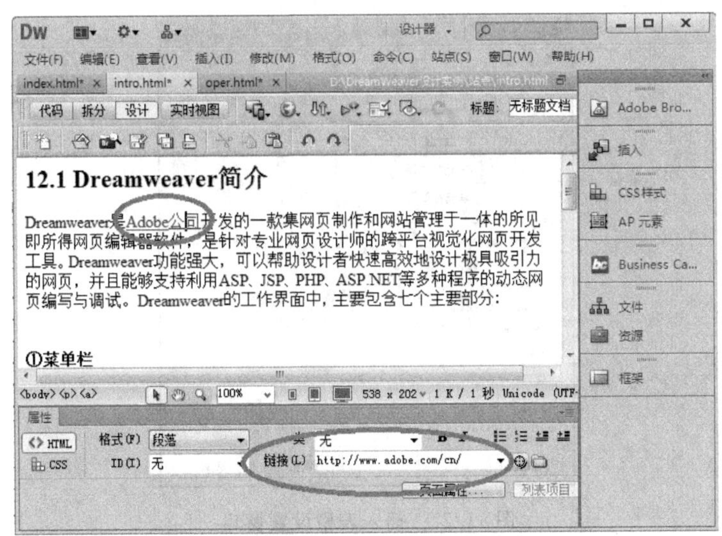

图 11.25　定义指向外部网页文件的超级链接

3）链接当前网页的不同位置

当一个网页很长时，可以在网页上方设置目录列表，并将每个条目链接到网页中的一个位置，帮助用户直接跳转到网页中的特定位置浏览。要定义位置链接，首先要在特定位置插入命名锚记。鼠标放置在特定位置处，选择“插入→命名锚记”菜单，后续窗口中设置锚记名称即可给位置命名。选中要定义超级链接的元素，在属性面板的“链接”栏中输入“＃锚记名称”就可以将选中元素链接到锚记名称对应的位置。图 11.26 所示为将文本“模式选择”链接到名称为“model”的锚记位置。

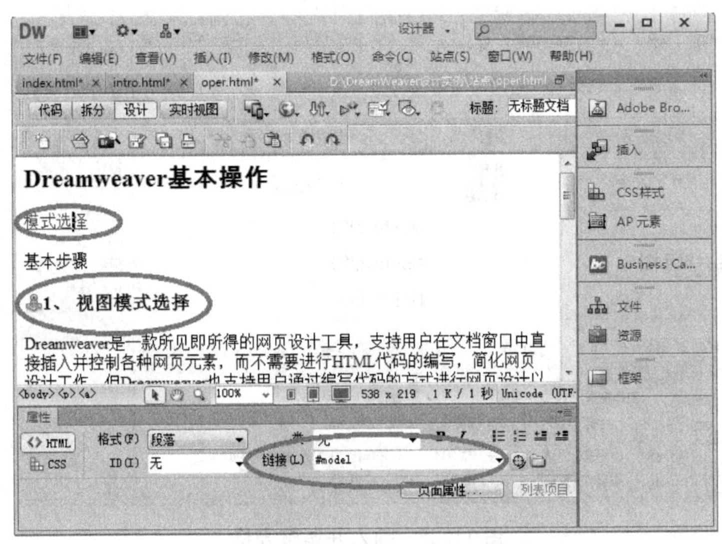

图 11.26　定义指向位置的超级链接

6. 表格

选择菜单“插入→表格”,打开如图 11.27 所示的“表格”窗口。

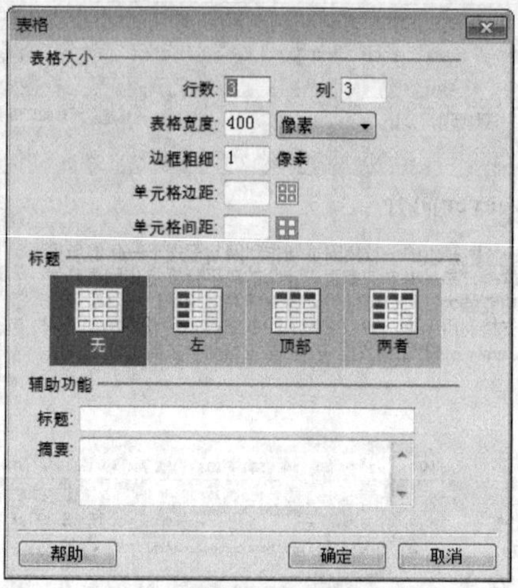

图 11.27　插入表格设置窗口

在此窗口中设置表格的行数、列数、宽度、边框粗细、单元格边距、单元格间距、表格标题等属性后,单击“确定”按钮即可插入表格。插入表格后,在每个表格单元中可以输入文本、插入图片、表格或者超级链接等信息元素。选中一个或者多个表格单元可以利用属性面板设置元素的样式,对单元格设置水平/垂直对齐方式、背景颜色、宽度、高度等属性,可以进行单元格的合并和拆分操作。经过一系列表格操作后,可以将初始创建的 3×3 列的空白表格调整为图 11.28 所示的表格效果。

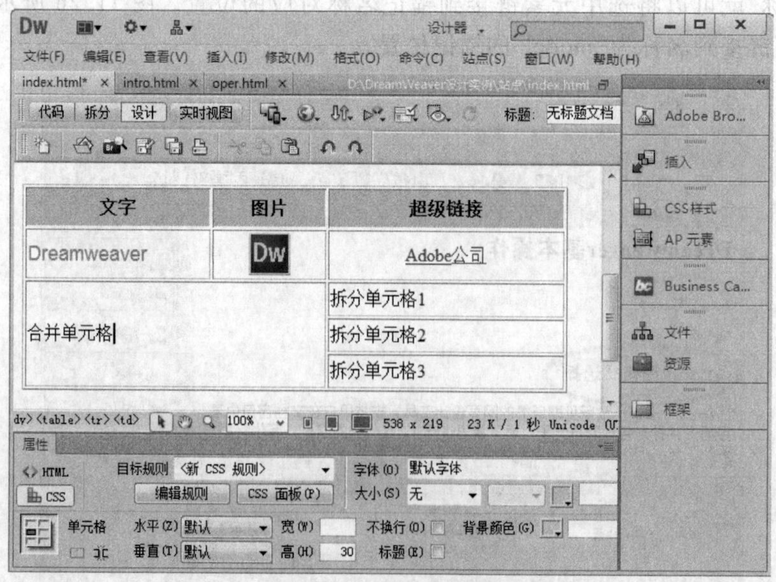

图 11.28　插入并调整表格

7. AP Div(层)

AP Div 可以理解为浮动在网页上的一个页面,可以放置在页面中的任何位置,可以随意移动这些位置,而且它们的位置可以相互重叠,也可以任意控制 AP Div 的前后位置、显示与隐藏,因此大大加强了网页设计的灵活性,被广泛用来进行网页布局。将网页元素放到 AP Div 中,然后在页面中精确定位 AP Div 的位置,可以实现网页内容的精确定位,使网页内容在页面上排列得整齐、美观、井井有条。AP Div 的主要操作如下。

1) 插入 AP Div

利用菜单或者"插入"浮动面板选择"插入→布局对象→AP Div"后鼠标变成十字,在设计视图文档窗口中拖拉矩形框即可在对应位置插入一个 AP Div。鼠标单击某一 AP Div 区域即可在此 AP Div 中添加文本、图片等页面元素,如图 11.29 所示。

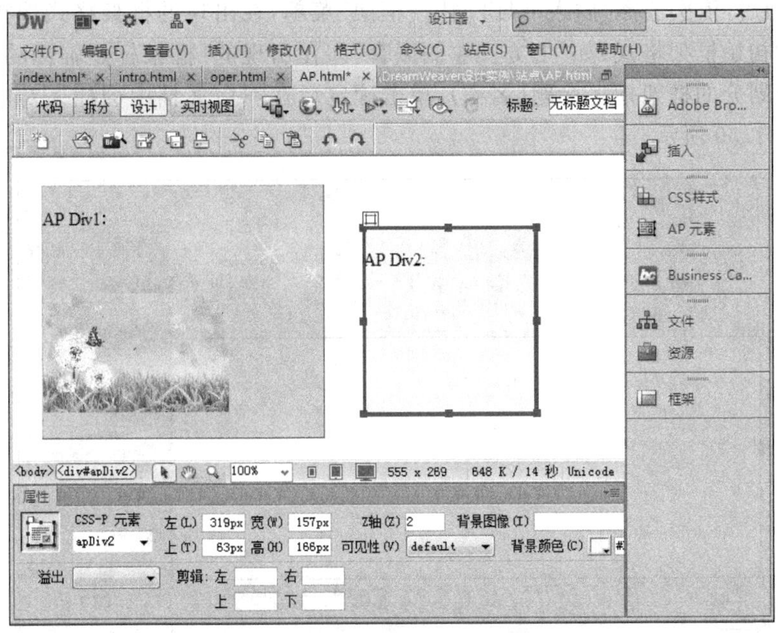

图 11.29　插入 AP Div 并设置网页元素

2) 移动 AP Div

单击 AP Div 区域,显示边框和左上角蓝色方块选择手柄。单击选择手柄后拖拉即可移动 AP Div 的位置。

3) 删除 AP Div

选中 AP Div 后按 Delete 键。

4) 调整 AP Div 大小

选中 AP Div 后,单击边框显示大小调节手柄(带控制锚点的边框),单击任意锚点进行拖拉来改变 AP Div 区域的大小。或者显示大小调节手柄后在属性面板中设置 AP Div 大小。

5）对齐 AP Div

按 Shift 键选中多个 AP Div 后，选择“修改→排列顺序→左对齐/右对齐/上对齐/对齐下缘”菜单。

6）修改 AP Div 堆叠顺序

当页面中有多个 AP Div 时，每个 AP Div 都有一个堆叠顺序代码(Z 轴位置)，代码值大的 AP Div 位于上层，代码值小的位于下层。通过修改此代码值可以调整 AP Div 的堆叠顺序。代码值可以在选中 AP Div 后的属性面板中修改，也可以在 AP 元素面板中修改。

8. 框架集

在 Dreamweaver 中还可以通过插入框架集来进行页面布局。新建一个空白的 HTML 文档后，依次选择“插入→HTML→框架”菜单，在出现的框架格式选择列表菜单中选择一种初始框架格式，如“上方及左侧嵌套”。在出现的“框架标签辅助功能属性”窗口中为每个划分的框架指定标题(名称)，单击确定后在空白文档中会插入对应格式的框架集，如图 11.30 所示。

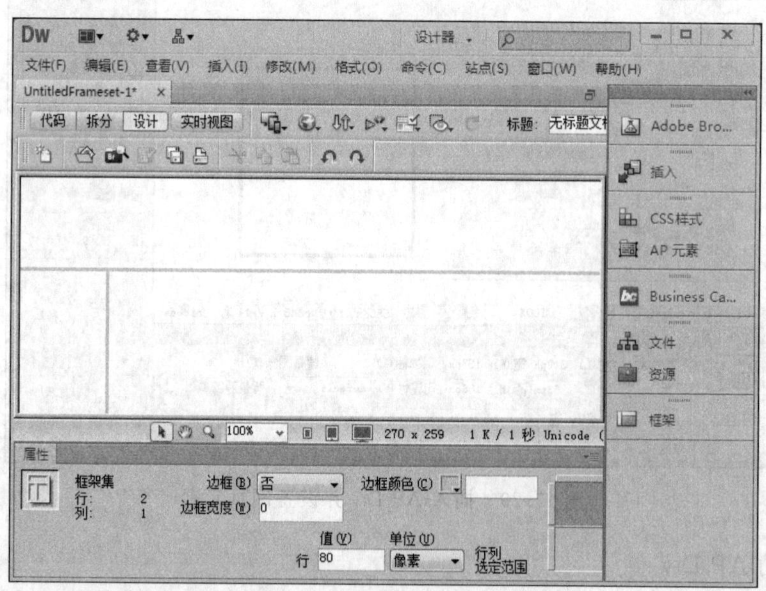

图 11.30 Dreamweaver 中插入框架集

依次单击不同的框架区域就可以对对应的框架页面内容进行直接的编辑，每个框架对应着一个独立的页面文件。图 11.30 所示的框架结构除了会产生划分框架集的 UntitledFramese-*.html 外，还会产生三个对应不同框架内容的网页文件。这些文件在保存时可以重新命名。对图 11.30 中的框架页面进行简单的内容编辑，用浏览器打开框架集划分页面后的显示效果如图 11.31 所示。

在任意一个划分出来的框架窗口中可以重复使用“插入→HTML→框架”菜单来嵌套不同形式的框架。利用框架面板可以方便地选择框架或框架集，并利用属性面板对选

中的框架集或框架进行框架名称、对应源文件、边框等属性进行修改，如图 11.32 所示。

图 11.31　Dreamweaver 框架集显示效果

图 11.32　利用框架面板和属性面板调整框架属性

11.3.3　Dreamweaver 网页设计实例

下面通过实例演示利用 Dreamweaver 软件设计网页的完整过程和基本方法。

1) 启动软件，创建并设置站点

启动 Dreamweaver 软件，新建 HTML 空白文档，选择“设计”视图模式。

选择“站点→新建站点”菜单，在打开的“站点设置对象”窗口中设置站点名称为“北京旅游”，并指定本地站点文件夹位置，如图 11.33 所示。设置好后单击“保存”按钮，重新进入空白网页编辑窗口。

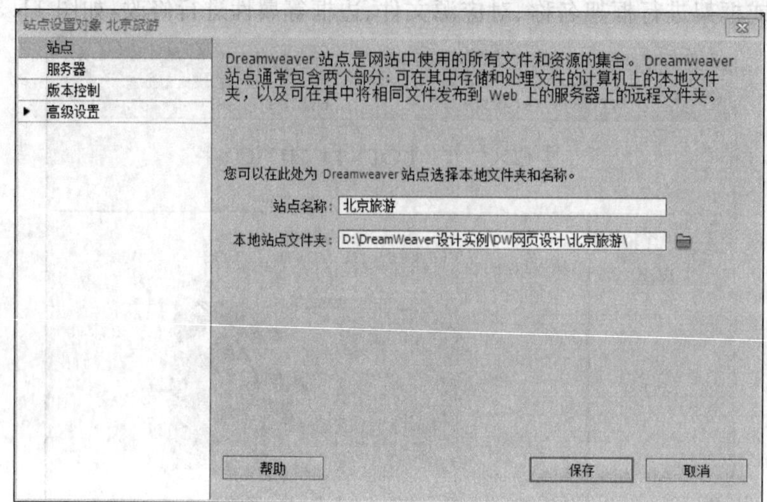

图 11.33 Dreamweaver 站点设置

2) 插入框架集，保存对应文件

空白网页文档中，选择“插入→HTML→框架→上方及左侧嵌套”菜单来对页面划分框架集。在出现的“框架标签辅助功能属性”窗口使用默认框架标题，单击“确定”按钮即可插入图 11.34 所示的框架集。

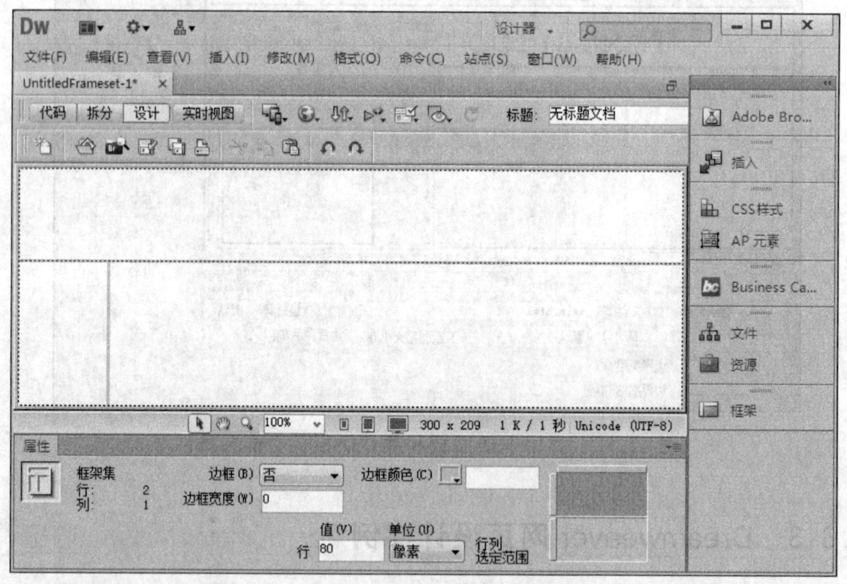

图 11.34 插入上方及左侧嵌套框架集

文档工具栏中设置标题为“北京旅游”，保存文档为 index.html 文件。鼠标单击上方窗口内部，保存文档为“top.html”。鼠标单击下方左侧窗口内部，保存文档为“left.html”。单击下方右侧窗口内部，保存文档为“main.html”。

3）设计上方窗口中的 logo 图片和导航菜单

鼠标单击上方窗口，属性面板中单击"页面属性"，在打开的"页面属性"设置窗口中，在"外观"分类中设置背景图像为"images/background_pic1.jpg"，如图 11.35 所示。单击"确定"按钮后，上方窗口的背景图像会被修改（用到的素材图片提前放置在站点目录下的 images 文件夹下）。

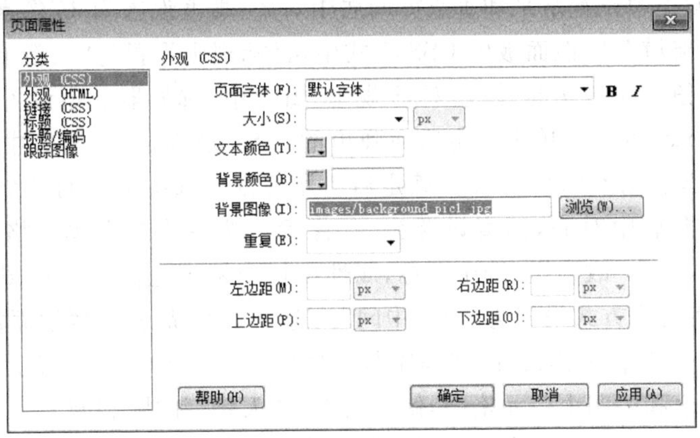

图 11.35　设置上方窗口背景图像

上方窗口中，选择菜单"插入→表格"插入一个 2 行 1 列、宽度 750 像素、边框粗细为 0、间距为 0 的表格。属性面板中设置表格的对齐方式为"居中对齐"。

选中上方单元格，属性面板中设置水平和垂直方向居中对齐，高度 128 像素。选择菜单"插入→图像"插入 logo 图片，设置替换文本为"logo"。

选中下方单元格，属性面板中单击拆分单元格标记将其拆分为 4 列。全部选中拆分出来的四个单元格，属性面板中设置水平和垂直方向居中对齐，背景颜色为 #CCCC00，高度设置为 35。在四个单元格中分别插入四幅 PNG 格式的导航标题图片。

调整上方框架窗口边界以全部显示所有内容。上方窗口显示效果如图 11.36 所示。

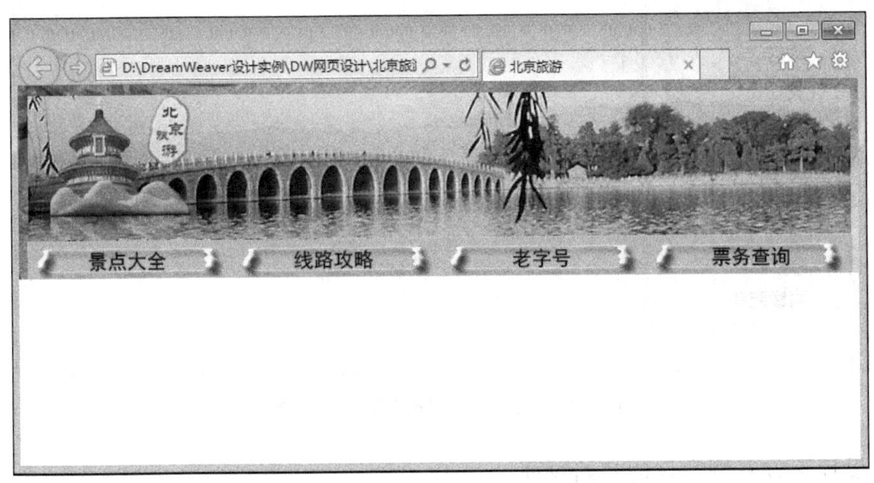

图 11.36　上方框架窗口显示效果

4) 设计下方左侧窗口中导航列表

鼠标单击下方左侧窗口,属性面板中单击"页面属性",在打开的"页面属性"设置窗口中,在"外观"分类中设置背景图像为"images/background_pic2.jpg"。

插入一个 4 行 1 列的表格,窗口宽度为 98%,边框粗细为 1。

选中第一个单元格,嵌套一个 4 行 1 列的表格,宽度 100%,边框粗细为 0。选中第一个单元格,属性面板中设置水平和垂直方向居中对齐,高度设置为 35 像素。输入文本"经典游"。选中"经典游",属性面板中 CSS 模式中,目标规则设置为"<新 CSS 规则>",单击"编辑规则"按钮。在出现的"新建 CSS 规则"窗口中,选择器类型设置为"类",设置选择器名称(如.fontstyle1)。单击确定后在弹出的"CSS 规则定义"窗口中设置字体为"隶书",字号为 30,颜色为#C30,粗体。确定后应用规则。选中下面的三个单元格,属性面板中设置垂直方向居中对齐,高度设置为 30 像素。选择第二个单元格,插入图标图片"icon.jpg"并输入文本"故宫"。选中图标,属性面板中锁定宽高比设置图片高度为 20 像素,右键菜单中将对齐方式设置为"绝对中间"。选中文本"故宫",属性面板中设置应用新 CSS 规则.fontstyle2,将字体设置为"黑体",字号为 18。选中第二个单元格的所有内容,复制粘贴到第三个和第四个单元格中,修改文本为"天坛"和"颐和园"。

选中第一个单元格中所嵌套的 4 行 1 列表格,复制并粘贴到下面的三个单元格中,并修改对应的文本内容。

下方左侧窗口中的导航列表页面设计好后的显示效果如图 11.37 所示。

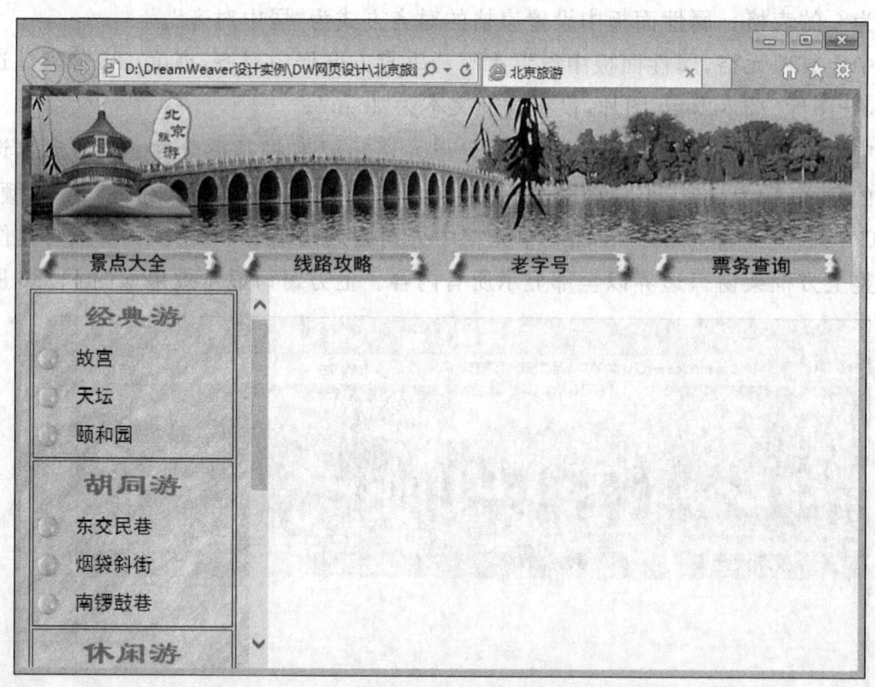

图 11.37 下方左侧导航窗口显示效果

5) 设计下方右侧窗口的初始页面

鼠标单击下方右侧窗口,属性面板中单击"页面属性",在打开的"页面属性"设置窗口中，在“外观”分类中设置背景图像为“images/background_pic3. jpg”。

插入图像“beijing. jpg”，锁定比例调整图像大小。右键菜单中将图像对齐方式设置为“右对齐”。

插入关于北京的介绍文本。选中全部文本，属性面板中设置应用新 CSS 规则 . fontstyle3，将字体设置为“方正姚体”，字号为 16。

下方右侧窗口中的初始介绍页面设计好后整个首页页面的显示效果如图 11. 38 所示。

图 11. 38　完整首页页面显示效果

6）为导航条目添加超级链接

对页面中上方和左侧的导航菜单，可以为它们添加超级链接来扩展信息内容。

（1）左侧导航栏中添加景点链接

选中一个景点名称，如“故宫”。属性面板的 HTML 模式下，链接栏输入故宫博物院网站首页网址 http://www. dpm. org. cn/index1024768. html，目标下拉列表中选择“mainFrame”指定在下方右侧的 mainFrame 框架窗口中打开网页。浏览器显示页面后，单击超级链接“故宫”后的效果如图 11. 39 所示。

（2）上方导航栏添加超级链接

以添加“景点大全”超级链接为例。

首先新建一个新的 HTML 网页文件，保存为 scenes. html。在 scenes. html 中设置背景图像为“images/background_pic3. jpg”，参照上述“（3）设计上方窗口中的 logo 图片和导航菜单”章节插入表格设置页面上方的 logo 图像和导航栏目。利用 AP Div（层）布局下方页面，页面最终效果如图 11. 40 所示。

图 11.39　单击“故宫”超级链接显示效果

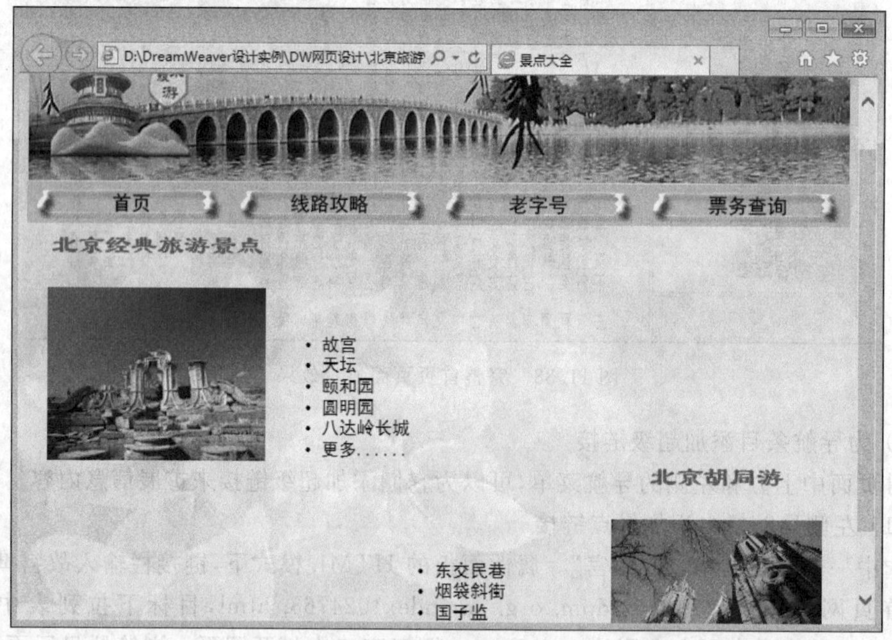

图 11.40　利用 AP Div 布局和设计景点大全页面

选中页面上方表格中的“首页”图片，属性面板“链接”栏目中设置为文件“index.html”。

回到 index.html 页面，选中上方窗口中的“景点大全”图片，属性面板“链接”栏目中设置为文件“scenes.html”，目标设置为“_parent”。

这样在浏览器中浏览首页 index.html 文件时，单击上方的“景点大全”超级链接可以打开图 11.40 中的景点大全页面，在景点大全页面中单击“首页”超级链接可以回到

图 11.38 所示的首页页面。

11.4　思考与练习

1. 掌握网页的概念、构成和分类。
2. 了解 HTML 文件的编辑方式。
3. 掌握 HTML 文档结构、标记命令格式。
4. 掌握 HTML 常用标记命令的使用，能够设计简单的 HTML 网页。
5. 了解 Dreamweaver 软件的基本功能和特点。
6. 掌握利用 Dreamweaver 设计简单网页的基本方法和流程。

网络新应用概述

随着网络硬件设施的不断完善、高速宽带网络的深入普及以及软件设计技术的进一步发展，在最近的一两年中，一些不为大众熟知的网络新应用技术迅速进入普通用户的视野，并对人们的传统生活、学习和工作方式产生巨大甚至是颠覆性的改变。虽然这些新兴的网络应用发展还不够成熟，在技术、标准和政策监管等层面还面临诸多变数和挑战，但毫无疑问它们对社会生产生活、经济和文化已经并且会继续产生深远的影响。本章我们将对 Internet 网络的最新应用领域的发展情况进行简单介绍。

12.1 网络金融

所谓网络金融，又称电子金融（e-finance）。从狭义上讲是指在国际互联网(Internet)上开展的金融业务，包括网络银行、网络证券、网络保险等金融服务及相关内容；从广义上讲，网络金融就是以网络技术为支撑，在全球范围内的所有金融活动的总称，它不仅包括狭义的内容，还包括网络金融安全、网络金融监管等诸多方面。它不同于传统的以物理形态存在的金融活动，是存在于网络电子空间中的金融活动，其存在形态是虚拟化的、运行方式是网络化的。它是信息技术特别是互联网技术飞速发展的产物，是适应电子商务(e-commerce)发展需要而产生的网络时代的金融运行模式。

尽管网络金融早就伴随电子商务的发展而起步，但真正引起中国普通网络用户广泛关注则是在 2013 年以余额宝为代表的网络理财产品推出之后，2013 年被称为中国网络金融元年。2013 年 6 月 13 日，余额宝正式上线，这款金融与互联网跨界融合的产物，以其 1 元起存的超低门槛、强大的 T+0 灵活性以及远高于银行存款利息的收益，获得了无数粉丝的追捧，腾讯、京东、百度、苏宁等互联网企业忙不迭地推出类似产品，渴望复制余额宝的成功，就连原本不屑于将第三方支付视为竞争对手的商业银行也开始销售类余额宝产品，"宝宝"军团不断壮大。除了宝宝类的网络理财产品外，P2P 网贷产品以及其他众多衍生产品也纷纷涌现。以余额宝为代表的互联网理财产品改变了普通大众的传统理财观念，掀起一股全民理财的热潮；迫使传统银行自我革命，加剧银行业的自由竞争，倒逼银行进行利率市场化改革和金融产品创新。

作为一种新生事物，经过初期的疯狂发展后，网络金融产品的一些问题也逐渐暴露出来，如宝宝类理财产品的收益率呈现下滑趋势，P2P 网贷经营平台破产跑路等。这些问题都迫使央行、银监会等有关管理部门开始着手针对互联网金融领域进行调研，拟定监管细则，并准备成立相应的互联网金融协会来进行行业自律。在 2014 年的全国“两会”上，中国人民银行行长周小川、副行长潘功胜和易纲均表示要鼓励互联网金融，并将加强监管。在 2014 年政府工作报告中也指出：“要促进互联网金融健康发展，完善金融监管协调机制，密切监测跨境资本流动，守住不发生系统性和区域性金融风险的底线”。相信在不久的将来，互联网金融相关的监管细则就会出台，并与网络金融同步发展和完善。

12.2　网络教育&MOOC

网络教育也称互联网教育或在线教育，是指利用互联网进行的一种知识传播和获取的新模式，是现代网络技术应用于教育领域后产生的新概念。网络教育将各种教育资源（如教学视频、课件等）存储在互联网上，用户通过登录网络教育网站随时浏览或获取教育资源进行学习，往往可以获得教学其他相关环节的网络在线实施，如在线发布教学公告、在线答疑和交流、在线记录学习笔记、在线提交作业、在线测试和评价等。相对于传统面授教育，网络教育的优势在于它可以突破时空和课堂人数的限制，以较低的成本将优质教育资源进行最大范围的传播。因此，许多业内人士认为网络在线教育能够最大程度发挥教育资源的效益，有效解决地区间的教育不平等问题，具有重要意义和广阔前景。

准确地讲，网络教育并不能算是一种新生事物。早在很多年前，网络教育就已经在成人学历教育（电大）、职业技能教育、语言教育及各种资格认证教育中广泛应用。除一些专业教育机构的网校类网站外，很多知名互联网企业也有相关应用，如百度文库、网易公开课等。但由于通常仅提供教学资源不提供教学管理、受众封闭、与传统学历教育关系不大等原因而并没有引起过多关注。

2012 年，在美国兴起的 MOOC 引起国内互联网企业和教育机构的注意。MOOC 是大规模开放在线课程（Massive Open Online Course）的简称，中文也称为慕课，是面向高等教育、结合微课视频和翻转课堂等多种教学模式、通过完善的在线学习管理系统提供完整的学习体验、并对教学活动进行跟踪和管理的开放性虚拟化的网络课堂教育形式。MOOC 展示了与现行高等教育体制结合的种种可能，它可以突破地域的限制将全球最知名高校的最知名教授的课程真实地带到每一位网络用户的身边。目前，国际上 MOOC 的三大领军机构为斯坦福大学教授创办的 Coursera 和 Udacity，以及麻省理工学院和哈佛大学联合推出的 edX 平台。三大平台与美国著名大学合作，向全世界的网络用户提供知名教授讲授的各类大学课程，在短短一年的时间里席卷全球数十个国家，吸引来自全球 200 多个国家的 600 多万名学习者参与，其影响范围之广、扩张速度之快、冲击力之强，犹如地震海啸。2013 年，中国各大网络企业和教育机构也纷纷参与到 MOOC 的讨论和平台的建设当中，北大、清华、复旦、上海交大等高校都纷纷推出自己的 MOOC 平台和实验课程。普遍认为，MOOC 将对中国现行的高等教育模式产生强烈冲击以及颠覆性的改变。当然，目前 MOOC 模式也面临很多问题需要进一步研究和解决。如完成率低、学分是否被高校认可、如何负担庞大的课程制作和维护费用等。

借 MOOC 的东风,中国网络在线教育在 2013 年也异常火爆。许多教育机构开始转型,把希望寄托在互联网上,互联网巨头纷纷加入,资本开始集中砸向在线教育,例如百度投资传课网,阿里巴巴投资 TutorGroup 等。各大知名网站也纷纷投入巨资构建在线课程平台,如腾讯精品课、网易云课堂;果壳 MOOC 学院、阿里淘宝同学、YY 100 教育等。

12.3 云计算

云计算(Cloud Computing)是基于互联网的相关服务的增加、使用和交付模式,通常涉及通过互联网来提供动态易扩展且经常是虚拟化的资源。云计算是分布式计算(Distributed Computing)、并行计算(Parallel Computing)、效用计算(Utility Computing)、网络存储(Network Storage Technologies)、虚拟化(Virtualization)、负载均衡(Load Balance)等传统计算技术和网络技术发展融合的产物。

早在 2006 年,Google 和亚马逊等 IT 企业就已经推出了云计算相关的服务。2006 年 8 月 9 日,Google 首席执行官埃里克·施密特(Eric Schmidt)在搜索引擎大会(SES San Jose 2006)首次提出“云计算”(Cloud Computing)的概念。

云计算至今没有统一的定义,不同的组织从不同的角度给出了不同的定义。大家普遍比较接受的是美国国家标准与技术研究院(NIST)的定义:云计算是一种按使用量付费的模式,这种模式提供可用的、便捷的、按需的网络访问,进入可配置的计算资源共享池(资源包括网络,服务器,存储,应用软件,服务),这些资源能够被快速提供,只需投入很少的管理工作,或与服务供应商进行很少的交互。根据美国国家标准与技术研究院(NIST)的定义,云计算可分为三种服务模式:

1) SAAS(Software as a Service)

软件即服务。用户以租赁而非购买的方式直接使用构建在云端的软件,但不能直接控制操作系统、硬件或运作的网络基础架构。例如 Google Docs 等。

2) PAAS(Platform as a Service)

平台即服务。用户使用云平台所支持的开发环境和开发工具包,开发应用并部署在云平台,但不直接控制操作系统、硬件或运作的网络基础架构。例如 Google App Engine、Baidu App Engine 等。

3) IAAS(Infrastructure as a Service)

基础架构即服务。用户可以直接使用处理器、存储器、网络组件等“基础计算资源”,可以自行安装操作系统和软件、随意配置防火墙等网络组件,但不能控制云基础架构。例如 Google Compute Engine、Amazon AWS、阿里云等。

云计算使得软件、硬件、平台等资源通过互联网自由流通成为可能,具有宽带接入、资源整合、按需服务、弹性架构、可计量等特点。基于云平台能够方便地实现云存储、云同步、云共享、云协作等功能。

对个人用户来讲,主要是使用云存储功能来实现大容量数据的可靠存储以及便捷的

同步和共享。这类产品比较丰富，如百度云、腾讯微云、360 云等。除了云存储外，个人用户往往通过使用一些构建在云平台之上的应用软件来使用云计算的功能，如网络云笔记类的软件。

对于使用云服务的企业来说，可以大大降低前期成本投入，将更多的资金用在运营方面，而且由于不再需要自身去管理和维护服务器，它们会有更多的时间和精力专注于自身的主营业务。据咨询公司 Gartner 预测，由于所有的计算都托管到了云端完成，用户只需要一个能够连接云端的输入输出平台，因此与办公相关的 PC、平板等设备最终将整合成为个人携带的单一终端，到 2018 年 70%的用户将携带自有云终端办公。目前很多中小型企业都尝试使用云计算平台的各种服务功能来降低企业成本，例如 Netflix 使用 Amazon 的 AWS 平台，Apple iCloud 最初是承载在微软 Azure 和 Amazon 云平台上，Snapchat 和 Rovio(愤怒的小鸟)是基于 GAE(Google App Engine)平台开发和运行，而国内的“为知笔记”(WizNote)则是部署在阿里云上。

12.4 物联网

国际电信联盟(ITU)在 2005 年将物联网(IoT, the Internet of Things)定义为：通过射频识别(RFID)、红外感应器、全球定位系统、激光扫描器、气体感应器等信息传感设备，按约定的协议，把任何物品与互联网连接起来，进行信息交换和通信，以实现智能化识别、定位、跟踪、监控和管理的一种网络。简而言之，物联网就是“物物相连的互联网”。物联网的核心依然是互联网，只是通信主体扩展到了任何物体与物体之间。与传统互联网相比，物联网具有下列一些特征：

1) 全面感知

物联网是各种感知技术的广泛应用。在物联网上需要部署数量庞大、类型繁多的传感器，每个传感器都是一个信息源，按照一定频率周期性地采集信息，实时更新数据。

2) 可靠传递

传感器采集的信息需要通过各种无线和有线网络连接到互联网上并通过互联网快速准确地传递出去。由于数据量庞大，在传输过程中必须能够适应各种异构网络和协议以保障数据传输的正确性和实时性。

3) 智能处理

物联网不仅能够提供传感器的连接，其本身也具有智能处理的能力，能够对物体实施智能控制。物联网将传感器和智能处理相结合，利用云计算、模式识别等智能技术，对从传感器获得的海量信息进行分析、加工和处理，得出有意义的数据，以适应用户的不同需求。

物联网用途广泛，遍及智能交通、环境保护、政府工作、公共安全、智能家居、智能消防、工业监测、环境监测、照明管控、老人护理、个人健康、花卉栽培、水系监测、食品溯源、敌情侦查和情报搜集等多个领域。物联网把新一代 IT 技术充分运用在各行各业之中，具体地说，就是把感应器嵌入和装备到各种设备和物体中，然后将“物联网”与现有的互联网整合起来,实现人类社会与物理系统的整合,在这个整合的网络当中,存在能力超级强大的中心计算机群,能够对整合网络内的人员、机器、设备和基础设施实施实时的管理和控制,在此基础上,人类可以以更加精细和动态的方式管理生产和生活,达到"智慧"状态,提高资源利用率和生产力水平,改善人与自然间的关系。

随着移动互联网的快速发展和应用普及,物联网经过10多年的缓慢发展后在2013年快速渗透到人们生活的各个领域,引起各大企业的高度关注。以智能家居为例,2013年至今各大IT企业和家电企业纷纷发力,国外的Apple和Google以及国内的百度、阿里、海尔、长虹等都跃跃欲试。众多市场研究机构更是预测,未来几年,智能家居行业将成为主流行业之一,而中国市场的规模有望达到千亿元以上。有人认为,现在比尔·盖茨居住的智能住房将在5年之内普及。在不久的将来,早晨你的房间能够通过你的智能手环感知到你醒了,于是自动提升房间的温度,关闭安全系统,还会贴心地为你煮上一杯咖啡甚至准备好早餐;下班快到家时可以用手机远程控制电热水器提前烧好洗澡水;智能洗衣机可以通过扫描衣服上的射频标签来自动设置水温和添加适当用量的洗衣液;照明系统会根据用户的心情自动调节房间的灯光;娱乐系统会识别房间中的不同用户并播放用户喜欢的音乐;空调系统会根据人在房间的位置,人的身高、人数多少、人的体温、人的心情等自动调节房间温度等。

物联网将是下一个推动世界高速发展的"重要生产力",是继通信网之后的另一个万亿级市场。业内专家认为,物联网一方面可以提高经济效益,大大节约成本;另一方面可以为全球经济的复苏提供技术动力。美国、欧盟等都在投入巨资深入研究探索物联网。我国自温家宝总理在2009年提出"感知中国"以来,物联网被正式列为国家五大新兴战略性产业之一,写入"政府工作报告"。2014年2月18日,全国物联网工作电视电话会议在北京召开。中共中央政治局委员、国务院副总理马凯出席会议并讲话。他强调,要抢抓机遇,应对挑战,以更大决心、更有效的措施,扎实推进物联网有序健康发展,努力打造具有国际竞争力的物联网产业体系,为促进经济社会发展做出积极贡献。

12.5 大数据与数据挖掘

大数据又称海量数据或巨量数据,是指因互联网访问而产生的庞大数量的数据信息,是网络技术快速发展和网络应用深入普及的产物。这些数据可能是用户的浏览行为数据、搜索行为数据、网购交易数据、社交关系数据等,也可能是物联网中无数传感器实时采集和传递的数据。美国互联网数据中心指出,互联网上的数据每年增长50%,每两年便翻一番,而目前世界上90%以上的数据是最近几年才产生的。大数据具有4V特点:Volume(大量)、Velocity(高速)、Variety(多样)、Veracity(真实性)。毫无疑问,我们现在已经进入大数据时代。

大数据技术的战略意义不仅在于掌握庞大的数据信息,更在于对这些含有意义的数据进行专业化处理,提高对数据的"加工能力",通过"加工"实现数据的"增值"。这种能够对大数据进行加工处理的技术就是数据挖掘(Data Minding)技术。

数据挖掘又称数据库中的知识发现，是目前人工智能和数据库领域研究的热点问题。所谓数据挖掘是指从大量的、不完全的、有噪声的、模糊的、随机的实际应用数据中提取隐含的、先前未知、有价值的信息和知识的过程。数据挖掘是一种决策支持过程，它主要基于人工智能、机器学习、模式识别、统计学、数据库、可视化技术等，高度自动化地分析数据，做出归纳性的推理，从中挖掘出有价值的信息或结论。利用数据挖掘进行数据分析常用的方法主要有分类、回归分析、聚类、关联规则、特征、变化和偏差分析、Web 页挖掘等。数据挖掘主要有趋势和行为自动预测、关联分析、聚类、概念描述和偏差检测五类功能。

大数据和数据挖掘技术结合起来就是大数据技术。大数据技术应用领域非常广泛。例如，在趋势和行为预测方面可以利用大数据和数据挖掘预测各种赛事的结果。2013 年，微软纽约研究院的经济学家 David Rothschild(大卫·罗斯柴尔德)利用大数据技术成功预测了第 85 届奥斯卡 24 个奖项中的 19 个。2014 年经过改进技术和收集利用更多数据后，预测成功率大大提高，成功预测了第 86 届奥斯卡金像奖颁奖典礼 24 个奖项中的 21 个!现在，在美国预测总统大选或者超级赛事结果时，很多人都会上 PredictWise (Rothschild 用以公布预测结果的官方网站)去看看大卫·罗斯柴尔德以及他收集到的大数据怎么说。各大社交工具通常会利用大数据技术计算各种关系。例如，腾讯微博利用用户的社交行为和社交轨迹等数据分析用户和用户之间的关系，内容和内容之间的关系，用户和内容之间的关系，基于关系和兴趣向用户精确地推荐感兴趣的人和信息。在电子商务领域，通过对用户网购过程中的行为和轨迹数据进行跟踪和挖掘分析，可以了解每个用户的购物习惯、感兴趣的商品特征、预测并为用户匹配“喜欢”的商品，同时开展主动营销策略，提高商品的主动购买销售机会。在网络教育领域，可以通过对学习者学习轨迹进行跟踪和分析，了解学习者的学习习惯，提供适合的学习方式，识别学习者学习的难点所在并提供特殊的辅导和练习。对于企业来讲，除了利用大数据进行市场营销外，还可以利用大数据和数据挖掘来分析行业的发展方向，调整企业发展战略，抢占市场先机。对于政府的各种管理部门而言，可以利用大数据技术提前预测、快速响应，提升公共管理和服务的效率和能力、降低管理成本。

大数据技术与云计算、物联网等多种网络技术密切关联，虽然还面临技术、安全等多方面问题需要进一步探讨和研究，但已经开始应用在生产和生活相关的多个领域，将来必将对传统的个人生活与商业模式产生巨大改变。

12.6　思考与练习

1. 了解各种网络应用新技术的基本概念、应用领域。
2. 思考我们平时生活工作中哪些现象与上述技术有关。
3. 思考各种网络应用新技术的发展前景和面临的挑战。
4. 思考除了本章介绍的几种技术外，还有哪些具有深远影响的网络应用技术。

参考文献

[1] 尚晓航，马楠．计算机网络技术应用．北京：清华大学出版社，2011

[2] 雷渭侣，王兰波．计算机网络安全技术与应用．北京：清华大学出版社，2010

[3] 匡松，王鹏等．Internet 应用案例教程．北京：清华大学出版社，2011

[4] 刘华群．传统网络与现代网络安全．北京：电子工业出版社，2014

[5] 邓浩，马涛．Internet 应用技术．天津：天津大学出版社，2011

[6] 陈国浪，冯云华等．Internet 应用教程．北京：国防工业出版社，2010

[7] 敖志刚．现代网络新技术概论．北京：人民邮电出版社，2009

[8] 王冀鲁．网络技术基础与 Internet 应用．北京：清华大学出版社，北京交通大学出版社，2009